KB173128

닥터 바이오헬스

전파과학사는 독자 여러분의 책에 관한 아이디어와 원고 투고를 기다리고 있습니다. 디아스포라는 전파과학사의 임프린트로 종교(기독교), 경제 · 경영서, 일반 문학 등 다양한 장르의 국내 저자와 해외 번역서를 준비하고 있습니다. 출간을 고민하고 계신 분들은 이메일 chonpa2@hanmail.net로 간단한 개요와 취지, 연락처 등을 적어 보내주세요.

포스트 코로나, 당신이
꼭 읽어야 할 바이오 이야기
닥터 바이오헬스

초판 1쇄 2023년 3월 14일

지 은 이 김은기
발 행 인 손동민
디 자 인 장윤진

펴낸 곳 전파과학사
출판등록 1956. 7. 23 제 10-89호
주 소 서울시 서대문구 증가로18, 204호
전 화 02-333-8877(8855)
팩 스 02-334-8092
이 메 일 chonpa2@hanmail.net
공식 블로그 http://blog.naver.com/siencia

ISBN 978-89-7044-590-8 (03470)

Dr.
BIO
HEALTH

포스트 코로나, 당신이 꼭 읽어야 할 바이오 이야기

닥터 바이오헬스

김은기 지음

전파과학사

추천의 말

● 이 책은 과학을 다루는 다른 책들과 확연히 다른 점이 있다. 우선 읽기가 쉽다. 보기 좋은 떡이 먹기도 좋다고 했다. 처음에 독자를 살짝 잡아끈다. 예를 들면 코로나 이야기를 하면서 첫 문장에 '나는 우한에서 태어났다....' 뭐 이런 식이다. 또 하나 다른 점은 국물이 진하다는 것이다. 오랫동안 벌룽대며 끓은 사골국은 입이 꽉 차는 느낌이다. 이 책 속의 글들은 깊숙한 바이오 지식들을 우려냈다. 저자인 김은기 교수는 30년간 생명공학을 대학생에게 가르쳐왔다. 최신 지식을 오랫동안 끓여내면 어려운 전문 단어들이 귀에 익숙한 구수한 이야기들로 바뀐다. 그래서 잘 우려낸 사골에 칼국수를 끓여낸 요리가 탄생한다. 주르룩~ 한번에 칼국수가 입으로 모두 빨려 들어간다.

김은기 교수는 한국생물공학회 회장을 역임하면서 바이오테크놀로지, 즉 생명공학 기술을 일반인에게 쉽게 전달하려고 많은 노력을 했다. 대중의 지지가 없는 과학 기술은 모래로 만든 성처럼 우르르 무너지기 쉽다. 특히, 생명을 다루는 의약 분야는 생명윤리와 부딪칠 가능성이 높은 기술이 많다. 일반인들이 첨단바이오 기술을 정확히 알고 있어야 기술을 제대로 평가하고 올바로 나아가도록 할 수 있다. 그래서 김 교수는 어려운 바이오 기술, 예를 들면 암 예방주사의 원리를 적 동굴에 침투하는 특수부대 요원으로 비유하여 설명한다. 바이오가 차세대 유망산업인지는 알지만 어떤 내용인지를 알고자 하는 독자들에게 이 책은 바이오 기술을 잘 우려낸 사골칼국수인 셈이다.

이 책은 바이오 전반 첨단 기술을 설명한다. 코로나가 어떻게 지구촌을 한 방에 날렸는지, 암도 코로나처럼 예방백신이 없는지, 지금 병원에서 사용되고 있는 면역항암 주사의 원리는 무엇인지를 하나하나 이야기를 통해 손에 쥐여 준다. 저자는 주위에서 쉽게 만나는 장면에서 바이오의 깊은 지식을 끌어내는 기술을 가지고 있다. '죽어라 뛰어도 뱃살이 안 빠지는 이유'라는 제목의 글을 보고 누가 읽지 않고 그냥 지나치겠는가. 독자들은 생활 속에 숨은 깊은 지식을 이 책을 통해 발견하게 될 것이다. 맞춤형 아기, 치매, 장내세균 등 첨단 지식이 이야기 속에 녹아든다.

저자는 7년 동안 중앙일보(선데이)에 '김은기의 바이오토크'라는 칼럼을 연재했다. 가장 많이 읽힌 칼럼 1위에 자주 오르게 된 그의 칼럼들은 사실 죽어라 최신 논문을 읽고 이야기로 녹여낸 땀의 결과다. 그는 어려운 과학 내용을 이야기로 바꾸는 일이 힘들지만 재미있는 일이라 한다. 이 책 속의 내용들은 공학 기술인의 최고 모임인 한국공학한림원에서 과학기자, 기존 작가들의 글을 제치고 '최고의 글'로 선정되어 해동상을 수상했다.

그가 걸쭉하게 녹여낸 바이오테크놀로지 첨단 지식을 재미있는 이야기를 통해 만나 보기를 바란다.

_ 한국생물공학회 회장 **오덕재** 교수

● 과학은 수학만큼이나 일반인들이 어려워하는 과목이다. 특히 현재는 지식 폭발 시대로, 어제와 다른 오늘의 지식, 오늘을 뛰어넘는 내일의 사실들이 하루가 멀다 하고 쏟아져 나오고 있다. 우리가 얼마큼 폭발하는 지식 시대의 한가운데 표류하는 인류인지를 실감케 한다.

그런데 여기 한 나침반과 같은 책이 있다.

김은기 교수의 책을 읽고 있자면 어려운 과학적 사실들이 마치 밥숟가락으로 한입 두입 떠먹는 거처럼 쉽고 확실하게 이해하게 된다. 이미 저자의 수많은 책과 칼럼(중앙선데이 최장기 연재) 등은 이분이 얼마나 뛰어난 이야기꾼인지를 증명하고 있다. 무릇 딱딱하고 어려운 과학적 지식이 저자에게 가면 그가 쓰는 비유와 구수한 화법, 그리고 논리로 누구나 쉽고 즐겁게 접하는 과학으로 바뀐다.

이번 책의 내용을 보면, 코로나, 바이오 신약, 두뇌 바이오, 건강 등의 첨단 바이오 지식이 반도체 못지않은 차세대 먹거리라는 것을 알게 된다. 중고등학생들의 진로 선택과 학부모들에게도 많은 도움이 될 것으로 생각한다.

사실 TV만 하더라도 이제는 단순 오락과 즐거움을 넘어 온갖 정보와 지식을 전달하려 한다. <알쓸신잡> 같은 예능프로가 나오는가 하면, 드라마에도 <유미의 세포들> 같은 작품이 나왔다. 이렇듯 과학적 사실을 쉽고 재미있게 스토리로 만드는 데 성공하였고, 대중의 호응마저 높아 이런 시도는 더 많아질 것으로 예상된다.

언젠가 저자와 이야기를 나누었는데, 저자의 꿈은 <아바타>, <인터스텔라>, <마션> 같은 스토리와 과학이 절묘하게 어우러진 이야기를 한국에서도 만드는 것이고, 일반 대중에게 과학이 재미있는 분야라는 걸 알리는 게 소명이라고 말했는데 저자의 이 바람이 속히 이뤄지길 기원한다. 아무쪼록 또 한 번의 역작 『닥터 바이오헬스』를 통해, 좀 더 많은 이들이 '즐거움 속에 스며드는 과학 지식의 향유'에 동참했으면 하는 바람이다.

_ 타이거스튜디오 대표, 전 SBS 드라마 본부장 및 콘텐츠허브 대표 **김영섭**

서론: 코로나는 바이오헬스의 시금석

2019년 12월 중국 우한에서 시작한 바이러스(코로나19)가 전 세계를 덮쳤다. 필자가 자주 마주치던 아파트 단지의 노부부가 코로나 팬데믹 초기에 돌아가셨다. 백신이 나오기 전이다. 몇 개월 외출을 안 하다가 단 한 번 결혼기념일 식사를 하러 나간 레스토랑에서 확진자와 접촉한 것이어서 더욱 안타깝다. 코로나는 많은 상처와 흔적을 남겼다. 100년 전 스페인독감 이후 가장 큰 바이러스 유행이다. 미국 내 사망자는 스페인독감을 넘어섰다. 눈에 보이지 않는 바이러스 하나로 전 세계가 문을 닫았다. 경제가 바닥으로 내려앉았다. 자영업자가 줄줄이 눈물의 폐업을 했다. 지구촌이 21세기 들어서 가장 큰 위기를 맞이했다. 코로나19가 발생한지 2년쯤 지나자 델타, 오미크론의 변종이 생기더니 그 기세가 꺾여서 일반 독감 수준이 되었다. 그나마 백신 덕분에 사상자가 이 정도에서 그쳤다. 600만 명의 사망자와 경기 침체라는 아주 비싼 희생을 치르고 우리가 얻은 교훈은 무엇일까.

이 책은 두 가지를 이야기한다

이 책은 코로나를 통해 배우게 된 두 가지를 이야기한다. 하나는 제2

의 코로나가 '또 올까'이다. 답은 '또 온다'이다. 다른 하나는 코로나 백신에 쓰인 기술은 바이오헬스 산업에 날개를 달아줄 거라는 이야기다. 즉 빅데이터·인공지능·바이오 기술은 1년도 채 안 되어 코로나 백신을 만들었다. 4차 산업혁명 기술이 제대로 쓰인 거다. 이 기술은 그대로 바이오 신약, 즉 암 백신·치매·당뇨·파킨슨 등에 사용된다. 코로나 덕분에 바이오헬스 산업이 4차 산업혁명이라는 호랑이 등에 올라탄 셈이다. 이 두 가지를 요약하면 이렇다. '코로나의 펀치 한 방에 정신이 번쩍 드네. 다음 펀치 잘 준비해야지. 코로나를 때려눕힌 어퍼컷으로 암을 정복할 거야.'

사상 초유의 코로나 폭풍에 지구촌은 당황했다. 우선 급한 대로 항공기 문을 걸어 잠갔다. 유일한 해결책은 백신이다. 다른 대안이 없었다. 채 1년이 지나지 않아서 사상 초유의 mRNA 백신이 개발되어 현장에서 접종되기 시작했다. 보통 10년씩 걸리던 개발 시간을 고려하면 초특급 개발이다. 그만큼 급했다. 1, 2, 3단계 임상실험을 한꺼번에 실시했다. 돈이 기하급수적으로 들어갔고 실패 확률도 높아졌다. 그래도 다른 대안이 없었다. 세계 모든 제약회사가 백신 개발에 돌입했다. 국가 간 자존심이 걸린 한 판이다. 미국이 승리했다. 화이자제약이 코로나백신 하나로 2022년 한해만 약 60조 원의 매출을 올렸다. 단일 품목으로는 세계 기록이다. 국가 간 기술 격차를 느끼게 한 코로나였다. 한국은 IT 다음으로 바이오, 특히 바이오헬스 분야를 집중 육성하고 있다. 코로나 사태로 얻은 경험을 바탕으로 제2의 코로나, 다가오는 바이오 시대에 대비해야 한다. 시장에 새로운 기술을 선보인 후 제대로 성장해 나가려면 대중의 이해가 필수다. 대중에게 어필되지 않으면 그 기술은 뻗어나가지 못한다. 과학 기술을 대중이 알아야만

하는 이유는 코로나를 보면 안다.

바이오 기술은 우리 실생활과 밀접하다. 일반인은 매번 독감 예방주사를 맞는다. 필자도 코로나 백신 부스터샷 접종 후 1주일을 끙끙 앓았다. 주위에선 이제 무서워서 4번째 주사는 못 맞겠다고 했다. 하지만 누구도 백신의 부작용에 대한 정확한 정보를 제공하지 못하고 있다. 역사적으로 정확한 백신 정보를 주지 못하거나 숨겼던 나라에서는 국가 백신 접종률이 바닥을 치고 있다. 이제 대한민국 사람이라면 누구나 백신이 어떻게 만들어지고 어떻게 바이러스를 막는지 알게 되었다. 그래서 부작용이 있는 백신이라도 위험성을 감수하고 팔을 내밀어 주사를 맞는다. 예방주사 잘 맞으라는 수십 년간의 복지부 캠페인보다 코로나 사태가 더 효과적이다. 이게 평소 과학 교육이 필요한 이유다. 대중이 기술 과학에 흥미를 가져야 하는 이유다. 하지만 백신은 바이오 전체에서 보면 극히 일부분이다. 제2의 바이러스가 다시 오면 이제는 마스크를 재빨리 쓰고, 덜 만나고, 그리고 준비된 백신을 맞으면 된다. 새로운 바이러스가 오더라도 바이러스 유전자를 읽고 해당 백신을 더 정확히, 더 빨리 만들 수 있기 때문에 크게 걱정할 일이 아니다. 정작 바이오헬스의 노른자 분야는 다른 곳에 있다.

코로나 고통에서 확인한 기술로 암을 정복해보자

2021년 전 세계에서 코로나19로 인한 사망자는 약 300만 명이다. 하지만 암 사망자는 코로나의 3배가 넘는다. 매년 약 1000만 명이 암으로 사망한다. 이 숫자는 줄어들 기미가 보이지 않는다. 가족 3명 중 1명은 평생 한 번 암에 걸린다. 가족 4명 중 한 명은 암으로 사망한다. 나이 들어 노환으로, 즉 자연사할 확률은 5% 내외다. 나머지는 암, 심장병 등 만성질환으로 사망한다. 백신이나 치료제가 필요한 곳은 바이러스보다도 암, 심혈관, 치매, 만성질환 등 고령화에 따른 질병이다. 바로 여기가 바이오헬스 기술이 집중하고 있는 분야다.

이 책은 바이오헬스에 대한 대중의 흥미와 이해를 돕기 위해 썼다. 일반인 상대의 글이어서 전문적인 내용보다는 기본 원리를 쉽게 설명했다. 생활과 얽힌 에피소드를 통해 바이오 과학이 먼 나라 이야기가 아니라는 것을 이야기했다. 이 책은 바이오헬스의 5개 주제(바이러스, 바이오 신약, 첨단 바이오, 인체 건강, 두뇌 바이오)에 따른 에피소드로 구성되어 있다. 전체가 연결된 하나의 스토리보다는 옴니버스 형태의 다양한 이야기가 독자들의 흥미를 자극할 것이라고 생각했기 때문이다. 기초부터 지식을 쌓아야 이해가 되는 전문 서적과는 다르게 구성해야 했다. 중간에 흥미로운 부분이 있다면 그곳부터 읽어도 된다.

1장은 코로나 이야기다. 가장 중요한 질문은 '다시 올까'이다. 전문가들은 '온다'고 이야기한다. 바이러스 폭풍의 3요건(밀림 개발, 가축 증가, 교통 증가)이 줄어들 기미는커녕 날로 늘어나기 때문이다. 1장에서는 코로나가 생긴 원인, 코로나 백신의 문제점 그리고 코로나보다 더 무서운 놈인 인플루엔자 바이러스에 대해 이야기한다.

2장은 바이오 신약 이야기다. 코로나 백신에 쓰인 기술은 수십억 명의 임상을 거쳤다. 그 기술, 즉 빅데이터, 인공지능, 바이오 기술을 그대로 바이오 신약에 적용할 수 있다. 코로나가 바이오 신약의 시금석이 된 셈이다. 바이오 신약 중에서도 세계 사망 원인 1위인 암 치료에 모든 바이오 기업이 경쟁하고 있다. 암세포 최고의 천적은 면역세포다. 암 환자들의 면역

상태는 바닥이다. 바이오 신약은 이제 면역 항암 치료제에서 불꽃 튀는 경쟁을 벌이고 있다. 왜 코로나처럼 암 백신은 없을까. 아니다. 있다. 만들고 있다. 그것도 개인 맞춤형으로 만들고 있다.

3장은 첨단 바이오 이야기다. 첨단 바이오는 다양한 분야에서 이변을 일으키고 있다. 코로나 바이러스와 같은 미물들도 SNS를 사용한다. 이 SNS를 해독할 수 있다면 첨단 치료제가 나올 수 있다. 첨단 과학은 SF 영화로도 선을 보인다. 톰 크루즈가 나오는 영화에서 러시아 최고의 생체보안은 쉽게 뚫린다. 지문이나 홍채는 과연 최고의 보안 수단일까. 아니다. 해커에게 그 정도는 약과다. 그럼 최후의 생체 인식 기술은 무엇일까. 바로 개인별로 다른 두뇌파다. 그럼 동물을 지진 경보용으로 쓰는 건 어떨까. 최첨단으로 내닫고 있는 바이오 최첨단 기술의 현주소를 본다.

4장은 인체 건강 이야기다. 코로나 키워드는 '면역'이었다. 뱃살은 면역의 1차 방해 요인이다. 그렇다고 뱃살 줄이겠다고 죽어라고 달리면 뱃살 대신 수명이 준다. 왜 그럴까. 뱃살은 인체 비상식량으로 진화했기 때문이다. 인체 건강 중에서도 깊은 지식이 바탕이 된 내용을 소개한다. TV에서 흔히 듣던 이야기가 아니다. 영화 <기생충>에서의 복숭아 가루 알레르기를 해결할 방안은 아이러니하게도 기생충에 있다. 즉, 기생충이나 장내세균 등 외부 생물체들이 유아의 면역을 훈련시켜야 한다는 거다. 조식, 즉 'breakfast'는 저녁식사 이후 아무것도 먹지 않는 16시간의 금식을 깬다는 의미다. 저녁식사 이후에 아무것도 먹지 않으면 건강하게 뱃살이 빠진다. 그 속을 들여다보면 세포 수준에서의 '대청소'가 있다. 건강을 세포 단위까지 들여다봐야 원리를 이해할 수 있다.

5장은 두뇌 바이오 이야기다. 두뇌는 호모 사피엔스 그 자체다. 과학이 열려고 하는 최후의 금고다. 이제는 그 비밀금고가 조금씩 열리고 있다. 코로나 시대의 두뇌는 온통 스트레스투성이다. 그렇다고 여행을 갈 수도 없다. 이럴 땐 동네 뒷산에서 멍 때리는 게 최고다. 왜 첫사랑과 마시던 와인 라벨은 지금도 기억나고 집사람의 생일은 잊어서 곤욕을 치르게 할까. 악몽은 지울 수 있을까. 이제 모든 과학은 두뇌로 향하고 있다. 두뇌 세포 하나하나를 LED 빛으로 조절한다. 그래서 기억을 만들 수도, 편집할 수도 있다. 그런 두뇌가 노화하면서 치매, 파킨슨병을 일으킨다. 치매를 치료할 수 있을까. 가족을 못 알아보는 노후를 보내고 싶지 않다면 두뇌 노화를 예방해야 하는데 어떤 방법이 있을까.

건강 장수가 인간의 근본 욕망이다

코로나에 호되게 당한 지구촌은 제2의 코로나에 대비하고 있다. 새로운 바이러스가 나타나면 즉시 그 유전자 순서를 해독하고 유전자를 합성해서 백신을 만들고 코로나처럼 임상 1, 2, 3을 동시에 실시해야 한다. 즉 속전속결로 백신을 만드는 것이 바이러스 폭풍을 막는 방법이다. 속전속결이 가능해진 이유는 첨단 바이오와 4차 산업혁명 기술이 짝짜꿍이되었기 때문이다.

첨단 바이오 분야가 4차 산업혁명의 1번 주자로 홈런을 치고 있다. 사물인터넷[IoT]-빅데이터-AI(인공지능)를 기반으로 하는 슈퍼 On-Off 연결망이 핵심 기술이다. 손에 차고만 있으면 하루 종일 맥박이 체크되고 잠자는 패턴이 기록된다. 바이오센서가 발달하면서 24시간 혈당이 자동 측정되는 손 팔찌를 개발 중이다. 몸에 달라붙는 바이오센서는 일종의 사물인

터넷(IoT)이다. 여기서 측정된 데이터는 스마트폰으로 연결된다. 이 데이터가 모여서 빅데이터가 되어 슈퍼컴에 저장된다. 빅데이터를 분석하여 이 환자에게 얼마큼의 혈당 조절용 호르몬(인슐린)을 공급할지 결정한다. 이 결정은 몸에 차고 있는 인슐린 자동 주입기로 그 신호를 보낸다. 인슐린이 자동 주입된다. 결국 의사를 만나 볼 필요도 없이 당뇨병환자는 안전하게 인슐린 주사를 맞는 셈이다.

세상의 모든 돈이 몰려 있는 곳은 바이오헬스다. 이곳이 황금어장인 이유는 간단하다. 먹고살 만하면 그다음은 건강 장수가 사람의 근본 욕망이다. 바이오헬스에서는 다양한 분야의 기술이 합쳐진다. 바이오헬스를 이야기로 푼다. <중앙선데이>, <굿에이징> 등에 실린 글들을 모았다.

종이책 출판이 급속하게 줄어드는 상황에서도 과학 콘텐츠를 끊임없이 발굴, 보급하려는 전파과학사의 손 대표는 저자의 든든한 지원군이다. 더불어 어려운 지식을 쉽게 이야기로 만들게 도와주는 황은오 작가는 나의 오래된 글쓰기 스승이다. 재미없는 글에도 박수를 보내는 가족들은 최고의 독자다.

목차

추천의 말 **4**

서론 **8**

1장 코로나, 지구촌에 한 방 먹이다

1-1 '뿌린 대로 거두리라' - 코로나의 역습 **21**

1-2 바이러스 폭풍은 지구온난화와 함께 온다 **29**

1-3 속전속결 백신 개발만이 바이러스의 유일한 대안 **38**

1-4 동물과 사람을 동시에 감염시키는 61종 바이러스 … 코로나·플루가 두목급 **47**

1-5 H·N 조합 따라 인플루엔자 변종 생겨, 더 '독한 놈'이 인류 위협 **55**

1-6 코로나 사촌 메르스 발병 주범은 낙타 아닌 박쥐 **64**

2장 바이오 신약, 암 정복을 꿈꾼다

2-1 암 백신 1: 내 암세포의 '먼 친척' 찾아내 암 예방주사 만든다 73

2-2 암 백신 2: 30억 개 DNA 뒤져 모든 암 세포 '명찰' 찾아내 일망타진 79

2-3 암 치료제 1: '저승사자' 전이암, 암 소굴 침투해본 면역세포가 잡는다 88

2-4 암 치료제 2: '이암제암' 항암 실험… 귀환병에 폭탄 심어 자폭 키스 유도 97

2-5 암 치료제 3: 면역세포 브레이크 풀어 암세포 깔아뭉갠다 103
- 카터 前 대통령 살린 면역관문 억제제

2-6 줄기세포 치료제 1: 도파민 '이웃사촌'의 변신에 파킨슨병 치료 길이 있다 112

2-7 줄기세포 치료제 2: 줄기세포 키우는 플라스틱 용기 바꿔 원하는 세포로 분화 121

3장 첨단 바이오, 세상을 바꾼다

3-1 수면 부족 → 뇌세포 해마 고장 → 단기 기억 상실 → 치매 129

3-2 이어폰 난청 급증, 유모세포 재생 기술은 걸음마 단계 137
: 청각 재생 기술 어디까지 왔나

3-3 지문·홍채는 뻥 뚫어도 뇌파는 못 뚫는다: 막겠다는 생체 인식, 뚫겠다는 해킹 147

3-4 유전자 편집의 힘, 마음만 먹으면 '맞춤형 아기'도 가능: 유전자 가위 어디까지 156

3-5 동물이 선행 지진파에 먼저 반응, 경보 활용은 무리: 지진 전조현상 165

3-6 치매 막으려면 운동하자: 뉴런이 늘어나 기억력이 좋아진다 174

4장 건강, 바이오헬스가 책임진다

4-1 죽어라 뛴 만큼 뱃살 쭉쭉 안 빠진다. 정답은 덜 먹기 : 인체의 에너지 자물쇠 전략 183
4-2 갈색지방의 마술… 피부 차게 하면 뛰지 않아도 뱃살 쏙 191
4-3 통곡물·과일 섬유소, 면역 진정시켜 고혈압·당뇨 잡는다 199
4-4 16:8 마법… 8시간은 맘껏 먹어도 석 달 후 체중 3% '실종' 207
4-5 '배신한' 남성 호르몬이 머리 위 허전하게 한다: 탈모는 왜 생기나 212
4-6 아들딸 골라 낳는 방법이 있다 221
4-7 저녁부터 16시간 굶으면, 정크물질 분해돼 살 빠져 228

5장 두뇌, 그 블랙박스를 열다

5-1 '밤은 낮보다 찬란', 올빼미형 인간의 장점은 창의력 239
5-2 남을 돕는 사람이 장수 염증·콜레스테롤·스트레스 낮춰: 이타심의 과학 245
5-3 천국 봤다는 임사체험, 마취제 몰래 주사해도 같은 반응 254
5-4 소식·냉수마찰은 '착한 스트레스'… 저항성 키워 수명 늘린다 262
5-5 동네 뒷산에서 20분 멍 때리면, 스트레스가 눈 녹듯 스르르 270
5-6 커피는 사망률 낮추는 씨앗, 각성제인 카페인이 문제 : 1000년 넘게 마신 기호식품의 과학 279

사진 출처 288

1장

코로나, 지구촌에 한 방 먹이다

코로나는 왜 왔을까. 밀림 속에 있어야 할 박쥐가 왜 중국 우한 근처 숲속까지 왔을까. 지카 모기도 기후 변화로 북상 중이라는데. 지구온난화 때문인가. 설마 코로나를 생물학무기로 만들려는 우한 연구소 내부에서 터져 나온 건 아니겠지. 그런데 코로나의 경우 사이토카인 폭풍은 왜 생기는 걸까. 면역이 약해서가 아니라 조절이 안 돼서일까. 무엇보다도 제2의 코로나가 또 올까. 전문가들은 또 온다고 하는데 첨단과학이 그것 하나 잡지 못하나. 현재로선 속전속결 백신 개발만이 유일한 단기 대응책이다. 이번 코로나는 지구촌 바이오 기술의 시금석, 즉 테스트였다. 1년도 채 안 되어 만들어낸 백신은 바이오헬스 기술의 결정체다. 하지만 부작용도 만만치 않다. 무엇보다 사이토카인 폭풍은 깊이 들여다봐야 할 문제다. 정작 문제는 바이러스 폭풍이 왜 생기는가이다. 정말 인류 최후의 적이 바이러스인가. 코로나는 그래도 약과라고 한다. 더 독하고 변신 잘하는 놈이 인플루엔자라는데 걱정이다. 신종 고독성 인플루엔자를 옮기고 다니는 놈들이 하늘을 나는 철새들이라면 저걸 어찌 막나. 바이러스 폭풍의 중심 동물이 박쥐라는데, 왜 너는 무엇이 맘에 안 들어서 호모 사피엔스에게 바이러스를 뿌려대는 것인지 심히 궁금하다. 그래, 우리가 잘못했다. 네가 살고 있는 밀림을 찍어내고 지구까지 뜨겁게 만들고 있으니 모두 우리 인간 탓이다. 이제 지구촌이 정신을 차릴 것이다.

‘뿌린 대로 거두리라’
- 코로나의 역습

코로나 한 방에 지구촌이 녹다운되었다. 목성까지 우주선을 보내는 호모 사피엔스가 눈에 보이지도 않는 미물에게 제대로 혼쭐이 났다. 코로나, 너는 도대체 어디에서, 왜 온 것이냐? 코로나도 할 말이 많다. 코로나의 입장에서 호모 사피엔스에게 쓴 소리한다.

내가 태어난 곳은 중국 우한이다. 아니, 태어났다기보다는 그곳에서 내 정체가 세상에 처음으로 드러났다는 말이다. 인간들은 내가 우한 야생동물 시장에서 발견되었다고 말한다. 지난 2년간 사향고양이, 밍크, 너구리 등 38종, 4만 7천여 마리의 동물이 그 시장에서 거래되었으니 내가 거기에 숨어 있었으리라 추측할 만하다. 글쎄, 그건 나중에 밝혀질 것이다.

아, 내 소개가 늦었다. 이미 짐작했겠지만 인간들은 나를 ‘코로나19’라고 부른다. 내가 이렇게 유명해질 줄은 나를 이곳에 보낸 바이러스 제국 황제도 몰랐으리라. 그가 얼마 전 축전을 보내왔다. ‘확산 임무 완수 축하. 2단계 진행 바람.’

나는 황제 때문에 이 일을 하는 게 아니다. 우리 가족 때문에 한다. 내 가족이 있는 그곳, 남미 열대우림은 지금 심각한 상황이다. 나무를 베고 그 자리에 돼지 농장을 만드는 등 날마다 트랙터 소리로 요란하다. 잘못하면 모두가 길거리로 나앉을 판이다. 다른 친척 집안, 즉 인플루엔자, 메르스, 에볼라, 사스SARS도 전전긍긍이다. 우리가 세 들어 사는 집의 주인들, 곧 박쥐, 원숭이 등 야생동물이 모두 밀림 밖으로 밀려나고 있기 때문이다. 모두 인간 탓이다.

인간이 지구의 다른 종을 멸종시키고 있다

집주인들이 사라지면 우리도 살 곳을 새로 찾아야 한다. 내가 받은 밀명도 바로 그것이다. '우리 바이러스 가문이 살아갈 곳을 찾아라. 인간도 타깃이다. 필요시 누구든 없애도 된다.' 우리가 도착한 중국 우한은 이 작전을 수행하기에 적합한 곳이었다. 내 집주인은 박쥐다. 박쥐의 본디 집은 남미 밀림이었는데 이번에 중국 남부 윈난성 근처로 이사 와야 했다. 밀림이 점점 줄어드는 데다가 갈수록 더워지기 때문이다. 기후 변화 때문이다. 기후 변화는 인간이 흥청망청 써 대는 에너지 때문에 나타난다.

인간은 흙으로 만들어질 때 창조주와 한 약속을 잊은 종족이다. 창조주 하느님께서 '다른 피조물들과 잘 지내라' 하셨거늘 그 말씀을 따르지는 않고 제 욕심만 챙긴다. 먹고살 만큼만 취하는 다른 생물과 달리 인간은 보이는 것마다 잘라내고, 먹어 대며 머릿수를 늘려나간다. 농사짓는 법을 배우게 했더니 그 뒤로는 더 제멋대로 군다.

집주인 박쥐는 지구상 포유류 가운데 종류가 가장 많고, 전체 포유류 숫자의 20%를 차지한다. 게다가 멀리까지 날아다닌다. 바이러스 확산에는 더없이 좋은 집주인이다. 다른 야생동물과도 친하다. 천산갑과도 자주 만나는 덕분에 나, 즉 코로나19가 천산갑으로 쉽게 옮겨갈 수 있었다. 인간은 이를 '스필오버spill over'라고 부른다. 박쥐에서 넘쳐흘러spill, 천산갑으로 옮긴다over는 뜻이다. 천산갑은 중국 사람이 좋아하는 야생동물 요리 재료다. 사향고양이도 잘 먹는다. 2002년, 사스 패밀리도 박쥐와 사향고양이를 통해 인간의 폐로 침투했다.

우리 바이러스들은 본디 평화주의자다. 우리의 집주인들을 밀림에만 있게 해주면 된다. 하지만 인간은 우리를 전쟁으로 내몰았다. 그래, 전쟁이다. 내가 받은 명령은 간단하다. '인간에게 침투해서 우리가 살 곳을 확보한다. 지금이 최적기다.' 인류에 의한 여섯 번째 지구 대멸종이 진행 중이

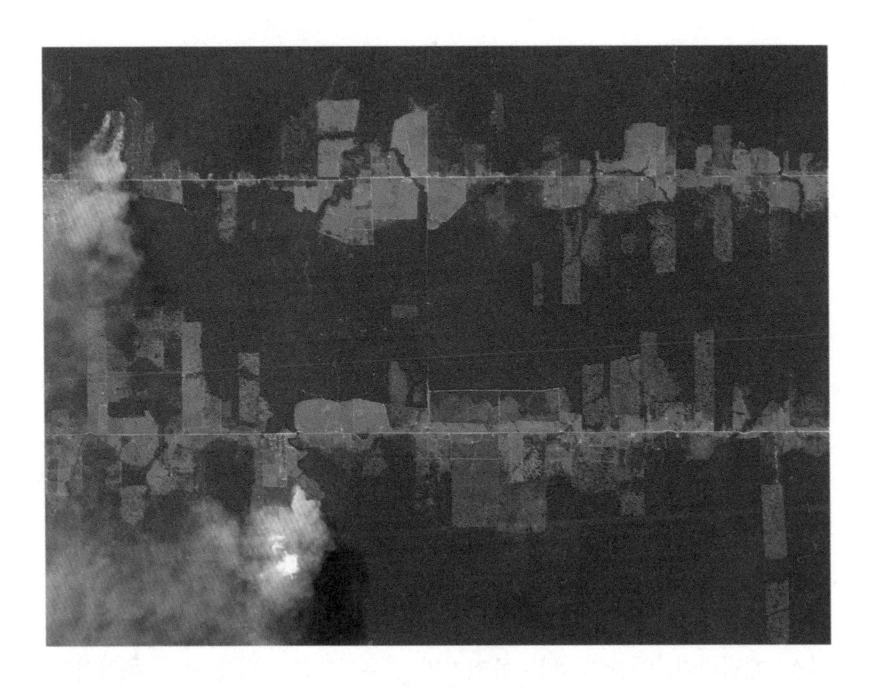

아마존 밀림이 줄어들면서 야생동물끼리 좁은 공간에서 접촉하는 경우가 늘었다. 그 안에 살고 있던 바이러스들이 서로 접촉하면서 변종이 생겨 다른 동물도 감염시키는 스필오버가 생긴다. 원숭이에만 있던 AIDS 바이러스가 사람에게도 온 이유다. 결국 인간의 환경 착취가 지금 바이러스 위기의 근본 원인이다. 그러므로 제2, 3... 코로나 바이러스는 계속 온다

다. 오늘날 야생 포유류 수는 농업 시작 당시의 6분의 1로 줄었다. 육지 포유류의 36%는 인간이고, 60%는 인간이 먹으려고 키우는 가축들이다. 야생 포유류는 나머지 4%에 불과하다.

가축이 육지 포유류의 60%나 될 만큼 많다. 가축은 야생동물과 인간의 중간 다리 역할로는 최고다. 게다가 우리가 비행기 승객 속에 올라타면 반나절 만에 지구를 돈다. 우리 바이러스가 세상에 퍼질 최고의 기회라는 말이다. '인간들에게 따끔한 맛을 보여줘라. 우선 침투해라. 그곳이 폐든 뇌든. 얼마든지 죽여도 된다. 완벽한 우리 왕국을 만들자.'

최고의 생존 고수: 바이러스

박쥐에서 천산갑으로 옮겨 탄 뒤, 나는 우한 야생동물 시장에 도착했다. 중국인들은 야생동물을 잡아먹는다. 한국인들도 중국으로 관광 가서 곰쓸개에 빨대를 꽂아 웅담을 빨아먹는다고 한다. 그거, 참 잘하는 짓이다. 그러니 우리 동료 바이러스가 곰에 잠복해 있다가 인체로 들어가는 건 식은 죽 먹기다. 나는 시장에 도착해서 본부에 문자를 보냈다. '우한 도착. 이곳은 베이스캠프로 최적. 감염 확산 개시함.'

내 전공은 폐세포다. 그동안 살면서 집주인인 박쥐의 폐에 자주 들락거렸다. 박쥐 몸에는 나 말고 다른 바이러스 패밀리도 많다. 163종이나 되는데, 그중 절반은 사람과 동물을 동시에 감염시키는 이른바 '인수 공통 바이러스' 패밀리다. 인간의 폐는 들어가기 쉬운 곳이다. 내가 폐로 들어가면 그 사람이 폐렴에 걸릴 확률은 76.4%이다. 겨울 독감이 0.3%인 것과 비교하면 엄청나다.

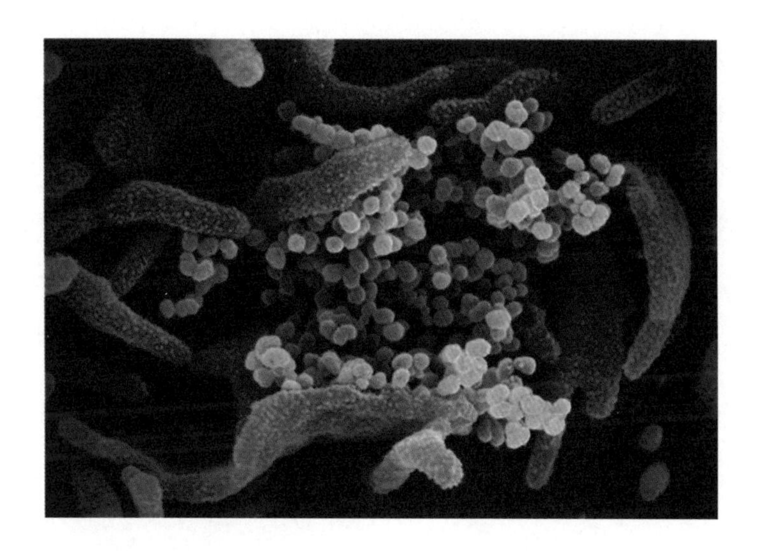

인간세포(자색)를 감염시키는 코로나(황색). 코로나는 수십 배로 불어나고 세포는 터진다. 바이러스는 수십억 년 동안 이런 일을 해온 전문가다

자, 이제 본격적인 전투 준비를 해야 한다. 인간들에게는 나름대로 방어망이 있어서 그걸 잘 통과해야 한다. 물론 나도 박쥐 신체 내부에서 유격훈련을 받았다. 박쥐가 날아오르면 체온이 쭉 올라간다. 순간적으로 사우나가 되는 셈이다. 나는 그런 곳에서도 살아남도록 훈련받았으니 인간의 방어망 뚫는 것쯤이야 쉽다고 생각할 수 있겠지만, 조심해야 한다. 특히 면역세포는 사냥개 같은 놈들이다. 한번 걸리면 떼로 몰려든다. 하지만 우리는 바이러스다. 지구상에서 가장 오래된 종족이며 수십억 년을 살아남은 생존의 고수들이다.

뿌린 대로 거두리라

내가 본부에서 침투 교육을 받을 때 에이즈AIDS 사례가 가장 인상 깊었다. 최초로 인간에게 침투하여 토착화에 성공한 사례다. 아프리카 밀림에서 원숭이 집주인과 잘 지내던 에이즈에게 어느 날 인간들이 나타났다. 그들은 나무를 찍어냈고 집들을 지어댔다. 원숭이들에게 위기가 닥쳤다. 그즈음 인간들은 원숭이 고기를 나눠 먹기도 했다. 원숭이한테 전세 살던 에이즈 패밀리에게는 인간에게까지도 자신들의 세를 확산할 수 있는 절호의 기회였다. 더구나 에이즈는 인간들에게 알려지지 않은 바이러스였다.

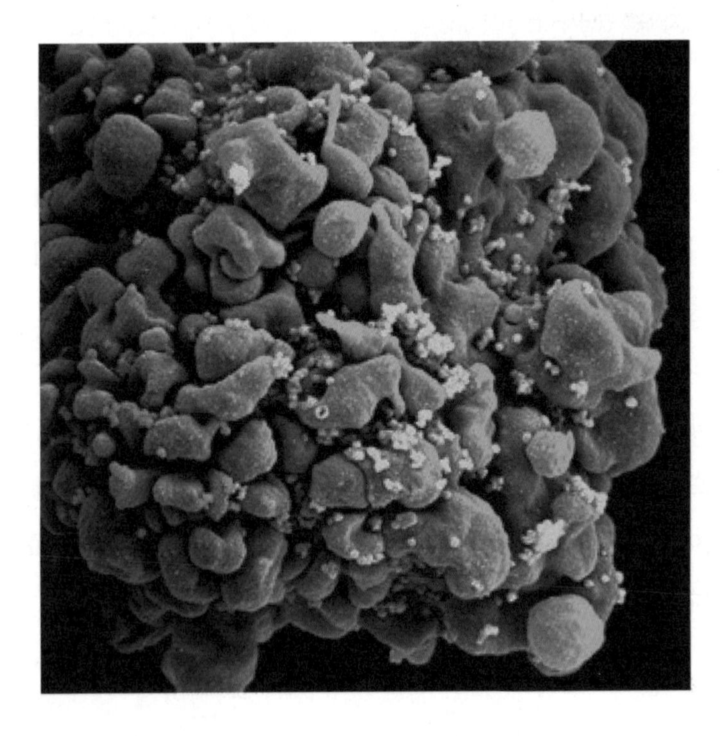

에이즈 바이러스(HIV)(노란색)가 인간 면역세포(청색)를 감염시킨 모습. 외부균을 없애는 면역 자체가 감염으로 망가진 에이즈는 이제 인체 내에 자리 잡은 셈이다

에이즈는 한 방에 인간의 허를 찔렀다. 바로 인간 면역세포 자체에 침투한 것이다. 에이즈에 걸린 사람은 면역 체계가 무너지고 몸이 꼬챙이처럼 말라 간다. 바이러스들은 죽을 때까지 오랫동안 인체 내부에 살다가 다른 사람에게 옮아가기만 하면 된다. 더구나 인간들끼리 성관계로 우리를 옮겨주니 이들이야말로 최고의 숙주다. 에이즈가 전 세계로 퍼져 나갈 때 우리끼리 하던 말이 있다. '인간들은 좀 혼나야 돼. 뿌린 대로 거둔다는 걸 알아야 해.' 내가 에이즈처럼 성공해서 지구촌을 휩쓸지, 아니면 천연두처럼 박멸될지 아직은 모른다. 그 여부는 인간에게 달렸다. 기후 변화라는 경고음이 울리는데도 계속 정신을 못 차린다면 페스트한테 당했던 것처럼 큰코다칠 수 있다. 그렇지만 인간에게는 아직 기회가 있다. 인간에게는 나름대로 머리가 있다. 잡은 고기를 서로 나누어 먹을 줄 아는 까닭에 다른 많은 동물을 제치고 지구 최고 종족, 지금의 호모 사피엔스가 되었다.

무엇보다 지구 자체가 창조주의 작품이라고 생각하고, 모든 생명체가 공생해야 한다는 '제대로 된' 생각을 하는 사람이 적지 않다. 이런 사람들의 말이 먹혀서 상호 공생의 길을 찾는다면 우리 바이러스도 거기에 기꺼이 한 표 던질 것이다. 다만 한 가지 걱정되는 게 있다. 시간이 그리 많지 않다는 걸 인간이 잘 모른다는 점이다.

Q&A

Q1. 감기 중에도 코로나 바이러스가 있다고 하는데 사실인가요?

A. 맞습니다. 감기는 200여 종의 '순한' 바이러스 때문에 생깁니다. 그중 하나가 코로나 바이러스입니다. 즉 코로나는 호흡기에 주로 침투하던 놈들인데 이번 코로나(COVID-19)는 그중에서도 독한 변종이라고 보면 됩니다. 감기는 주로 상부 호흡기, 즉 목, 코 부분을 감염시켜 콧물, 재채기, 가벼운 인후통, 미열 등이 발생합니다.

Q2. 코로나가 독한 변종이라는 말이 맞나요?

A. 그렇습니다. 원래 코로나는 가벼운 감기만을 일으켰으나 예전의 사스 신종플루 때와 마찬가지로 독한 변종이 나타난 것입니다. 이번 COVID-19는 코로나 바이러스가 세포 내에 침투할 때 사용하는 수용체의 친화력이 50배나 강한 변종입니다. 즉 그만큼 빨리 폐상피세포로 들어오지요. 예전 감기는 바이러스 입자가 목 안으로 들어와도 꼭 침투하는 건 아니었는데 이번 코로나는 닿은 즉시 침입한다고 보면 됩니다. 그만큼 빨리 침투해서 수를 불리는 것이라 급성폐렴이 되면서 환자가 위험해지지요.

Q3. 코로나 원인 중에 밀림 훼손이 있는데 지구온난화와도 관련 있는 내용입니까?

A. 네, 밀림 내 야생동물을 숙주로 삼고 있는 바이러스가 인간에게 전염되는 것이 문제입니다. 코로나 바이러스도 인수 공통, 즉 동물과 사람을 동시에 감염시킵니다. 결국 야생동물이 갈 곳을 잃거나 기후 변화로 다른 곳으로 이동해야 한다면 그만큼 인간에게 바이러스가 전염될 가능성이 많은 것이지요.

바이러스 폭풍은 지구온난화와 함께 온다

코로나가 세상을 완전히 바꾸었다. 모든 공항이 폐쇄되고 모임이 금지되었다. 사상 초유의 대혼란은 막대한 경제적, 인명 손실을 가져왔다. 모든 사람이 궁금해했다. 왜 바이러스가 이렇게 퍼진 거지? 사실 갑자기 생긴 건 아니다. 에볼라, 사스, 메르스 등 조금씩 조금씩 경고등이 켜지고 있었다. 기후온난화도 코로나 확산의 한 원인이다. 캐나다 밴프국립공원 여행에서도 지구온난화는 코앞에 있었다.

서아프리카에서 발생한 에볼라 사태에 참여한 의료진. 근본 원인은 인간들이 개발이라는 명목 하에 밀림을 훼손하는, 지구 환경 변화가 원인이다

캐나다 여행의 백미는 밴프국립공원이다. 남북으로 쭉 뻗은 230㎞ 드라이브 코스 좌우로 펼쳐지는 풍경이 압권이다. 최고는 따로 있다. 산꼭대기 만년설이다. 7월에 방문한 밴프 만년설은 여기가 히말라야인가 착각하게 한다. 하지만 밴프가 기억에 남는 건 만년설이 아니라 동행한 J 사장 때문이다. J는 시골 태생으로 독학했고 기술을 배워 중소기업 사장까지 되었다. 그는 과학의 힘을 믿는다. 그의 해박한 과학 지식은 우리를 지루하지 않게 했다. 하지만 사소한 의견 충돌은 여행 자체를 위태롭게 한다. 그와 처음 부딪친 건 '에볼라 바이러스' 때문이다.

'에볼라 사태'는 서아프리카에서 2014년에 발발했다. 당시 J 사장과 아프리카 에볼라 사태를 다룬 영화 〈아웃브레이크〉를 보고 난 후 우리는 맥주를 한잔하러 갔었다. 영화를 볼 때까지만 해도 에볼라는 '강 건너 불'이었다. 하지만 서아프리카에서 발발한 에볼라 환자가 미국까지 넘어오자 돌연 세계는 에볼라 공포에 휩싸였다. 우리는 맥주를 마시면서 에볼라가 치사율이 90%가 넘는다는 이야기를 했었다.

밴프 여행에서 에볼라가 생각난 건 사우디발 메르스로 한국이 곤욕을 치렀기 때문이었다. 밴프의 원시 상태 자연을 보자 아프리카 밀림이 생각났다. 밀림에 살고 있는 야생동물에 세 들어 살고 있는 바이러스들이 심심찮게 튀어나온다. 그 원인에 대해 J 사장과 의견이 엇갈렸다. 필자는 '개발 목적으로 밀림을 훼손하면서 야생동물과 접촉하는 것이 주요인'이라고 했다. J 사장은 '그곳 아프리카 사람들이 미개하고 위생 상태가 좋지 않아서 그런 것'이라고 했다.

논쟁이 있을 때는 전문가를 내세우는 것이 상책이다. 『바이러스 폭풍』의 저자 네이선 울프 박사는 평생 야생 바이러스를 쫓아 다녔다. 그는 밀림 속으로 사람들이 들어가서 야생동물과 접하는 것이 가장 큰 원인이라고 했다. 실제 태국에서도 나무를 밀어내고 돼지 농장을 지었다. 야생박쥐가 그 돼지 위에 분변을 떨어뜨리고 돼지를 접한 주인이 바이러스에 감염되었다. 그 때문에 태국에서 돼지독감으로 수백 명의 사상자가 발생했다.

지구 생태 훼손이 바이러스 폭풍의 한 원인이라는 필자의 설명에 J 사장은 마지못해 긍정하면서 한마디 덧붙인다. '경제성장에는 부작용이 따르는 법'이다. 동행한 집사람 둘이 두 사람의 이야기에 귀를 기울이더니 J 사장의 마지막 말에 고개를 끄떡인다. 그러고는 관전평과 함께 승패와 심사 결과를 발표한다.

"그렇지요. 경제성장은 결국 자원 개발에서 시작하지 않아요? 바이러스는 그 과정에서 어쩌다 나온 거지요. 구더기 무서워서 장 못 담글까요."

그렇게 J 사장과의 1차전 토론은 필자의 패배로 끝이 났다. 논쟁은 여행 따라 계속되었다. 그와 두 번째 부딪친 건 '만년설'에서다.

인간이 빙하를 녹이고 있다

밴프 중간에 만년설에 연결된 빙하들이 있다. 가이드는 그 빙하들이 녹고 있다고 했다. 빙하 한 곳은 불과 1세기 만에 3.5킬로미터나 뒤로 후퇴했다. 이곳 빙하 300개가 그런 식으로 모두 사라졌다. 최근 50년간 녹는 속도가 10배 빨라졌다. 그날 저녁 J 부부와의 식사 자리에서 가이드가 무식하다고 J가 말을 꺼냈다. "지구는 수억 년 동안 빙하기를 반복하면서 온도가 오르내린다. 빙하도 녹았다 얼었다 반복한다. 지구온난화는 일부 환경론자의 주장이다. 미국 대통령 트럼프도 그렇게 생각한다. 그래서 지구온난화를 줄이자는 국제기후협약에서 미국이 탈퇴한 거다." J 사장의 해박한 설명에 다른 일행은 고개를 끄떡였다. 하지만 필자가 알던 바와는 달랐다.

그동안의 모든 과학적 데이터는 지구온난화가 인간 때문이라고 결론 짓는다. 대기 이산화탄소 농도는 지난 백만 년간 일정 수준(200~300ppm)을 유지하더니 급격하게 늘어 지금은 407ppm이다. 흥미로운 건 이산화탄소가 늘어난 시점과 지구 평균 온도가 올라가기 시작한 시점이 '정확히' 일치한다. 즉 18세기, 바로 산업혁명이 일어난 시기다. 석탄을 때서 기관차를 움직이고 공장이 돌아가고 석유를 뽑아내 자동차를 굴리기 시작하면서부터다. 지구온난화 원인은 산업화, 즉 에너지를 많이 써댔기 때문이다. 온난화를 믿지 않는 J 사장과의 설전을 각오하고 이런 사실을 '과학적'으로 설명

캐나다 밴프 국립공원의 빙하. 빙하가 녹아내리는 속도가 최근 10년간 급증했다. 기후 변화가 직접적인 원인이다

했다. J 사장의 거친 반격을 예상했건만 의외로 순순히 받아들인다. 그리고는 한마디 한다. "정치가는 믿을 놈이 한 놈도 없어." 그는 과학을 믿고 있었다. 정작 그와 부딪힌 건 히말라야 이야기에서다.

히말라야 하늘의 쓰나미가 초읽기다

두 남편이 아슬아슬한 설전 끝에 합의점에 이르자 두 아내가 안심한다. 이제 그런 골치 아픈 이야기 그만하고 내년에는 히말라야 트레킹을 가자고 한다. '히말라야'라는 말에 K가 떠올랐다. 부탄을 자주 가는 K가 그곳 환경담당자의 말을 전했다 '히말라야 만년설이 녹아내리면서 계곡에 호수들이 급격히 생겨났다. 이것들이 쓰나미처럼 부탄을 덮칠 거다.' 담당자 이야기는 섬뜩했다. 실제로 지난 40년간 히말라야 아래 호수가 2배 가까이 새로 생겼다. 이 호수들은 댐이 없다. 물이 조금 더 불면, 그래서 둑 위로 넘어오기 시작하면 둑이 무너지는 건 순식간이다. '하늘의 쓰나미'다. 부탄 인구 70%는 강가에 살고 있다. 예전에도 홍수가 나면 강가의 집들은 쓸려갔다. 이제는 저 높은 하늘에 거대한 물 폭탄이 설치된 셈이다.

부탄은 국민 소득이 한국의 10분의 1이지만 행복지수 1위 국가다. 지구 환경에서는 최고다. 즉, 이산화탄소 발생량보다 숲의 이산화탄소 제거량이 더 많은 '탄소 마이너스' 국가다. 그 반대급부로 받는 것이 '하늘의 쓰나미'라는 필자의 설명에 J 사장 얼굴이 어두워졌다. 하지만 잠시였다. 그리고 결연한 어조로 말했다. "그래도 세계 경제는 굴러가야 하고 누군가 뒤에 쳐지는 건 어쩔 수 없는 일이다. 약육강식 아니냐. 냉혹한 현실이다. 트럼프를 봐라. 미국 우선주의 아니냐?" J 사장다운 말이다. "우리는 아시

히말라야 눈이 녹아내리면서 부탄의 산 높은 곳에 비정상적인 호수들이 생겼다. 댐이 없는 저수지 형태다. 하늘 높은 곳에 쓰나미 물 폭탄이 설치된 셈이다

아 최빈국에서 불과 반세기 만에 세계 경제 순위 10위가 되었다. 노력해서다. 부탄 같은 후진국은 노력을 안 해서 그렇다." 맞는 말이지만 뭔가 불편하다. 불편함을 말로 내뱉는다. "그래도 사람들이 그러면 안 되지. 사람이 먼저지. 에어컨 펑펑 쓰는 부자들 때문에 지구 다른 편에서는 홍수로 살 곳이 없어진다면 그건 좀 아니잖아."

제2의 노아 홍수는 내 탓입니다

다시 분위기가 불편해졌다. 듣고 있던 두 여자가 수습에 나섰다. "아니, 두 분 다 공학도 아니에요? 첨단 과학이 해결할 수 있잖아요?" J 사장

이 고개를 끄떡인다. “과학은 온난화를 해결할 것이다. 화력 대신 태양열, 풍력, 수력, 조력, 바이오 에너지 등 대체 에너지를 써야 한다. 원자력의 경우 안전하다는 전제 아래 우선 부족한 에너지를 충당해야 한다. 궁극적으로 태양 기반의 대체 에너지가 과학의 목표다. 미국도 기후협약에 다시 참가하고 세계는 2050년까지 탄소중립(나오는 만큼 제거하기)을 이루기로 합의했다. 지구촌에 희망이 보인다는 내 말에 J 사장도, 오랜만에 고개를 끄떡인다. 그리고 한마디 한다. “이제 지구촌은 모두 한배에 타고 있는 걸.” 모처럼의 의견 통일에 분위기가 훈훈해졌다. 내일 목적지는 밴프 여행 하이라이트인 ‘모레인’ 호수다. 달력에서만 보던 절경을 볼 생각에 기분이 들뜬다.

모레인 호수는 사방이 깎아지른 산으로 둘러싸여 있다. 산 아래 짙은 녹색의 나무들이 푸른색 물을 만난다. 캐나다 20달러의 주인공이었던 모레인 호수의 최고는 일출이다. 세상의 모든 빛이 모인다. 창세기 모습이 이러했으리라. 정상의 만년설을 보면서 어제저녁 히말라야 이야기가 떠오른다. 이곳 만년설은 남아날 수 있을까. 지구온난화 방지는 한 가지에 달려 있다. 청정 에너지 확보보다도 그걸 쓰는 지구촌민, 바로 우리의 마음가짐이다.

호모 사피엔스는 도구와 기술을 앞세워 지구를 점령하고 지난 200년간 땅속 에너지를 끝도 없이 뽑아 써댔다. 필자도 예외는 아니다. 50년 전에는 한 달에 한 번 물을 데워 모든 식구가 차례로 목욕을 했다. 지금은 아침저녁 온수 샤워를 한다. 인구는 늘고 개인당 에너지가 급증하면 전체 에너지는 눈덩이처럼 불어난다. 이런 눈덩이는 어떤 에너지라도 감당 못한다. 우리 하나하나가 에너지를 줄여 써야 한다. 온난화를 반전시킬 마지노

선이 향후 10년이다. 지금 상태라면 빙하가 없었던 300만 년 전으로 돌아간다. 히말라야 만년설이 없어지면 그 물로 먹고살던 부탄 국민은 물 없는 강가에 내몰린다. '하늘의 쓰나미'로 시작된 재앙은 '제2의 노아의 홍수'처럼 지구 생태계를 완전히 망가트릴 것이다. 전 세계가 대응방안을 찾고 있지만 정작 중요한 건 우리 마음가짐이다. 스스로에게 물어본다. '부탄 하늘의 쓰나미를 막기 위해 아침저녁 뜨거운 물 샤워를 일주일에 한 번, 아니 이틀에 한 번으로라도 줄일 수 있을까. 다른 사람을 위해 내 안락함을 양보할 수 있을까.'

창세기 노아 홍수 이전에도 경고는 있었다. '같이 잘 살라고 했지, 그렇게 누군가를 짓밟고서 부를 누리라고 했어?' 경고를 미리 알아들은 더 많은 '노아'가 생기는 것이 유일한 희망이다.

Q&A

Q1. 코로나의 원인이 지구온난화일 수도 있다는 증거가 있나요?

A. 있습니다. 코로나의 숙주 중 하나는 박쥐로 알려져 있습니다. 중국 우한 근처의 윈난성에 박쥐들이 이동해 와서 살기 시작했습니다. 적도 열대우림 지역에 주로 있던 박쥐의 일부가 이동한 것으로 판단됩니다. 지구온난화로 과일 재배지가 변한 것을 봐도 어떤 지역의 온도 변화에 그곳 자생식물, 동물의 생태가 얼마나 예민하게 변하는가를 알 수 있습니다. 식물보다 먼저 영향을 받는 것은 동물입니다. 지카 바이러스가 브라질에서 미국 방향으로 북상하고 있는 것도 같은 현상입니다. 야생동물이 이동하면 여기에 같이 살던 바이러스도 자동으로 이동합니다.

Q2. 부탄 지역에 있던 히말라야 빙하가 녹아서 호수가 생긴다고 했는데 물은 녹으면 아래로 흘러가는 거 아닌가요?

A. 왜 호수가 생기는가는 정확히 밝혀져 있지 않습니다. 추측으로는 물의 유입량과 유출량의 차이가 아닌가 합니다. 산에 둘러싸인 분지의 경우 산에서 조금씩 흘러나온 물은 땅으로 스며들어 분지 아래로, 그래서 분지 밖으로 나갑니다. 하지만 유입량이 늘어날 경우 물은 고이게 되고 점점 수위가 높아지게 되어 있습니다. 둑이 없는 자연 호수가 생기는 원리라고 봐야지요.

1-3

속전속결 백신 개발만이 바이러스의 유일한 대안

코로나 사태 때 모두 한곳만을 쳐다보고 있었다. 백신이었다. 코로나를 종식할 유일한 희망이다. 초특급으로, 임상 1, 2, 3상을 동시 실시했다. 1년도 안 돼서 일반인에게 주사되었다. 더구나 처음으로 mRNA 백신 기술이 사용된 거다. 괜찮을까. 현장에서도 임상 실험과 같은 결과가 나올까. 세계 바이오 기술의 각축장이 된 코로나 백신의 속을 들여다본다.

2020년 12월, 코로나 백신이 임상 결과와 함께 세상에 공개되었다. 코로나를 종식할 유일한 대안으로 세계인들의 관심이 집중되었다. 임상 결과 효과도 좋다. 영국 옥스퍼드 대학-아스트라제네카 제약 공동 개발 백신이 평균 70%, 최고 90% 방어 효과를 보였다고 한다. 영국 정부는 서둘렀다. 1억 회분의 백신을 계약했다. 미국 화이자-독일 바이오 기업 개발 백신은 95% 효율로 미국 식품의약국[FDA]에 긴급 사용권을 받아서 백신 시장에 뛰어들었다. 미국 모더나제약-국립전염병연구소 개발 백신도 94.5% 효과를 냈다. 옥스퍼드-아스트라제네카 백신은 3~4달러로 20~25달러의 두 백신보다 훨씬 저렴했다. 무엇보다 다른 두 백신이 냉동(-20℃, 모더나), 초저온(-70℃, 화이자) 보관인 것에 비해 아스트라제네카 백신은 냉장(4℃) 보관이 가능해서 가장 경쟁력이 있어 보였다. 더불어 옥스퍼드 대학 연구진은 감염 이후 6개월간 재감염이 없을 것이라고 했다. 드디어 백신이 개발됐으니 지긋지긋한 코로나19로부터 완전히 해방되는건가 지구촌은 희망에 부풀었다. 하지만 백신의 안전성이 최대 관심사였다.

코로나 백신의 안전성은 확실히 검증되어야 한다

코로나가 기세를 부리던 2019년 10월, 캐나다 맥길 대학 연구팀이 연구 경력 25년 이상의 베테랑 백신 전문가 28명에게 당시 개발 중인 백신(145개 전임상, 35개 임상)이 실제 사용될 경우 문제가 없을지에 대한 결과를 확인한 내용이 〈General Internal Medicine 저널[JGIM]〉에 실렸다. 현장에

백신의 면역 예방 원리

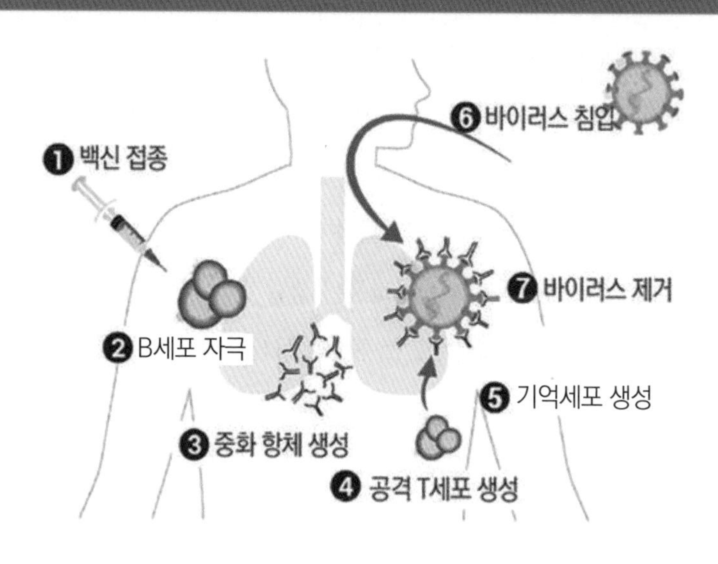

백신의 면역 예방 원리

서 대량 접종하면 안전성에 문제가 생길 확률이 30%, 효능이 떨어질 확률이 40%라고 보고했다. 백신이 공장에서 대량 생산되고 여러 지역에 유통되어 주사를 맞히는 상황은 엄격한 통제 아래 실시되는 임상 결과와 차이가 있을 수 있다는 의견이다. 서둘러 백신을 만들었을 때의 위험성은 이미 역사적으로 몇 차례 입증되었다.

1976년, 미국 포드 대통령이 선거를 앞두고 돼지독감이 유행할 거라는 일부 예측에 백신 개발을 서둘렀었다. 1년 만에 급히 만들어낸 백신은 4천만 명에게 접종되었는데, 불행하게도 한 달이 지나자 접종자 530명이 감염으로 몸 안의 항체가 말초신경을 파괴해 마비를 일으키는 길랭-바레증후군Guillain barrel syndrome이 나타났다. 백신 부작용으로 최종 판단되어 결국 서둘러 접종을 중단했다. 이 사건은 미국인들에게 백신에 대한 부정적인 인식을 심어준 계기가 됐다. 사실 미국 제약 역사상 가장 최악의 백신 사고는 1955년에 일어났다. 카터 제약회사가 만든 소아마비 백신을 맞은 12만 명 중 30%에 해당하는 4만 명의 다리에 소아마비 증상이 나타났고, 56명은 전신마비, 5명은 사망에 이르렀다. 이 백신은 소아마비 바이러스를 약화해 만들었지만, 일부 바이러스가 살아 있었다. 문제는 동물 안전성 임상 검사 도중 원숭이에게 이상증세가 나타났음에도 보건당국이 무시한 것이다. 정상 수순을 밟아 개발했었어도 부작용이 생길 판에 서두르다 더 큰 위험을 초래했다는 이야기다. 그런데도 불구하고 백신을 맞아야 할까?

유전자 백신은 첨단 바이오의 결정체다

'구더기 무서워 장 못 담글까.' 팬데믹Pandemic상황을 종료하는 유일무이

한 방법은 백신이다. 백신 개발은 실험실 개발, 동물 임상 실험, 사람 임상 1, 2, 3상을 단계별로 엄격히 검증해야 하며 평균 6년, 6000억 원 이상의 비용이 소요된다. 코로나19 백신 개발의 경우 임상 단계를 동시에 시행해서 시간을 1년으로 줄였다. 전 세계가 동시다발적으로 개발에 착수해 전체 추정 비용만 해도 2조 원으로 훌쩍 뛴다. 백신 개발 역사상 최대 속도다. 지난 임상 3상 중간 결과에서 70~90%의 우수한 면역 효과를 보인 3개의 백신은 처음 사용하는 신기술 백신이다. 바이러스 유전자(mRNA, DNA)만을 화학 합성해서 만들기 때문에 안전하고 빠르다. 그전까지는 바이러스를 달걀에 키운 후 죽이거나 약화해(불활화 백신) 만들어 위험도가 높고 시간이 오래 걸렸다. 코로나19 백신 중 2개(화이자, 모더나)는 mRNA(DNA의 유전 정보를 세포질 안의 리보솜에 전달하는 RNA) 백신이고, 1개(아스트라제네카)는 바이러스 벡터 백신이다.

3개 모두 코로나19가 폐세포에 침입할 때 쓰는 열쇠(S 스파이크 단백질)를 만든다. mRNA를 잘 포장(리보솜 기술)해서 근육에 주사하면 세포 내에 바이러스 열쇠가 다량 만들어진다. 면역세포들이 이 열쇠 물질을 외부침입자 물질로 판단해서 비상소집령을 내린다. 마치 바이러스가 들어온 것처럼 면역세포들이 달려온다. 그 결과 외부침입자를 공격하는 항체가 만들어지고 침입자를 기억하는 면역기억세포도 생성된다. 아스트라제네카 백신은 바이러스 벡터 백신이다. 즉 기관지세포에 자주 들락날락하던 감기 바이러스(아데노)의 위험한 유전자를 빼고 대신 코로나 S 단백질 유전자DNA를 집어넣었다. 원래 잘 침투하는 놈(아데노 바이러스) 뒤를 따라 슬쩍 DNA를 들여보내는 셈이다. mRNA 백신보다 쉽게 세포에 침투하고 냉장 보존도 가능하다.

코로나 백신의 종류

3개의 백신은 첨단 바이오 기술 결정체다. 신형 바이러스가 나타나면 그 유전자 정보를 신속하게 알아내고 유전물질을 화학 합성한다. 바이러스 자체가 아닌 유전물질DNA, mRNA만을 집어넣는 것이다. 앞서 미국의 카터 제약회사 백신 사고처럼 죽였다고 생각했던 바이러스가 좀비처럼 다시 살아나서 감염되는 위험성도 줄어든다. 그렇다면 이 백신을 접종했다고 '상황 끝!'일까?

최선과 최악의 시나리오를 보자. 최선은 코로나19를 완전히 퇴치하는 경우다. 이번처럼 90%대 효과를 보이는 백신은 드물다. 우리가 매년 접종하는 독감 백신은 50%의 면역 효과가 있다. 그 때문에 백신을 맞아도 독감

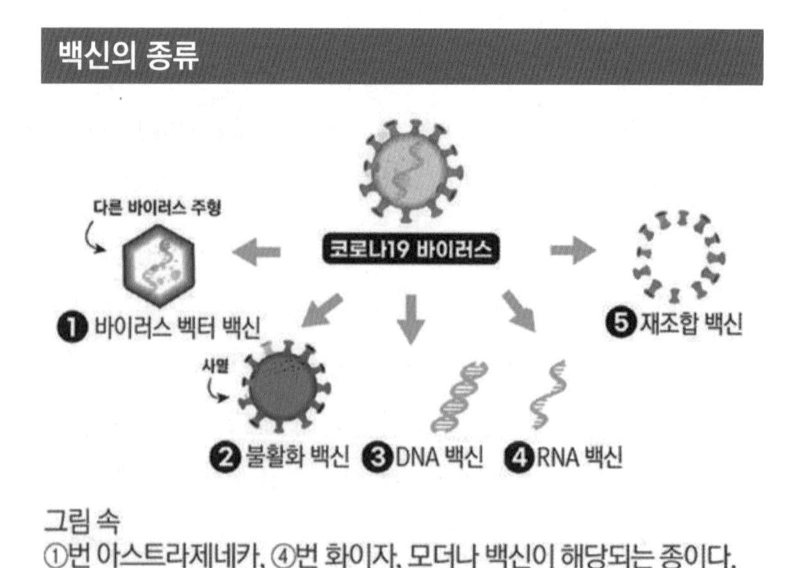

코로나 백신의 종류

에 걸리는 경우가 생기는 것이다. 하지만 독감 백신으로 면역 효과를 보면 항체가 울타리 역할을 해 독감 전파를 막는다. 50% 효과만으로도 꽤 쓸만한데, 90% 면역 효과를 갖춘 이 백신이 코로나19를 천연두처럼 박멸할 가능성도 있다. 게다가 이번 코로나는 일반 코로나처럼 변이가 많지 않아 완전 박멸이 가능할 수도 있다. 이게 최선의 결과다. 최악은 백신의 심각한 위험성으로 접종이 중단되는 경우다. 하지만 지금까지의 임상 결과로는 최악의 시나리오로 전개될 가능성은 적다고 본다.

최선과 최악의 중간은 무엇일까? 백신 효능과 안전성이 완벽하지는 않지만, 지금의 독감처럼 될 가능성이 가장 크다. 즉, 코로나19는 독감처럼 토착화되고 매년 백신을 맞아야 할 것이다. 시간이 지남에 따라 코로나19

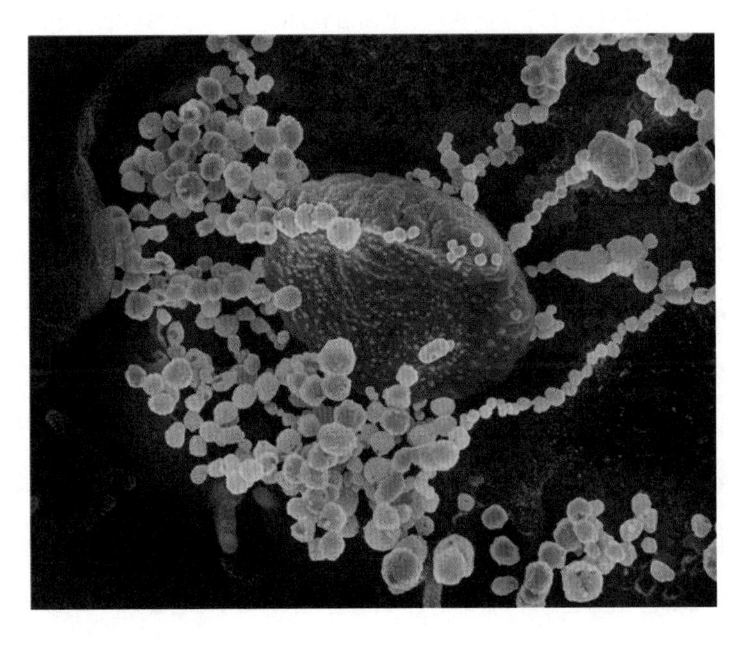

사진 속 노란색(작은 원형들) 부분이 환자로부터 분리한 코로나 바이러스다

감염력은 떨어질 것이다. 에볼라처럼 너무 독한 바이러스는 환자가 못 움직여 전파가 잘 안되지만 감기처럼 약한 수준에서는 감염자가 돌아다닐 수 있어 전파가 잘 된다. 독한 바이러스는 오래 살아남을 수 없으므로 강도가 약한 방식으로 변해야 살아남는다는 이야기다. 최선이든 최악이든 얻은 게 하나는 있다. 인류는 비싼 비용을 치르고 신종 바이러스 대항 기술을 축적했다. 진짜 문제는 코로나19 이후다. 한 녀석과 기진맥진 주먹싸움을 하고 정신을 차려보니 그 녀석 뒤로 수십 명이 떼 지어 기다리고 있다면 우리는 두 손을 들어야 하나.

바이러스 대유행은 이미 경고되었다

코로나19 같은 신형 바이러스가 세상을 덮칠 거라는 경고는 이미 15년 전부터 있었다. 경고처럼 신종 바이러스가 지구촌에 연이어 나타났다. 에볼라, 지카 바이러스, 신종플루, 돼지독감, 사스, 메르스 그리고 코로나19까지 파도처럼 밀려왔다. 새로운 놈이 올 때마다 지금처럼 지구촌이 몇 년간 셧다운 되어야만 할까? 둑이 터지기 전에 둑의 구멍을 찾는 게 살아남는 방법이다. 왜 바이러스 대유행이 생길까? 『바이러스 폭풍』의 저자 네이선 울프는 바이러스 대유행 원인을 밀림 개발, 가축 사육, 일일생활권 등 3가지로 꼽는다. 밀림 개발로 바이러스와 살고 있던 야생동물들이 밀림에서 쫓겨나 인간과 접촉한다. 가축은 야생동물과 사람의 중간 연결고리다. 놀이를 위해 낙타에 올라타는 사람들은 메르스에 걸리고, 고기를 위해 돼지를 기르는 사람은 돼지인플루엔자에 걸린다. 교통수단은 바이러스의 슈퍼 전파자이다. 물류의 발달로 단시간에 지구를 돌던 항공기는 이제 바이러스를 싣고 지구촌을 감염시킨다.

이보다 더 위험한 건, 지구온난화다

1981년과 2015년, 지카 바이러스가 모기를 매개로 남미를 휩쓸었다. 적도에만 있던 놈들이 지구온난화로 남미 전체, 그리고 아시아 일부까지 퍼졌다. 코로나19의 매개가 된 박쥐도 지구온난화 사례 중 하나다. 지구 전체 포유류의 25%를 차지하는 박쥐는 면역력이 뛰어나 신종 인수 공통 바이러스를 61종 보유한 동물로 알려져 있다. 이 박쥐들의 이동 속도가 25년 전과 비교해 16일이나 더 빨라졌다. 기후 변화로 기온과 바람의 방향이 바뀌었기 때문이다(2020, 〈지구환경변화저널〉). 그 덕에 밀림 속에 포진하고 있던 박쥐를 따라 바이러스가 도시로 전파되기 시작했다. 이 같은 현상은 인간이 자초한 것이기에 억울해하지도 못하는 상황이다. 앞으로 다가올 제2, 제3의 코로나를 대비하기 위해서 현생 인류 '호모 사피엔스'가 뜻하는 '지혜로운 사람'처럼 모두가 머리를 맞대고 지혜를 모아야 이 행성에서 살아남을 수 있을 것이다.

Q&A

Q1. 가장 좋은 백신은 어떤 것인가요?

A. 한마디로 부작용이 없고 면역 준비 효과가 좋은 백신입니다. 하지만 이 두 개는 서로 상보적인 관계죠. 강하게 면역을 자극해야 예방효과가 높아지지만 그만큼 부작용이 심할 수밖에 없다는 이야기입니다. 극단적으로 가봅시다. 가장 좋은 백신은 살아 있는 바이러스입니다. 즉 바이러스에 그대로 걸리면 가장 강력하게 면역이 유도됩니다. 하지만 바이러스 자체의 위험성 때문에 그렇게는 하지 않습니다. 가장 좋은 것은 바이러스의 어떤 부분을 보고 면역이 알아채는가를 확인해 그 부분만을 주입하는 것이 이론상 최고입니다.

Q2. 백신과 치료제는 다른가요?

A. 다릅니다. 백신은 병균이 들어오기 전에 미리 주입해서 해당되는 면역세포를 미리 준비시켜 놓는 것입니다. 반면 치료제는 병균에 감염되었을 때 병균을 제거, 억제하는 것이 목적이죠. 코로나 치료제는 여러 종류가 있습니다. 바이러스가 세포 내에서 수를 불리지 못하도록 하는 것이 대부분입니다. 반면 항체치료제는 바이러스 자체에 달라붙어 활동을 방해하는 것도 있으나 역시 종류가 다양합니다.

1-4

동물과 사람을 동시에 감염시키는 61종 바이러스… 코로나·플루가 두목급

겨울철 독감만으로도 노인들은 쉽게 폐렴에 걸려 사망한다. 겨울철 독감은 인플루엔자 바이러스 때문에 생긴다. 인플루엔자(독감)보다 더 무서운 놈이 나타났다. 코로나다. 코로나는 독감보다 치사율이 20배나 높다. 변종(델타, 오미크론)이 나타나면서 치사율은 줄고 전파 속도는 높아졌다. 코로나가 독감과 같은 수준이 되면 일단 코로나 상황이 종료된다. 코로나가 독감처럼 지역 풍토병이 된다면 독감 예방주사 리스트가 늘어난다. 왜 이런 놈들이 자주 나타나는 건가. 지구촌을 위협하는 코로나와 인플루엔자를 들여다보자.

신종 코로나 바이러스(COVID-19)로 세계가 초비상사태로 3년을 보냈다. 최초 발생시 코로나 치사율은 2% 가까이 된다. 사스(SARS, 중증급성호흡기증후군) 10%, 메르스(MERS, 중동호흡기증후군) 30%보다 낮지만 일반 독감(플루)보다는 훨씬 높다. 블룸버그통신은 한해 겨울 미국에서 2,000만 명 이상이 독감에 걸리고 1만 명 이상이 사망한다고 전했다. 독감처럼 치사율이 낮아도 감염자가 많아지면 사망자도 그만큼 늘어난다. 왜 이런 바이러스 폭풍이 점점 자주 발생할까. 노벨상 수상 과학자들은 지구온난화, 핵전쟁에 이어 대규모 질병, 특히 바이러스 폭풍을 인류 멸망 가능성의 주요 원인으로 꼽았다. 인류 최후의 적은 바이러스다. 바이러스를 들여다보자.

영화 〈감기〉(2013, 한국)는 분당에서 발생한 변종 바이러스가 전국으로 확산한다는 내용의 SF 영화다. 발생 지역을 봉쇄하고, 치료제를 찾는 과정 등은 나름대로 과학적이다. 하지만 영화 제목이 적절치 않다. '감기'라면 콧물, 재채기가 나고 목이 붓는 정도의 증상을 보인다. 제목을 굳이 찾자면 '독감'이다. 독감과 감기의 차이는 무엇일까. 감기는 200여 종의 '순한' 바이러스가 원인이다. '감기로 병원에 가면 1주일, 놔두면 7일 걸린다'라고 했다. 감기는 치료제와 예방주사가 따로 없다. 200여 종의 바이러스를 대상으로 200종 백신을 만들 수는 없다. 병원 처방 감기약은 보조 수단이다. 바이러스를 죽이는 건 우리 몸의 면역이다. 따라서 감기에 걸리면 푹 쉬어서 면역력을 최대로 높이는 게 상책이다. 문제는 독감이다.

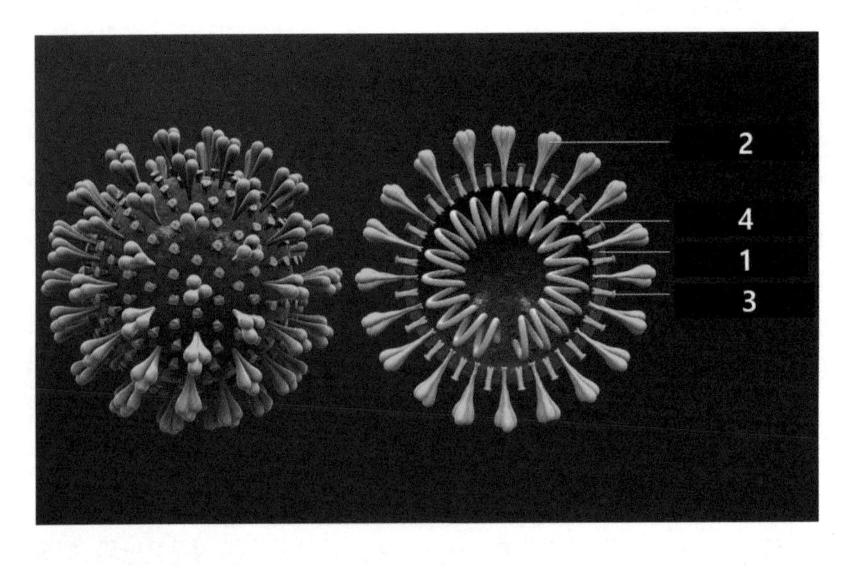

코로나 바이러스 구조: 껍질(1)에는 세포침투에 필요한 열쇠(2, 3)가 있다. 침입 후 내부 유전물질(4)이 복제되어 수를 불린다

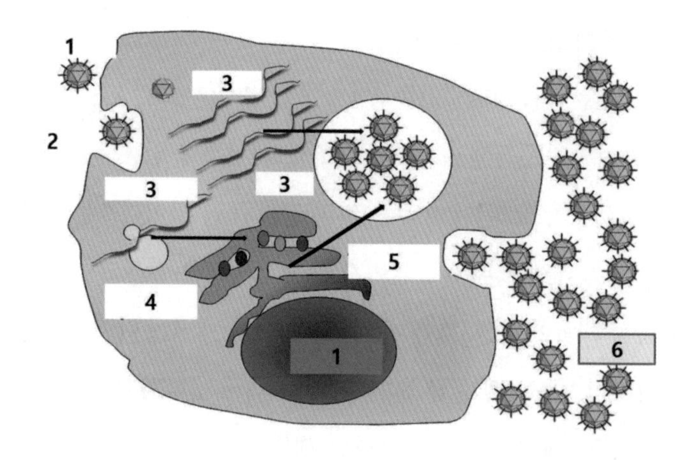

바이러스 침투 과정: 바이러스(1)가 세포벽에 붙어(2) 들어간다. 껍질을 벗고 유전물질(3)이 세포 내 장치(4, 5)를 이용해 바이러스를 복제한다. 이후 세포벽을 뚫고 밖으로 나가(6) 다른 세포를 다시 감염시킨다. 각 단계를 막을 수 있는 바이러스 치료제가 필요하다

	단순 감기	독감	코로나
바이러스 종류	200여 종	인플루엔자	코로나-19
증상 발생 위치	상부 호흡기	하부 호흡기	하부 호흡기
일반 증상	콧물, 인후염. 열, 두통	두통, 근육통, 기침, 고열	발열, 마른기침
예외 증상			두통, 객혈, 설사,
증상 발현 순서	순차적 발전, 목이 간지럽기 시작, 콧물, 기침	한꺼번에 동시 다발적 증상 발현	한 번에 발현, 초기 증상 없음
잠복기	잠복기 없음		7~14일
완치 소요 시간	일주일 안에 회복	일주일-몇 주 지속	13~18일
판정 방법			PCR, 항원검사

감기, 독감, 코로나19의 비교

감기 바이러스도 200여 종

독감은 감기와는 다른 인플루엔자[Influenza] 바이러스로 A,B,C 3가지가 있다. 잘 알려진 인플루엔자는 조류독감·스페인독감·신종 플루 등이 있다, 감기 바이러스가 코, 목에 머무는 것과 달리 독감 바이러스는 호흡기 깊숙이 침투한다. 폐세포 내부로 들어가 수를 급속도로 불리고 폐세포를 파괴한다. 급성 폐렴이 발생, 호흡하기 힘들어진다. 폐렴은 한국인 사망 원인 3위다. 바이러스는 어떻게 급속히 세포를 파괴해서 사망에 이르게 할까.

바이러스는 1,000마리를 한 줄로 세워야 머리카락 굵기가 된다. 신종 코로나 바이러스는 박쥐에서 왔을 가능성이 크다. 박쥐 한 마리에는 137종의 바이러스가 있고 이 중 61종이 동물과 사람을 동시에 감염시키는 인수(人獸) 공통 바이러스다. 쥐도 비슷하다. 쥐, 박쥐는 지구 포유류 중 개체수가 1, 2위다. 이런 바이러스들이 사람에게 직접 전파되기도 하고 중간 동물(낙타, 새 등)을 거치기도 한다. 바이러스는 구조와 침투 과정이 간단하다. 바이러스가 몸에 들어오면 세포 표면에 착 달라붙는다. 세포 속으로 들어가려면 열쇠가 필요하다. 바이러스는 열쇠 모양을 이리저리 변화시킨 변종을 만들어 진화한다. 침입 후 껍질을 벗는다. 내부 유전물질(DNA 혹은 RNA)이 복제되면서 수십 개의 바이러스가 세포 안에서 만들어진다. 이놈들이 세포를 파괴하고 나와 주위 세포에 다시 달라붙는다. 이런 방식으로 급격히 수를 불린다. 세포가 파괴되면 장기가 망가진다. 스스로 분열하는 생물인 세균(박테리아)은 세포 외부에 영양분이 있어야 수를 불린다. 변종도 바이러스보다 적다. 세포 속에 들어가는 바이러스와는 달리 세균은 세포 외부에 있어서 면역에 쉽게 노출된다. 바이러스가 감염에는 한 수 위라는 소리다. 현재 인류를 위협하는 바이러스 중에서 두목급은 인플루엔자와 코로나 바이러스다.

영화 〈감기〉의 영어 제목은 'Flu'다. 플루[Flu]는 인플루엔자[Influenza]의 약자다. 2009년 멕시코에서 시작해 1만 4,000명의 사망자를 낸 신종 플루는 '새로운 인플루엔자'라는 의미다. 인플루엔자는 대표적인 호흡기 바이러스다. 이놈은 바이러스 껍질에 두 종류의 단백질이 튀어나와 있다. H와 N이다. H(헤마글루틴)는 침입 시 사용하는 열쇠이고 N(뉴라미데이즈)은 복제 후 튀어나올 때 쓰는 칼이다. H와 N이 각각 16개, 9개이니 이 조합만 해도 생길 수 있는 인플루엔자 종류가 144개나 된다. 1918년 스페인독감[H1N1]은 제1차 세계대전 사망자의 3배를 넘는 5000만 명을 죽였다.

문제는 따로 있다. 인플루엔자는 다른 동물(새·닭·돼지 등)도 감염시킨다. 이런 놈들이 변종이 되면 사람도 감염시킨다. 2004년 태국에서 6,200만 마리의 닭을 죽인 조류독감[H5N1]이 사람도 감염시켜 50% 넘는 치사율을 보였다. 2009년 1만 4,000명을 죽게 한 신종 플루(돼지독감)는 인간·조류·돼지를 감염시키는 3종류의 N이 섞여 있었다. 이번 중국 우한에서 발생한 코로나 바이러스도 변종이다.

동물 속에 은신, 박멸 어려워

변종은 생물 진화에 유리하다. 바이러스 내부 유전물질이 RNA인 경우는 DNA보다 변종이 더 잘 생긴다. 복제 과정이 한 단계 더 있기 때문이다. 인플루엔자(조류독감·스페인독감·신종 플루)·코로나(메르스·사스·신종 코로나)·에이즈·에볼라는 모두 변종이 잘 생기는 RNA 바이러스다. 게다가 동물 속에 들어가 은신할 수도 있다. 박멸하기 힘든 이유다.

인류가 바이러스를 이긴 적은 '딱' 한 번 있다. 천연두 바이러스다. 이놈은 변종이 적게 생기는 DNA 바이러스다. 게다가 사람만 공격한다. 천연두 발병을 계기로 만든 백신이 천연두를 코너로 몰았다. 변종도 안 생기고 은신할 동물이 없는 천연두가 박멸된 계기다. 천연두와 달리 인플루엔자·코로나·에볼라는 변종도 잘 생기고 은신할 동물들도 있다. 이놈들이 극성인 이유는 무엇일까.

『바이러스 폭풍』 저자 네이선 울프는 급증하는 신·변종 바이러스 창궐 원인을 3가지로 꼽았다. 밀림 개발·가축 증가·일일생활권이다. 즉, 밀림 속에 있어야 할 야생동물들이 개발로 밀려 나오고, 가축을 가까이 키우면서 바이러스 접촉이 많아지고, 하루 만에 바이러스가 비행기를 타고 전 세계로 퍼진다는 것이다. 이번 코로나COVID 19도 야생동물(박쥐, 천산갑) 속에 있던 코로나 바이러스가 중국 우한 야생동물시장을 통해 인간에게 옮긴 것으로 추정된다. 2002년 중국발 사스도 사향고양이 요리 과정에서 옮긴 것으로 확인됐다. 야생동물-가축-인간 연결고리를 끊는 것이 급한 일이다.

가장 확실한 방법은 예방백신을 만드는 일이다. 현재 독감백신은 3~4종 있는데 신·변종 바이러스는 못 막는다. 과학자들은 변종이 많은 인플루엔자 바이러스 중에서도 공통적인 부분을 찾고 있다. 과학이 답을 찾는 동안 지구촌은 한마음으로 대응책을 마련해야 한다. 국가 간 발생정보 공유와 조기 격리가 현재로선 최선의 답이다.

신종 바이러스 이겨내려면

바이러스를 접촉하지 않는 게 최선이다. 감염자 분비물(기침 등)이 묻은 표면을 손으로 접촉하고 손이 입·코에 닿으면 감염된다. 신·변종 바이러스에 감염되면 개인 면역 세기가 치료의 관건이다. 신·변종 바이러스를 죽이는 면역세포를 몸에서 새로 만드는 데 시간이 걸린다. 바이러스가 퍼지기 전에 면역이 만들어져야 살 수 있다. 평상시 면역을 키우는 게 중요한 이유다.

바이러스 관련 용어

- 바이러스: 다른 세포 내에서만 수를 불리는 생물·무생물 중간체.
- 인플루엔자(플루): 대표적인 호흡기 감염 바이러스. 조류·돼지·사람도 감염시킨다.
- 코로나 바이러스: 왕관(코로나) 모양 바이러스. 메르스·사스·신종 코로나가 있다.
- 세균(박테리아): 영양분만 있다면 수를 불린다. 콜레라·대장균·유산균 등이 세균이다.
- 항생제: 세균이나 곰팡이를 죽이는 물질. 페니실린이 대표적이다. 바이러스에는 안 듣는다.
- 타미플루: 바이러스가 복제하는 것을 억제하는 항바이러스제. 모든 바이러스에 듣는 건 아니다.
- 백신: 세균·바이러스를 사멸·약화시켜 만들거나 껍질로 제조한 예방주사. 해당 면역세포들을 미리 준비시킨다. 해당 병원체를 대량 배양할 수 있거나 바이러스 정보가 있어야 만든다. 신·변종의 경우 개발에 최소 몇 년은 걸린다.

Q&A

Q1. 코로나19가 특별히 감염력이 센 이유가 있나요?

A. 같은 코로나 바이러스 집안이라고 해도 메르스나 사스보다 코로나가 감염력이 높은 이유는 사람 세포 점막에 잘 달라붙는 변이종이기 때문입니다. 즉 코로나 바이러스는 사람 세포에 달라붙는 안테나(수용체)가 외부에 있는데 이것이 변종이라 접착력이 높습니다. 목에 달라붙었을 때 물에 쉽게 씻겨나가면 위 속으로 들어가서 위산에 분해될 것입니다. 하지만 강하게 달라붙으면 결국은 세포 속으로 들어가기가 쉽겠지요. 그럼 코로나에 감염되는 것입니다.

Q2. 마스크는 재활용이 안 되나요?

A. 재활용이 가능합니다. 이 경우 마스크 외부에 붙어 있는 바이러스를 죽이는 게 중요합니다. 상온에서 몇 시간 지나면 코로나19는 죽습니다. 좀 더 적극적으로 죽이려면 자외선 소독을 하면 됩니다. 즉 고속도로 휴게소 등에서 컵을 넣어두는 곳을 보면 소독 장치 내의 푸른 형광등을 볼 수 있는데 그것이 자외선입니다. 이것을 쬐면 바이러스는 파괴됩니다. 그럼 왜 재사용을 안 할까요? 그건 대부분의 마스크가 일회용으로 만들어졌기 때문입니다. 즉 먼지, 바이러스를 걸러주는 필터는 물, 열에 변형되기 쉽습니다. 세탁을 못하는 이유입니다. 또한 간단한 필터를 사용하기 때문에 가격이 천원대입니다. 일회용을 쓰는 것이 재사용하는 것보다 여러 가지 장점이 있기 때문에 재사용을 안 하는 것입니다. 하지만 마스크가 없는 비상이라면 당연히 재사용을 고려해야 합니다.

H·N 조합 따라 인플루엔자 변종 생겨, 더 '독한 놈'이 인류 위협

코로나보다 더 무서운 놈이 있다. 인플루엔자, 흔히 독감이라는 바이러스다. 코로나보다도 훨씬 다양한 동물 사이에 퍼져 있다. 코로나처럼 유전자 변이가 쉬운 RNA 바이러스다. 이미 알려진 종류만도 수십 개다. 조류독감, 돼지독감 모두 해당 동물뿐 아니라 사람도 감염될 수 있다. 게다가 동물 체내에서 서로 혼합되어 변종이 나온다. 제2차 세계대전보다 많은 사망자를 낸 스페인독감이 그 시조다.

2016년 발생한 조류인플루엔자(AI, AvianInfiuenza)는 예년과 달리 광범위하게 퍼져 나갔다. 2014년(7개월·1,396만 수)에 비해 2016년(1.5개월·2,600만 수·산란계 24% 살처분) 확산 속도는 걷잡을 수 없었다. 2년 사이 AI 바이러스가 독한 놈으로 변한 걸까, 아니면 초기대응에서 놓친 걸까. 농림축산식품부는 AI 바이러스 감염 철새가 중국, 러시아 북쪽에서 서해안으로 이동하면서 광범위하게 발생했다고 발표했다. 철새가 주범이라고 하자. 그렇다고 하늘 높이 날아가는 저놈들을 어찌하나. 2015년 12월 8일엔 중국에서 AI 바이러스에 5명이 감염돼 2명이 사망했다. 이놈들은 닭, 오리뿐만 아니라 사람도 죽이는가. 인류는 이놈들을 박멸할 수 있을까. 아니면 달래서 공

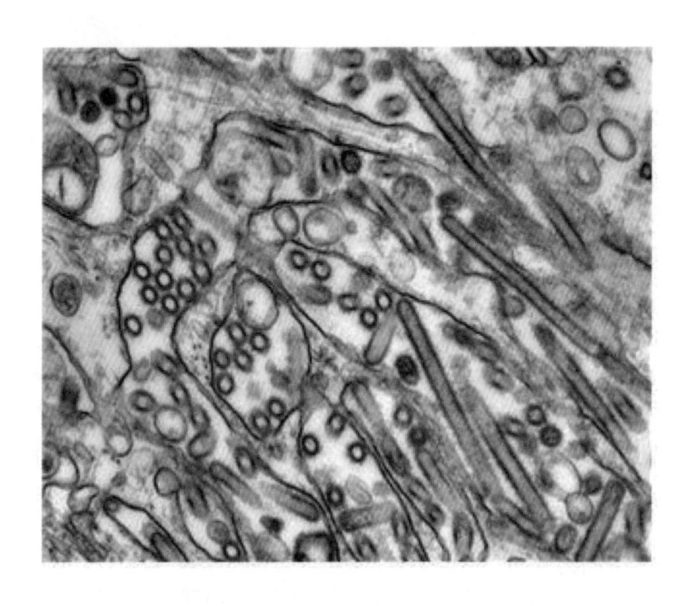

H5N1 조류인플루엔자(노란색). 녹색은 감염 동물 세포

존하면 그나마 다행인가.

2014년 미국 농림부에 초비상이 걸렸다. 가축 방역 선진국 미국에 AI 바이러스가 발생, 4,000만 마리, 3조 3,000억 원의 피해가 발생했다. 당시 미국에 AI는 '강 건너 불'이었다. 한국의 감염 닭들이 태평양을 날아올 리 없었다. 하지만 한국발 AI는 넘어왔다. 어떻게 태평양을 건넜을까. 미국, 한국 등 AI가 휩쓸고 지나간 32개국이 급히 모였다. 닭, 오리의 국가 간 이동 데이터를 검증했다. 국가 간 닭 유통은 대륙 확산 원인이 아니었다.

연구진들은 세계 곳곳에서 AI 바이러스 흔적을 추적했다. 2016년 10월 저명학술지 〈사이언스〉에 보고된 AI 이동 지도는 철새 이동 루트와 정확히 일치했다. 실제로 그 루트 철새 분변에서 AI 바이러스를 확인했다. AI 감염 철새가 한국을 떠나 시베리아 호수, 북극 서식지에서 겨울을 보내고 북미로 이동했다가 다시 그 루트를 따라 이번처럼 한국에도 왔다는 의미다. 새가 없는 곳은 지구상에 없다. 이제 AI는 지구촌 문제다. 방역 전략도 변해야 한다. 농가 차량과 작업자뿐만 아니라 하늘 철새도 신경 써야 한다. 점점 광범위해지고 독해지는 AI는 어떤 놈들이고 어떻게 대처해야 할까. 사람들은 괜찮을까.

1997년 3월 알래스카 브레그미션 마을. 80년 전 사망한 에스키모 시신이 동토 2m 아래서 발굴돼 워싱턴 미 육군 의료센터로 옮겨졌다. 1918년 스페인독감으로 전 세계 5,000만 명이 사망할 때 이곳 에스키모 마을에서도 90%가 죽었다. 육군연구소는 시신 속에서 스페인독감 바이러스를 찾아냈다. 이놈은 인플루엔자Influenza·플루·Flu 세 종류(A·B·C) 중 사람·조류·돼지 등을 감염시키는 A로 H1N1종이었다. H(헤마글루틴)는 바이러스가 사람·조류·돼지 세포를 침입할 때 쓰는 '열쇠'다. N(뉴라미데이즈)은 감염시킨

감염 철새가 AI를 대륙 간 이동시킨다

세포 내에서 빠져나올 때 쓰는 '칼'이다. 지금까지 알려진 변종은 H, N이 각각 16개와 9개다. 가능한 변종만 144개이고 조합에 따라 감염 대상과 독성이 달라진다. H는 달라붙는 대상, 즉 감염 대상을 주로 결정한다. 스페인독감H1N1은 인간을, 지금 한국을 휩쓰는 H5N8은 조류(닭·오리·철새 등)를 주로 감염시키지만 조류와 인간 사이 장벽을 넘어서는 경우도 많다.

H5N8은 2004년 태국 등 동남아시아를 덮친 H5N1의 후손이다. 2014년 한국발 H5N8은 감염 철새를 따라 북미, 유럽으로 확산했다. 2015년 잠깐 잠잠하더니 2016년 6월 러시아, 몽골에서 다시 나타나 한국·일본·유럽·중동을 덮치고 있다. 왜 이렇게 자주, 독한 놈들이 오는 걸까.

2009년 예일 대학 연구진은 〈플로스(PLoS)〉 논문에서 지난 4년간 H5N1이 더 독해지고 있다고 발표했다. H5N1은 고병원성으로, 감염 닭을 28시간 내 전멸시킬 수 있다. 그런데 왜 감염 철새들은 죽지 않고 장거리를 날아갈 수 있을까. 날아가는 동안 잠잠히 대기하고 있다가 많은 타깃(닭, 오리 등)이 모여 있는 농가에 도달하면 비로소 독성을 발휘한다고 추측한다. 실제 2014년 국내 동식물검역원 조사에 의하면 H5N8에 감염된 물오리와 큰고니는 죽었지만 청둥오리는 멀쩡했다. 새 종류에 따라 H5N8 바이러스에 대한 면역 정도가 다르고 AI에 감염돼도 멀쩡하게 장거리 이동을 하는 놈이 있다는 이야기다.

바이러스는 독한 놈은 천천히, 약한 놈은 빨리 퍼지는, 나름대로 최적 확산 전략을 가지고 있다. 누울 자리 보고 다리 뻗는 격이다. 지금의 H5N8은 이와는 달리 고전파, 고치사율을 유지하고 있다. 보기 드물게 독특한 경우다. 정부의 발표대로 장거리 이동 철새가 국가 간 확산 원인이라 해도 국내 확산은 철새만 탓할 수는 없다. 무엇이 확산을 키운 걸까.

닭에게 저항성 줄 시간과 공간이 없어

뒷마당 닭장 문을 열고 모이를 던져주면 열댓 마리 닭들이 쪼르르 모여들었다. 그 틈을 타서 둥지에서 건져낸 달걀은 따끈따끈했다. 30년 전 이야기다. 당시 양계가 가내수공업이라면 지금은 대규모 공장이다. 국내 양계는 가구당 5만 4,000마리로 매년 증가 추세다. 좁은 철사 케이지에 빽빽이 차 있는 닭들은 AI에게는 더없이 쉬운 먹잇감이다. 식량농업기구FAO는 공장식 밀집 사육 방식을 AI 확산 제1원인으로 꼽았다. 밀집 사육 상황은 AI 전파에 최적이고 게다가 닭, 오리의 바이러스 저항력은 바닥이다. 자연 상태에서 동물과 바이러스는 서로 싸우면서 함께 진화한다. 지금 사육 방식은 닭에게 바이러스 저항성을 줄 시간과 공간이 없다. 구제역 발생 원인과 마찬가지 상황이다. 그렇다고 지금 공장식 사육 방식이 70년대 뒷마당 닭장 형태로 돌아가기는 쉽지 않아 보인다. 양계산업은 지구촌 소요 단백질 20%를 공급하는 중요 산업으로 면적당 최고 생산 효율이 경쟁력이기 때문이다. 지금 상황에서 최선은 무엇일까.

구제역 확산 방지 핵심은 감염 돼지를 확인해 격리하고 살처분하는 강력한 초기 대응이다. AI 바이러스도 구제역과 같은 방식으로 확산한다. 즉 감염 사체에서 바이러스가 먼지처럼 피어난다. 이것의 확산을 막아야 한다. 발생 지역 살처분, 주변 지역 격리 방역이 기본이다. AI의 경우 철새가 바이러스 확산에 한몫을 한다. 그렇다고 하늘을 날아다니는 철새를 모두 격리, 방역할 수는 없다. 현실적으로 철새 도래지와 농가 접촉을 완전히 차단해야 한다. 32개국 AI 협의체는 북극 철새 집결지와 각 국가 철새 도래지 AI를 추적하는 국제 공조를 역설한다. AI가 사람을 감염시키지는 않을까.

홍콩 구룡반도 재래시장에 위치한 조류시장은 대표적인 볼거리다. 거리를 꽉 채운 새장 속 온갖 새소리에 귀가 멍멍할 정도다. 매번 가는 곳이지만 이번 출장에서 필자는 그곳을 제외했다. 2013년 중국발 H7N9 발생 지역이 인간과 야생조류가 접하는 곳, 즉 조류시장이라고 세계보건기구WHO가 발표했기 때문이다. H7N9는 당시 133명 감염, 43명(32.3%) 사망 피해를 낸 고병원성 AI 바이러스다. 이놈은 조류에서 출발했지만 조류는 죽이지 않고 사람을 감염, 사망하게 한다. WHO는 지금 세계를 휩쓸고 있는 H5N8을 걱정스럽게 관찰하고 있다. 양계산업 피해 때문만이 아니다. 중

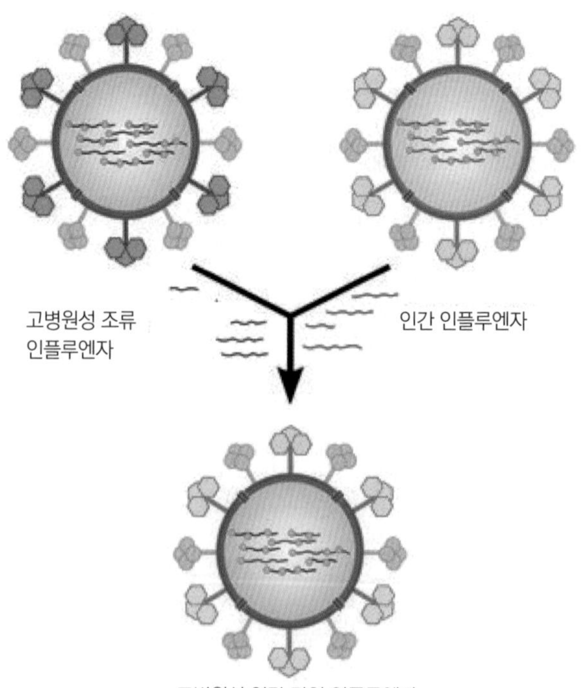

조류와 인간 인플루엔자를 모두 받아들이는 돼지에서 두 개가 만나 섞이면
고병원성 인간 감염 조류 인플루엔자가 생긴다

국에서 발생한 AI^{H7N9}에 의한 인간 사망 뉴스가 마음에 걸린다. 역사상 가장 빠른 전염력을 가진 H5N8 AI가 스페인독감^{H1N1}처럼 사람 사이에 전파된다면 대참사다.

2004년 태국에서 6,200만 마리의 닭을 죽인 H5N1은 사람 116명 감염, 60명 사망 피해를 냈다. 50%에 가까운 사망률로 1918년 스페인독감 때보다 25배 높았다. 태국 H5N1은 다행히 사람과 사람 간 전염은 보이지 않았다. 하지만 안심하기는 이르다. 인플루엔자는 RNA 바이러스다. 이놈들은 구조적으로 불안정하고 수를 불리는 과정이 복잡해서 변종이 잘 생긴다. 돼지는 인간^{H1}, 조류^{H5} AI가 모두 들어갈 수 있는 곳이다. 이곳에서 섞인 변종이 나오면 조류-인간-인간 감염이 더 쉬워진다. 특히 N 부분은 다른 N들과 잘 섞인다. 2009년 1만 4,000명의 사망자를 낸 멕시코 돼지

공장형 밀집 사육이 AI 확산 주원인이다

독감H1N1은 인간·조류·돼지를 감염시키는 3종류의 N이 섞여 있었다. 그나마 다행인 것은 현재로서 H5N8 인체 감염 가능성은 우려할 수준은 아니라는 점이다. 평상시 개인위생이 최선이다.

인플루엔자 전쟁, 승리 장담 못 한다

인플루엔자와의 전쟁에서 인간은 승산이 있을까. AI 조류 감염은 신속 초기 대응, 완벽 격리, 백신 접종으로 우선 급한 불은 끌 수 있다. AI 백신은 6개월이면 만든다. 최근 변종에 공통으로 듣는 백신과 해당 바이러스가 없어도 H, N을 원하는 형태로 미리 만드는 백신Reverse Genetics도 개발 중이다. 하지만 내년에도 같은 놈이 온다는 보장이 없는 한 백신 개발과 사용은 현실적인 한계가 있다. 근본적인 해결책은 무엇일까. 예일대 연구진은 AI 변종에 대항할 저항 유전자가 조류(닭)에서 자연적으로 생길 확률을 높이는 방식이 문제 해결의 핵심이라고 했다. 실제로 AI 저항성 병아리가 자연히 생겨나는 것을 확인했다. 하지만 지금 상황(공장식 사육, 농장 밀집, 초기 대응 미숙)이 개선되지 않는 한 이놈들은 더 독한 놈으로 되돌아올 것이다. 만약 전혀 새로운 H, N으로 무장한 인플루엔자가 닭, 오리 그리고 아직은 적은 확률이지만 인간을 공격한다면, 백신을 만들 시간이 없다면, 방비책은 있을까. 천연두와 달리 수많은 철새·닭·오리·돼지 사이에 자리 잡고 있는 인플루엔자 바이러스는 박멸하기 쉽지 않아 보인다. 『바이러스 폭풍』의 저자 네이선 울프는 "인류의 최후 적은 바이러스"라고 했다. 지구촌은 준비를 단단히 해야 한다.

Q&A

Q1. 조류인플루엔자에 사람이 걸릴 수 있나요?

A. 조류에 침입하는 인플루엔자가 돼지에 들어갈 수도 있습니다. 또 사람을 주로 감염시키는 인플루엔자 종이 같은 돼지에 들어갈 수도 있습니다. 이 경우 두 개의 바이러스 유전자가 서로 혼합되어 새로운 형태의 바이러스가 생길 수 있습니다. 또 조류 인플루엔자가 사람을 감염시킬 수 있는 경우가 생깁니다. 새로운 종이 생기면 사람에게 면역이 없었던 경우가 대부분이라 백신을 다시 만들기까지 많은 사람이 감염될 수 있습니다.

Q2. 조류인플루엔자에 걸린 닭고기를 먹으면 위험한가?

A. 안전하려면 모든 고기를 익혀서 먹으면 됩니다. 대부분의 바이러스는 75도에서 5분만 열처리해도 파괴됩니다. 설사 살아 있는 조류인플루엔자 바이러스에 접촉해도 사람을 감염시키는 경우는 드뭅니다. 단백질이 파괴되는 조건이면 바이러스는 파괴됩니다. 조류인플루엔자는 대부분 호흡기를 감염시킵니다. 먹을 때 위 속으로 들어갔다고 하더라도 위 속에서 살아남을 확률은 없습니다.

1-6

코로나 사촌 메르스 발병 주범은 낙타 아닌 박쥐

코로나 이전에 경고가 두 번 있었다. 사스와 메르스다. 사스는 중국 일부 도시에만 머물렀다. 하지만 메르스는 발생지 사우디를 넘어 한국까지 들어왔다. 치사율 28%의 메르스는 코로나 치사율 3.4%와 비교가 안 된다. 다행히 많이 퍼지지는 않았다. 사스, 메르스, 코로나19, 세 놈의 공통점은 모두 같은 코로나 집안이라는 점이다. 메르스는 낙타가 옮긴다고 했지만 실제는 박쥐다. 이놈들을 주시해야 한다.

1997년 알래스카 에스키모 마을 브레비그 공동묘지에 삽·곡괭이를 든 장정들이 나타났다. 꽁꽁 언 땅을 한참 파내려 가더니 시신 한 구를 꺼낸다. 중년 여인이다. 허파 샘플을 떼어내더니 급히 미국 육군연구소로 날아간다. 훌틴·토벤버거 연구팀은 샘플에서 바이러스를 살려냈다. 인류의 30%를 감염시키고 1억 명을 죽게 한 1918년 스페인독감이 최초로 얼굴을 드러냈다. '인플루엔자 A H1N1' 바이러스다. 홍콩독감(H3N2), AI(조류독감, H5N1) 등 다양한 인플루엔자 바이러스의 원조다.

이게 시작이었다. 최근 30년간 에이즈·사스·에볼라·메르스·지카 바이러스가 지구촌에 강펀치를 연속 날린다. 이름도 생소한 뎅기·치쿤군야열이 서식지를 벗어난 나라에서도 발병한다. 바이러스 폭풍의 전조인가. 메

박쥐는 낙타와 함께 메르스의 온상이다. 메르스 바이러스는 박쥐의 몸속에서 더 독한 놈으로 진화한다

르스(MERS, 중동호흡기증후군)가 2018년 다시 돌아왔다. 다행히 우려 수준은 아니었다. 하지만 2012년 사우디아라비아와 2015년 한국에서 감염자 28%를 죽게 한 독한 놈이다. 세계보건기구WHO가 10대 위험 질병에 올린 바이러스다. 메르스는 낙타가 옮긴다. 모로코 사막여행에서 낙타에 올라타도 괜찮을까. 말레이시아 정글투어에서 뭘 조심해야 하나. 케냐 사파리투어를 하려는데 왜 아직 에볼라 백신이 없어 불안하게 만들까.

인류 멸망 원인, 환경 변화·핵·바이러스 순

지구촌 위협 바이러스는 대부분 사람과 동물 사이를 들락거린다. 인수(人獸) 공통 바이러스다. 메르스·사스(코로나 바이러스), AI·멕시코독감(인플루엔자 A), 에이즈[HIV]가 대표 선수다. 메르스-낙타, 사스-사향고양이, AI-오리, 멕시코독감-돼지, 에이즈-침팬지가 짝꿍이다.

바이러스는 자기 짝꿍만 감염시킨다. 그런데 어떤 놈들은 이 짝꿍 장벽을 훌쩍 넘는다. 유전자가 불안정한 형태(RNA)인 놈들에게서 쉽게 변종이 생긴다. 2018년 6월 미국 미생물학회에 의하면 돼지만 감염시키던 인플루엔자 바이러스에서 개를 감염시키는 변종이 생겼다. 인플루엔자 바이러스는 유전자(H, N) 종류가 각각 16, 9개나 된다. 이것끼리 서로 섞이기만 해도 144종의 변종이 생긴다. 예방 백신을 미리 만들어놔도 변종이 나타나면 허탕이다. 인류는 바이러스 진화 속도를 앞지를 수 있을까.

노벨상 수상자 50명에게 물어봤다. 인류가 멸망할 가능성은 무엇인가. 환경 변화·핵전쟁 다음이 바이러스다. 인수 공통 바이러스는 밀림 지역 야생동물 속에 살았다. 왜 밀림 속에만 있던 녀석이 튀어나와서 짧은 시간에 지구촌 전체를 감염시킬까. 『바이러스 폭풍』 저자 네이선 울프는 3가지(밀림 축소·가축 증가·교통 발달)를 원인으로 꼽는다. 최근 한 가지가 추가되었다. 기후 변화다. 2015년 중미 에콰도르에 엘니뇨 홍수 발생 시 말라리아·지카 모기가 440% 늘어났다. 원인 4가지는 당장 해결할 수 없다. 지금 최선의 방책은 무얼까. 최근 발생한 메르스를 보면 답이 보인다. 백신 개발과 신속 대응이다.

박쥐 체내 메르스, 열과 싸우며 더 독해져

낙타가 메르스의 주범이라고 밝혀진 건 640명의 사망자 발생 2년 후다. 컬럼비아 대학 연구진은 낙타 75%가 메르스에 감염되었다고 밝혔다. 이후 감염 지역 낙타를 멀리했고 백신 개발 연구용으로 낙타를 사용했다. 하지만 낙타는 주범이 아닌 공범이다. 어떤 야생동물이 메르스의 최초 숙주인지 알아야 백신 개발, 신속 대응할 수 있다.

과학자들이 5년간 3개 대륙 20개국에서 1만 9,000마리 동물을 생포하여 바이러스를 검사했다. 주범을 찾아냈다. 박쥐였다. 메르스가 검출된 동물의 98%가 박쥐였다. 아마존 지역 박쥐가 총수 격이다. 박쥐는 1,200종, 그 속에 3,204종의 코로나 바이러스가 있다. 박쥐는 메르스·사스·에볼라 등 각종 바이러스의 온상이다.

그런데 이놈들은 왜 메르스에 걸리지 않을까. 박쥐는 날면 체온이 40도까지 올라간다. 사람이 감기 걸리면 열이 나듯 박쥐도 열로 바이러스를 억누른다. 박쥐와 바이러스는 체내에서 티격태격 싸운다. 덕분에 메르스 바이러스는 독한 놈으로 진화한다. 어떤 경로로 감염되는지를 알았으면 이제 메르스 백신을 만들면 된다. 하지만 제약회사는 관심이 없다. 돈이 안 되기 때문이다. 계속 맞아야 하는데 백신주사 한 번으로 예방되면 더 이상 사용 안 한다. 게다가 후진국에서는 비싸서 못 맞는다.

지구촌이 머리를 맞댔다. 2017년 다보스 포럼에서 5개국이 메르스 백신 개발 비용으로 6,000억 원을 모았다. 빌 게이츠가 앞장섰다. 1차 임상에서 98% 효과를 보였다. 한국에서 추가 임상을 진행한다. 빌 게이츠는 한발 더 나아갔다. 바이러스 변종에 상관없이 공통으로 듣는 인플루엔자 만능 백신을 만들어 보자고 했다. 아이디어 제안만 해도 120억 원을 지원한다.

뜻있는 부자, 생각 있는 지도자, 열정 있는 과학자가 대응책을 찾을 것이다. 그동안 지구촌민은 기본위생을 지키자. 야생동물을 멀리하자. 그래야 살아남을 수 있다.

감기와 독감 차이

감기가 독해지면 독감이 되는 것이 아니다. 병원체(바이러스)가 다르다. 감기는 리노 바이러스·코로나 바이러스 등 200종 중 하나 이상에 감염된다. 수시로 발생한다. 콧물·기침·가래가 생기고 7~10일이면 사라진다. 반면 독감은 인플루엔자 바이러스가 원인이다. 증상은 감기보다 독하다. 갑자기 오한·고열·설사·근육통이 생기고 3주 이상 지속한다. 감기는 원인 바이러스가 너무 많아 백신이 불가하지만 인플루엔자는 한 종류 바이러스이므로 이걸 대상으로 백신을 만들면 예방접종이 가능하다. 접종 2주부터 항체가 생기고 6개월 지속된다.

Q&A

Q1. 박쥐는 왜 바이러스 창고가 되었나요?

A. 박쥐에게 바이러스가 필요한지는 분명하지 않습니다. 바이러스가 숙주에게 이로움을 주는 경우는 거의 없기 때문이지요. 그럼 왜 박쥐는 바이러스를 가지고 있을까요? 박쥐가 원한 게 아니고 바이러스가 원한 것입니다. 바이러스는 다른 동물처럼 널리 퍼져나가는 것이 본능입니다. 리처드 도킨스가 이야기한 것처럼 이기적 유전자는 다른 걸 희생해서라도 널리 퍼져나가는 것이 본능이고 이게 진화 원동력이라고 했습니다. 바이러스에게는 박쥐가 딱 제격입니다. 우선 수가 많습니다. 지구상에 쥐, 박쥐가 인간 다음으로 가장 많은 포유류입니다. 수가 많으니 서로 접촉하기가 쉽고 바이러스가 퍼지기 쉽습니다. 박쥐 내에는 137종류의 바이러스가 있습니다. 그중 반이 인간과 동물을 동시에 감염시키는 바이러스입니다. 박쥐에게 바이러스는 도움을 줄까요? 그건 잘 모릅니다. 말라리아 원충이 들어오면 모기도 면역을 동원해서 공격합니다. 박쥐도 새로운 바이러스가 들어오면 당연히 공격하겠지요. 이미 들어가 있는 61종류의 바이러스는 박쥐와 공존하면 지냅니다. 즉 숙주 자체를 심하게 공격하지 않는 공존 관계입니다. 일부 학설에서는 박쥐가 날게 되면 고온 상태가 되어 바이러스가 체내에서 퍼지지 못하게 된다고 합니다. 분명한 건 이런 박쥐 내에서 살아남은 바이러스는 웬만한 고온에도 견디는 독한 놈들이 된다는 이야기입니다.

Q2. 같은 코로나 바이러스 계열인데 코로나와 메르스는 왜 치사율이 다른가요?

A. 치사율은 그 바이러스의 특징입니다. 퍼지는 속도는 침입 속도, 세포 내에서 수를 불리는 속도, 그리고 전파 방식 등에 따라 결정됩니다. 치사율은 세포 내에서 수를 불리거나 빠져나오면서 얼마나 세포 내부를 파괴하는가, 또는 바이러스 자체가 면역을 얼마나 흔들어 놓느냐 등등의 면역 방어능과 관련이 있습니다. 많은 바이러스의 경우, 전파 속도와 치사율은 서로 반비례합니다. 치사율이 높으면 그만큼 환자가 못 움직이므로 다른 사람과 접촉이 드물어 전파 속도가 낮은 경우가 많습니다. 독한 바이러스라도 변종이 나오면서 잘 퍼지고 독성이 약한 종이 많이 퍼지기는 합니다. 하지만 호흡기, 즉 공기로 전염이 된다면, 그리고 증상이 나오기 전에 전파가 된다면 치명적인 대유행이 됩니다.

2장

바이오 신약, 암 정복을 꿈꾼다

화성에 로봇을 보내는 호모 사피엔스의 첨단과학이 눈에 보이지도 않는 코로나 바이러스에 제대로 한 방 먹었다. 한 방이면 충분하다. 초특급으로 백신을 성공적으로 만들었다. 빅데이터, AI, 바이오 기술이 코로나에서 제대로 힘을 발휘했다. 그럼 여세를 몰아보자. 최고의 사망자를 내는, 인류의 숙적인 암을 정복해보자. 왜 코로나는 백신으로 예방이 되는데 암은 예방주사를 못 만들까. 내부 변절자가 암인지라 까다롭기는 하지만 바이오 기술은 이제 암세포 하나하나를 들여다보고 있다. '꿩 잡는 건 매'라고 했다. 암세포 천적은 우리 몸의 면역세포다. 평생을 암세포를 잡던 놈이다. 이 녀석들을 정상으로 돌려놓으면 된다. 이제 면역 항암 치료제가 면역세포를 일깨우고 암세포에 낙인을 찍어 면역세포가 한 방에 날린다. 암 다음에는 수명 연장에 도전한다. 노화, 질병으로 고장 난 세포, 장기를 바꾼다. 줄기세포 치료제가 개인 맞춤형으로 두뇌의 고장 난 세포까지 고쳐서 파킨슨과 치매를 치료한다.

암 백신 1: 내 암세포의 '먼 친척' 찾아내 암 예방주사 만든다

코로나를 벗어나는 유일한 길은 백신접종이다. 즉 인체 내에 코로나를 알아채는 면역세포를 미리 만들어 놓으면 된다. 암세포도 이렇게 백신을 만들어 놓으면 어떨까. 왜 지금까지 암을 미리 예방하는 백신을 못 만들까. 암이 천차만별이기 때문이다. 하지만 그래도 어딘가에 공통점이 있지 않을까. 암과 가장 비슷한 놈들은 어떤 놈들일까. 놀랍게도 배아세포, 바로 수정란이다. 배아는 자궁벽에 달라붙은 후 벽을 파고들고 새로운 혈관을 만든다. 배아가 성장하는 방법은 정확히 암세포가 하는 일과 똑같다. 이놈들을 응용해보자.

담배 근처에 가지도 않았는데 폐암이 생겼다. 억울하다. 하지만 미국 존스홉킨스 대학 연구(사이언스, 2017)에 의하면 암 67%가 무작위로 생긴다. 운이 없으면 걸린다. 결국 믿을 놈은 하나다. 생기는 족족 잡아줄 내 면역뿐이다. 이게 약해졌다면 불안하다. 왜 다른 예방주사(백신)처럼 한 번 맞으면 평생 가는 '암 예방주사'는 없을까. 암은 종류 따라, 환자 따라 각각 다르다. 또 쉽게 변해버린다. 암 예방주사가 어려운 이유다. 희소식이 있다. 미국 스탠퍼드 대학 연구팀이 암 예방주사를 만들어 쥐에 주사했다. 이후 암이 생기지 않고 예방됐다. 게다가 환자 맞춤형이다. 이게 어떻게 가능할까.

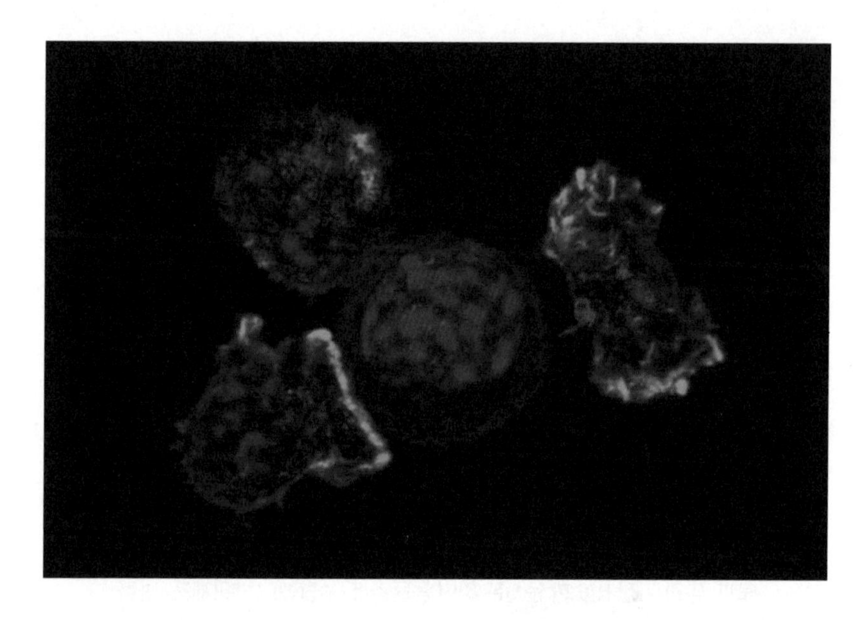

암세포(중앙)를 둘러싼 면역T세포들. 예방주사는 이런 특정 면역세포들을 미리 준비하게 한다. 쥐를 대상으로 한 암 예방주사 실험이 성공했다

예방주사는 해당 균을 미리 주사해서 이를 기억하는 면역세포를 만들어 놓는다. 살아 있으면 위험하니 죽인 균이나 껍질 성분(항원)만 주사한다. 암세포도 직접 주사하면 위험하니 죽이거나 껍질 성분(항원)만 주사하면 된다. 문제는 걸리기 전에는 내 암세포를 미리 구할 수가 없다는 거다. 내 암세포를 가장 닮은 놈을 찾아내면 된다. 어떤 놈일까.

유방·피부암, 중피종 등 예방 가능

스탠퍼드 의대 연구진은 쥐 피부세포를 떼어내 줄기세포(역분화)로 만들었다. 이놈을 죽여 암 예방주사를 만들었다. 이를 쥐에게 주사 후 유방암세포 40만 개를 주입했다. 예방주사를 맞지 않은 쥐는 주입한 유방암세포가 자라 암 덩어리가 생겼다. 반면 예방주사를 맞은 쥐 70%는 암이 생기지 않았다. 유방암뿐만 아니라 중피종, 피부암 등도 모두 같은 예방 효과를 냈다. 왜 암세포도 아닌 역분화 줄기세포가 면역세포에 암세포로 인식되었을까. 그 답은 산모 입덧 속에 있다.

미국 유학 시절 필자의 아내는 심한 입덧을 했다. 각국 라면을 종류별로 끓여만 댔던 필자의 주변머리 없음은 평생 원망 대상이 되었다. 산모는 임신 초기에 입덧을 한다. 나쁜 음식을 예방한다는 해석도 있다. 입덧은 호르몬(hCG, 인간 융모성 생식선 자극 호르몬)이 솟구치는 시기와 일치한다. 이 물질은 놀랍게도 암세포에서도 나온다. 왜 이 시기에 산모는 암세포와 유사한 호르몬을 내놓을까. 그 답은 산모 탯줄 속에 있다.

탯줄은 예로부터 보관 항아리를 따로 만들 만큼 귀히 여겼다. 지금은 그곳에 줄기세포가 많다 해서 냉동 보관도 한다. 정작 중요한 건 탯줄을 만드는 '착상' 과정이다. 착상은 해안 절벽에 배를 고정시키는 군사작전을 방불케 한다. 수정란이 분열해서 배아가 된다. 이 배아가 자궁벽에 달라붙는다. 배아껍질세포(영양막 세포)가 침투조다. 벽에 작은 구멍을 낸다. 한 발을 디밀고 틈새로 몸을 밀어 넣는다. 조금씩 더 비집고 들어간다. 수를 불린다. 이어 근처 혈관벽을 허물고 새로운 혈관을 만들어 끌고 온다. 혈관을 엮어 탯줄을 완성한다. 임신 성공이다.

배아세포, 암처럼 침투·증식·전이

수훈은 배아껍질세포다. 이놈들은 자궁벽에 달라붙고, 침입하고, 옮겨

가고, 수를 불리고, 혈관을 만들었다. 어디선가 많이 들어본 침투-증식-전이 작전이다. 그렇다. 바로 암세포가 하는 일이다. 산모 속 배아는 행동거지가 암세포를 빼닮았다. 실제로 3개월 된 임산부와 소화기암 환자의 혈액 면역 성분은 80% 유사하다. 유방암 5개, 대장암 11개, 난소암 10개, 폐암 5개의 성분이 산모 배아 성분과 정확히 같다. 그럼 배아세포로 암 예방주사를 만들면 어떨까.

배아 사용은 현실적으로 어렵다. 생명체이기 때문이다. 윤리 문제가 불거진다. 배아와 가장 닮은 건 원시 상태 세포, 즉 줄기세포다. 그중에서도 역분화 줄기세포가 최적이다. 역분화 줄기세포는 피부세포를 '리셋'해 쉽게 만든다. 윤리 문제가 없다. 게다가 자기 세포로 만드니 자기 암세포를 닮았다. 개인 맞춤형 암 예방주사로는 최고다.

그동안 암 예방주사가 실패했던 이유는 암세포가 쉽게 변하기 때문이다. 즉 한 개의 암세포 표면 표적(항원)만을 목표로 예방주사를 만들면 암세포는 그 표적물질(항원)을 더는 안 만들게 변한다. 따라서 최대한 많은 표적을 대상으로 해야 한다. 개인별 고유한 표적도 포함해야 한다. 결국 최고 예방주사는 개인 암세포 '통째'다. 하지만 암세포는 암에 걸리기 전에는 구할 수 없다. 따라서 암세포 특성을 가장 닮은 배아 껍질세포, 바로 그 배아세포를 가장 닮은 원시상태 역분화 줄기세포를 죽여서 미리 주사하는 것이다.

수정란 착상 과정은 또 다른 아이디어를 준다. 즉 정상적인 배아껍질세포가 어떻게 암세포로 변하는가, 그리고 착상 임무가 끝나면 어떻게 정상세포로 되는 가를 잘 들여다보면 중요한 암 치료 단서를 찾을 수 있다. 이번 연구가 사람에게도 적용된다면 암 걱정은 하지 않아도 될까. 쥐 면역은 사람과 다르다. 하지만 암 표적물질 종류가 쥐나 인간 모두 비슷하다. 게다가 모든 포유류에서 배아껍질세포가 암처럼 침투해서 착상한다. 쥐도, 개도, 말도, 사람도 모두 유방암, 대장암, 폐암에 걸린다. 이번 연구가 사람에게도 같은 효과를 낼 것이라고 기대하는 이유다. "암 예방으로 생명을 구한다면 그게 최우선이다." 유방암 수술을 한 안젤리나 졸리의 말이다.

Q&A

Q1. 암을 예방할 수 있는 방법에는 어떤 것이 있을까요?

A. 흡연과 비만, 운동 부족 그리고 부적절한 식이는 암에 걸릴 확률을 높이는 공통적인 위험 요인입니다. 반대로 비흡연 상태, 적정 체중 유지, 규칙적인 운동, 건강한 식생활 등의 좋은 생활 습관은 폐암, 대장암, 전립선암, 유방암 등 대부분의 암 예방에 도움이 됩니다. 연구 결과에 의하면 담배를 피우지 않고, 비만이 아니며, 일주일에 평균 3.5시간 이상 운동하고, 적절한 식습관을 유지한 사람들이 암에 걸릴 위험은 그 반대로 생활한 사람들의 1/3 정도에 불과합니다.

Q2.. 암을 유발하는 것에는 어떤 것이 있을까요?

A.확실하게 암을 유발하는 것으로 증명된 요인으로는 흡연, 특정 바이러스나 박테리아에 감염, 일광 자외선, 방사선 등의 요인이 있습니다.

Q3. 탯줄을 보관해서 나중에 사용하겠다는 탯줄 은행에 가입해야 하나요?

A. 실제 통계를 보면 자기 것을 사용하는 경우는 극히 드뭅니다. 만약 필요하면 개인 맞춤형 탯줄보다는 공통적으로 쓸 수 있는 줄기세포주가 개발되어 있습니다.
탯줄 속 혈액은 태아 혈액 일부가 남아 있는 것입니다. 태아 혈액 속에는 주로 혈액 생성에 관련된 줄기세포가 들어 있습니다. 유리한 점이 많습니다. 쉽게 분리가 가능하며 오염 가능성이 적기 때문입니다.

2-2

암 백신 2: 30억 개 DNA 뒤져 모든 암 세포 '명찰' 찾아내 일망타진

코로나 백신의 성패는 코로나를 기억하는가이다. 그래서 들어오는 놈들이 미처 퍼지기 전에 잡아 없애야 한다. 면역세포를 미리 만들어 놓는 것이 백신이다. 그럼 암 백신도 그렇게 .만들면 안 될까. 암은 개인별로 모두 다르다. 그러니 개인 맞춤형 암백신을 만들려면 미리 개인 암세포가 준비되어 있어야 한다. 즉 암에 걸린 다음에나 만들 수 있다는 거다. 이건 같은 암이 다시 재발하지 않도록 하는 예방주사다. 암환자를 수술할 때 암조직에서 암세포물질(항원)을 자기 몸에 주입하면 몸의 면역세포들은 그 암세포를 기억하고 있다가 혹시 같은 놈이 다시 살아나면 죽여버리는 거다.

'골수에 사무친다'라는 말이 있다. 원한, 슬픔 등 아픈 기억이 뼛속까지 들어와 오래간다는 의미다. 실제로 뼛속이 뭔가 기억을 할까. 된다. 몸이 아팠던 경험을 기억하는 면역세포들이 들락거리는 보금자리 중 하나가 바로 뼛속, 즉 골수(骨髓)다.

아픈 기억 중에는 '불주사'가 있다. 불에 덴 듯 따끔하다. 팔뚝에 자국이 남는 예방주사다. 결핵균(BCG균)을 죽여 주사하면 몸속에서는 진짜 결핵균이 들어온 줄 알고 면역이 작동한다. 죽인다. 기억세포들이 만들어져 골수에 저장된다. 수십 년, 혹은 평생을 간다. 이후 같은 결핵균이 들어오면 기억세포들이 먼저 알아보고 즉각 전군 비상령을 내려 전면전으로 적을 전멸시킨다. 이게 면역이다. 가장 정교한 방어 전략이고 최후 저지선이다. 즉 면역은 '골수에 사무치는' 기억을 남겨 놓아야 성공이다.

환자 6명 25개월 추적, 4명 재발 없어

이게 안 되는 사람들이 있다. 암 환자다. 면역이 약해져 있다. 배반자 암세포를 알아보지도 못한다. 골수에 기억이 안 생긴다. 암세포가 자란다. 암 환자가 된다.

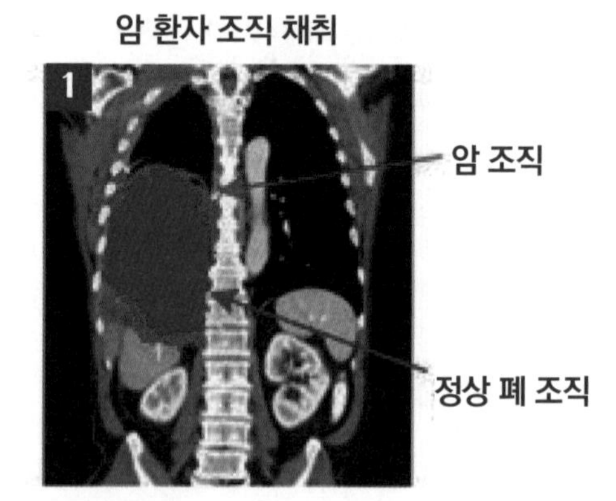

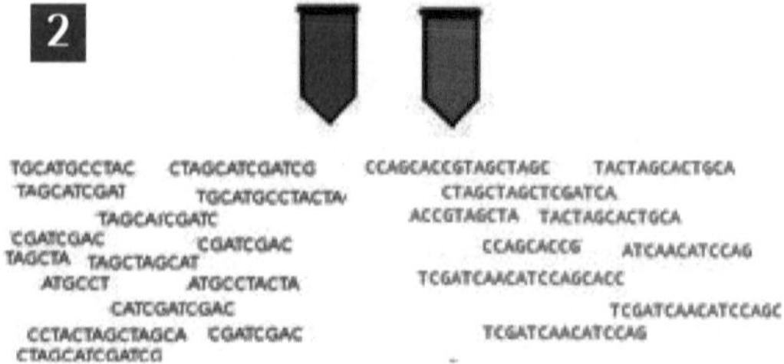

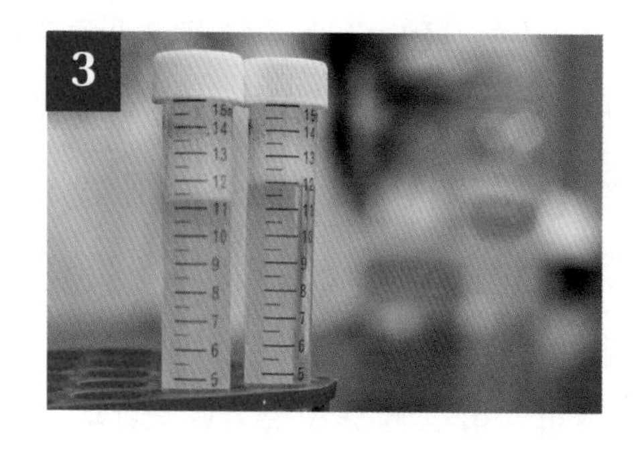

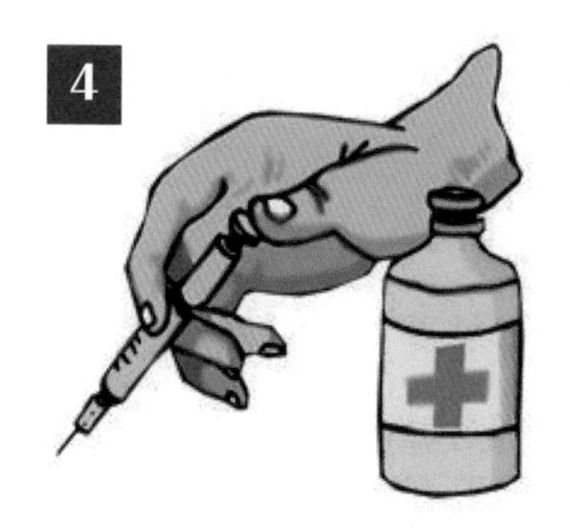

개인 맞춤형 항암 '명찰' 주사 제작 원리
1.환자 암세포(적)와 정상세포(청)를 떼어낸다, **2.** DNA를 읽어 변이된 부분을 찾아낸다,
3. 변이 부분을 주사로 만든다, **4.** 암 환자 본인에게 주사하면 치료와 예방(재발, 전이)이 된다

암 환자는 두 번 아뜩해진다. 첫 번째는 암 통보 때다. 국내 성인 3명 중 1명은 평생 한 번 암에 걸린다. 하지만 조기 발견이라면, 수술만으로 제거할 수 있다면, 완치율이 90% 이상이다. 정작 두려운 건 두 번째다. 암 재발·전이 통보 때다. 생존율이 10% 이하로 뚝 떨어진다. 하지만 그래도 희망은 있다. 새로 개발된 개인 맞춤형 면역 항암제 덕분이다.

지미 카터 전 미국 대통령은 90세 때 흑색종 말기 판정을 받았다. 이 경우 4~5개월이 평균 생존 기간이다. 하지만 면역 항암제(키트루다, 면역 관문 억제제, 머크제약) 주사 후 뇌·간 전이암이 사라졌다. 이 주사 하나 매출액(6.5조 원, 2018년)이 국내 르노삼성 자동차 연간 매출액을 훌쩍 넘어선다. 바이오 신약의 얼굴마담이다. 국내 병원에서도 사용하기 시작했다. 그런데 이 주사는 약점이 있다. 일부 환자, 일부 암에만 듣는다. 흑색종의 경우 33% 환자에게만 효과가 있다. 또한 이 주사는 치료제이지만 재발·전이를 막지 못한다. 치료도 되고 추후 재발·전이를 예방하는 '양수겸장(兩手兼將)' 주사는 없을까. 있다. 만들었다. 미국 보스턴 다나화버 암연구소는 암세포 치료와 재발·전이 방지에 성공했다고 저명학술지 〈네이처〉에 보고했다. 게다가 완벽한 개인 맞춤형이다. 이게 어떻게 가능할까.

연구진은 흑색종 3, 4기 암 환자들의 암 조직을 수술로 떼어냈다. 암세포 DNA 순서를 모두 조사했다. 정상세포와 비교해 보니 평균 20군데가 돌연변이 되어 있었다. 암세포만이 가지고 있는 '암 명찰'인 셈이다. 연구진은 20개 명찰(항원단백질)을 개인별로, 각각 주사로 만들었다.

이 주사를 맞은 수술 환자 6명을 25개월간 추적 조사했다. 3기 환자(4명)는 재발이 전혀 없었다. 이 경우 평균 생존율이 45%인 것에 비하면 획기적 결과다. 4기 환자(2명)도 다른 면역 항암제와 동시 투여로 치료가 되었다. 면역 항암제 단독 사용 시 치료율이 6.1%인 것에 비하면 놀라운 수치다. 연구진이 정작 원하던 결과는 따로 있었다. 암세포에 대한 면역이 생겼다. 즉 이 주사로 '뼈에 사무치는 기억'을 만들었다.

이 주사를 맞은 환자들 몸속 면역세포 종류를 조사했다. 본인 암세포는 물론이고 다른 환자 암세포도 76% 정확하게 알아보고 죽이는 놈들이 생겨났다. 나를 때린 놈은 물론, 같은 패거리들도 기억한다는 말이다. 이 주사로 암 치료도 하고 장기 면역도 만들었다. 장기 기억 면역, 이게 중요하다. 왜냐면 기억하는 놈들이 있어야 재발·전이되어 다시 생기는 암세포를 잡는다. 정상인은 암 명찰을 알아보고 공격하는 면역세포(CD8 T세포)가 60%까지 오른다. 암 환자는 1% 미만이다. 이를 끌어올려야 암세포를 죽이고 '그놈'을 기억한다. 새로 개발된 '20개 명찰' 주사 한 방으로 치료와 재발·전이를 방지한다. 게다가 개인 맞춤형이다. 이런 획기적인 주사를 그동안 왜 못 만들었을까. 답은 '명찰' 때문이다.

암이 명찰 떼어 버리고 돌연변이 세포로

암세포는 표면에 고유한 명찰(암 항원)을 가지고 있다. 명찰 중에는 모든 암에 있는 '공통 명찰'이 있다. 이 중에는 카터 대통령에게 적용한 '면역 관문(PD-L1)' 명찰이 있다. 암세포는 이 명찰로 면역세포를 약하게 한다. 면역세포는 자기 세포 외부에 있는 '페달(PD-1)'로 펀치 강약을 조절한다. 너무 강하면 자기 세포도 공격하는 '자가면역질환(예, 류머티즘, 궤양성대장염)이 생긴다. 너무 약하면 외부 침입자·암세포를 알아채고도 공격을 못한다. 암세포는 본인 명찰로 면역세포 '브레이크 페달'을 지그시 밟는다. 면역세포가 약해진다. 이러면 암세포가 자란다. 빨리 면역을 깨워야 한다. 암세포가 명찰로 면역 브레이크를 못 밟도록 해서 면역세포를 깨우는 주사제(항체주사, 면역 관문 억제제·키트루다)가 연 매출 6.5조 원짜리다. 하지만 암세포들도 대응을 한다. 즉 이 명찰을 떼어버린 돌연변이 암세포가 나타난다. 따라서 한 개의 명찰만을 대상으로 하면 안 된다. '모든 명찰' 예방주사를 만들어야 한다.

이번 임상 시험에서는 개인별로 각기 다른 20개 명찰(암 항원)주사를 만들었다. 한두 개 공통 명찰을 공격했던 것보다 위력이 훨씬 강하다. 마치 기성 양복보다 맞춤형이 좋은 것과 같다. 즉 신체 사이즈만 알고 기성 양복을 사는 것보다 목·가슴·허리·팔·다리 길이를 정확히 재서 만드는 개인 맞춤양복이 몸에 딱 들어맞는 것과 같다. 개인 맞춤형이 가능해진 이유는 신속하게 개인 유전자를 해독하고 비교해서 최적의 명찰을 만들 수 있기 때

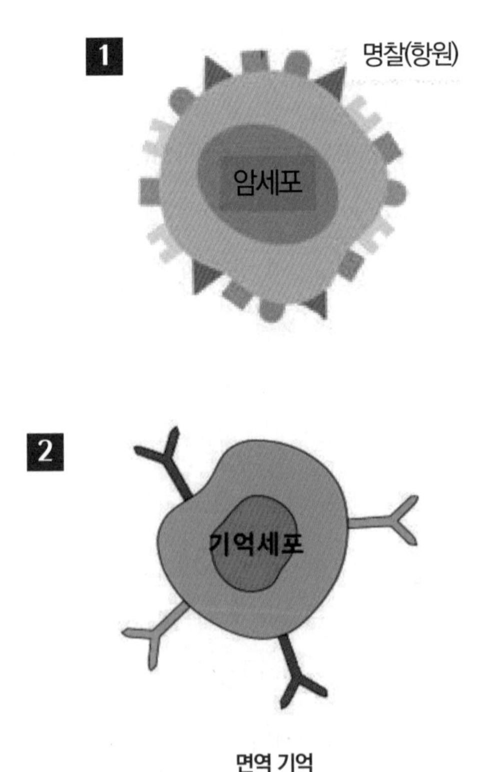

면역 기억

1. 암세포 표면에는 명찰(암 표지 항원)이 있다, **2.** 이 명찰을 만들어 주사하면 명찰을 기억하는 면역 기억세포가 생겨 평생 간다

문이다.

20년 전에 비해 DNA 해독 비용이 400만분의 1로 줄었다. 2억 원이던 벤츠S600을 50원에 사는 셈이다. 예전 DNA 다루는 기술이 권총이라면 지금은 분당 6,000발 벌컨포다. 30억 개 DNA 순서를 서로 비교하고 어떤 것이 가장 정확한 암세포 '명찰'인지 확인하는 정보[IT] 기술, 인공지능[AI]도 한몫했다. 이번 연구는 4차 산업혁명 시대 핵심 기술(빅데이터·인공지능·바이오 기술)로 개인 맞춤형 암 치료가 시작되었음을 알린다. 이제 암 정복이 가능한 걸까.

기원전 1500년 이집트 파피루스 종이에는 유방암을 불로 지져서 수술했다는 기록이 나온다. 암은 지구에 동물이 나타날 때부터 함께 진화해 왔다. 지금까지 사라지지 않은 걸 보면 동물 진화에 필수란 의미다. 만만치 않은 상대다. 첨단과학이 한판 승부를 벌이고 있다. 승리하자. 그래서 암으로 가족을 갑자기 보내는 '뼈에 사무치는 기억'을 만들지 말자.

또 다른 맞춤형 '면역세포 주사' 있지만 1회용 그쳐

또 하나의 개인 맞춤형 항암주사가 임상 중이다. 암 환자 면역세포를 꺼내 실험실에서 훈련시켜 다시 주사하는 '면역세포 치료제'다. 다양한 방법이 있다. (1) 암 덩어리 침투 면역세포(TIL)를 골라 수를 불려 다시 주사하는 방법, (2) 귀환 암세포로 암세포를 잡는 방법, (3) 면역세포에 암세포 유전자를 심어 알아보게 하는 방법[CAR-T[Chimeric Antigen Receptor T cell]]이 있다.

하지만 면역세포 주사 방법은 치명적 단점이 있다. 1회용이다. 주입 면역세포는 암세포를 죽이고 나면 사라진다. 주입 한 달 뒤 숫자는 1% 미만까지도 떨어진다. 무엇보다 '뼈에 사무치는' 기억세포가 만들어지지 않는다. 따라서 재발, 전이를 막지 못한다.

게다가 인위적으로 면역세포를 주사하면 부작용이 생긴다. 가장 자연스러운 방법은 인체 면역을 그대로 모방하는 것이다. 즉 암세포 명찰(항원)을 주사해서 면역을 깨워야 한다. 그래야 남아 있는 암세포를 죽이고 기억한다. 물론 명찰을 바꾸거나 없앤 변이 '내성' 암세포가 생길 수 있다. 대응책은 '최대한 많은' 명찰을 기억하도록 해야 한다. 수십 개의 명찰을 한꺼번에 바꾸는 변이 암세포가 생기기는 쉽지 않다. 또한 다른 종류 항암제와 병행 사용해서 암세포에 변화할 틈을 주지 말아야 한다. 현재 3,042개 면역 항암제 임상 중 1,105개가 두 종류 이상을 동시 투여한다.

Q&A

Q1. 현재 면역 항암제에는 어떤 것이 있나요

A. 면역 항암제는 크게 항체와 세포 치료제가 있습니다. 항체를 외부에서 만들어서 주사하는 형태는 일반주사와 비슷합니다. 체내에서 암세포를 약화시키든지 면역세포를 강하게 만드는 항체를 사용합니다. 반면 세포 치료제는 환자 몸에서 면역세포를 꺼내서 외부에서 강하게 만들어서 다시 주입하는 방식입니다.

Q2. 면역 항암제의 부작용은 화학 항암제와 비교하면 어떤가요?

A. 면역 항암제는 인체의 자체 면역체계를 강화하여 항암 효과를 내기 때문에 기존의 고전적인 항암제가 주로 일으켰던 구역, 구토, 설사, 탈모, 골수 억제 등의 부작용은 상대적으로 적은 것으로 알려져 있습니다. 그러나 면역체계가 활발해지다 보니, 면역세포들이 정상세포들까지 공격하여 다른 부작용이 발생할 수 있습니다.

2-3

암 치료제 1: '저승사자' 전이암, 암 소굴 침투해본 면역세포가 잡는다

암 치료의 최대 난적은 재발, 전이된 경우다. 사용한 항암제에 살아남았거나 완전 제거되지 않았다는 이야기다. 이 경우 쓸 수 있는 방법이 그리 많지 않다. 살아남은 암을 제일 잘 아는 놈은 누구일까. 답은 명확하다. 그 놈과 싸워본 놈이다. 특히 동굴 깊숙이 터를 잡고 있던 고형암의 경우는 그 안에 침투했던 면역세포가 그 암세포를 가장 잘 알고 있다. 이놈들을 선발해서 훈련시키고 수를 불려서 들여보내면 어떨까. 베트남 전쟁 영화 <지옥의 묵시록>을 보면 답이 나온다.

내 가족 셋 중 하나는 평생 한 번 암에 걸린다. 암은 성인 사망 원인 1위다. 그렇다고 겁먹을 건 없다. 5년 평균 생존율이 80%, 조기 위암은 95%까지 늘어났다. 수술도 잘 끝났고 항암주사도 견뎌냈다고 하자. 이때부터 가장 두려운 건 전이와 재발이다. 전이암은 저승사자다. 전이된 위암 생존율은 11%다. 전이암을 잡는 방법은 없을까. 희소식이 있다. 전이된 암을 끝까지 추적·궤멸시키는 '전이암 킬러'를 호주 연구진이 찾아냈다. 임상시험에선 전이된 흑색종 환자 50%에게 '암 킬링' 효과가 있었다. 이 킬러는 우리 몸에 있던 놈들이다. 이게 바로 '환자 맞춤형 전이암 전문' 항암제다. 이놈들을 만나 보자.

전이암은 어떻게 생기기에 5년 생존율이 10%대로 곤두박질칠까. 암이 생기는 원리부터 보자. 암세포는 늘 생긴다. 나이 들수록 더 많이 생긴다. 정상 면역 상태라면 금방 발견, 파괴된다. 만약 면역세포가 암세포를 일대일로 평지에서 만난다면 게임 끝이다. 두 손으로 암세포 멱살을 잡은 채로

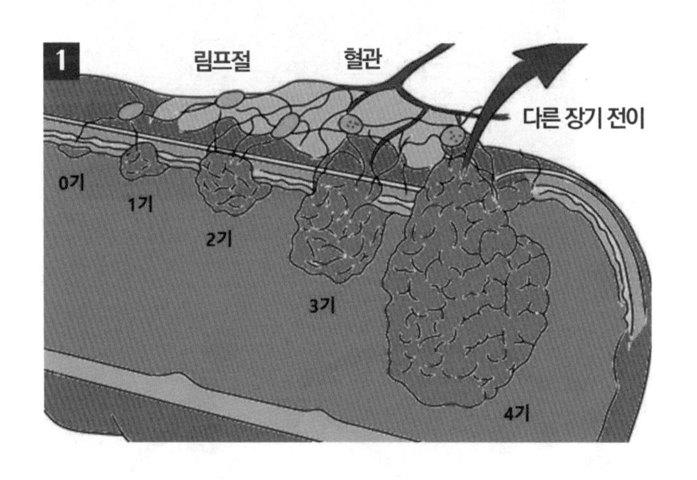

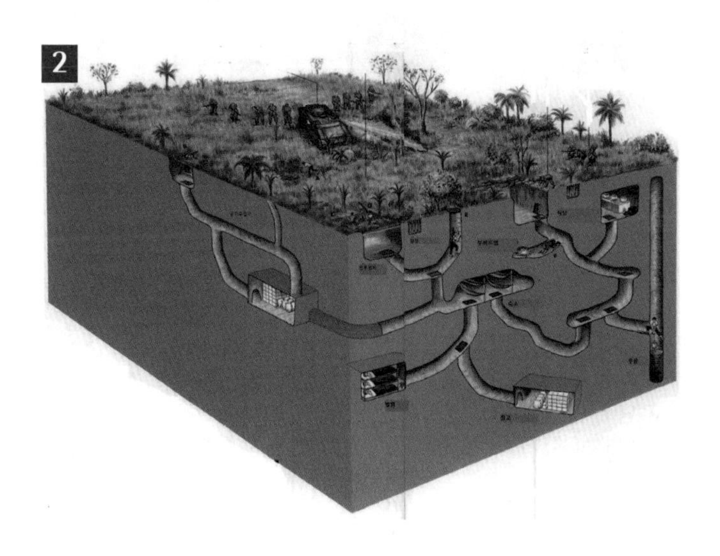

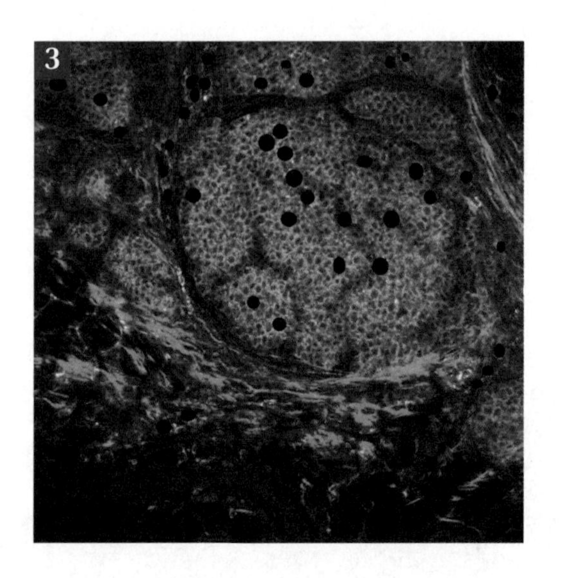

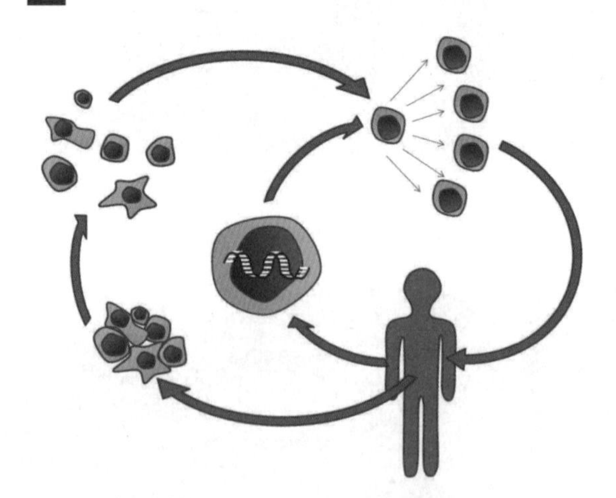

1. 암이 진행될수록 덩어리가 만들어져 면역세포 침투가 힘들다.
2. 구찌 동굴처럼 암 덩어리는 침투·파괴가 힘들다.
3. 암 덩어리(가운데 둥근 부근) 내부로 침투한 면역세포(암 덩어리 중간 검은 점들)(암덩어리를 둘러싼 부분:콜라겐 장벽)
4. 맞춤형 전이암 치료제: 환자 암 조직에서 암에 침투한 면역세포를 분리해 내거나 면역세포를 암을 인식-파괴하도록 변형시킨 후 이들의 수를 실험실에서 늘린다. 이후 환자에게 재주입한다.

'죽음의 키스'를 날린다. 즉 접한 상태로 세포 파괴 물질을 주입한다.

하지만 면역이 약해지면 처음 생기는 한두 놈을 놓치게 된다. 이놈들이 조직 속으로 파고들어 암 덩어리로 자란다. 고형암 시작이다. 이에 반해 액체암(혈액암·림프암)은 세포 상태로 액체(혈관, 림프관) 속에서 떠다닌다. 면역세포가 찾아서 죽이기 쉽다. 하지만 90% 암은 장기껍질에서 생겨 조직을 뚫고 자라 덩어리를 형성한다. 장기껍질세포가 암세포로 잘 변하는 이유는 간단하다. 위장을 보자. 위 속 껍질(상피세포)은 강한 위산을 늘 접한다. 게다가 매일 매운 음식, 들이붓는 알코올로 고달프다. 고달프면 암세포로 변한다. 이후 조금씩 위벽을 뚫고 자라나 덩어리를 만든다. 위 점막을 뚫었으면 1기, 위 근육까지 침범했으면 2기, 위를 벗어나 림프절까지 갔으면 3기, 아예 다른 장기로 전이되었으면 4기로 분류한다.

의사들이 이런 암 덩어리를 발견하면 수술이 최우선이다. 다른 곳에 남아 있을 가능성이 있다면 항암주사를 놓는다. 여기서부터가 전이암 발생 여부에 중요한 순간이다. 항암제에 암세포들이 모조리 죽어 자빠진다면 치료 끝이다. 하지만 살아남은 놈들이 다른 곳에 터를 잡고 자라면 그게 바로 전이암이다. 항암제에 저항이 생긴 거다. 예측했던 일이다.

정작 의사들을 고민하게 만든 건 따로 있었다. 왜 사람마다 전이 정도가 다를까. 즉 3기인 사람도 수술 후 전이 없이 잘 지내는 경우가 있다. 반면 1기였음에도 전이가 생기는 사람이 있다. 혹시 사람마다 암 덩어리가 다르고 거기에 침투하는 면역세포 숫자가 서로 다른 건 아닐까? 암 덩어리에서는 무슨 일이 벌어지고 있는 걸까. 암 소굴을 실감 나게 보여 주는 곳이 있다. 베트남 구찌 땅굴이다.

베트남 호찌민에서 서북쪽으로 70㎞ 떨어진 구찌 땅굴은 관광코스 인기 1위다. 하지만 20년 전 방문한 구찌 땅굴을 생각하면 필자는 지금도 숨부터 막힌다. 전쟁 중 많은 군인이 베트콩을 찾아 땅굴로 들어갔지만 죽어 나오기 일쑤였다. 그곳은 평지 전투에 익숙했던 군인들에게는 완전히 다른 세계였다. 구찌 땅굴처럼 암 덩어리(고형암)는 암세포 아지트다. 그곳 환경은 혈액과는 완전히 다르다. 면역세포들이 접근·확인·파괴하기가 힘들다. 이유는 암세포들이 사용하는 교묘한 전략 3가지 때문이다. 면역세포 녹다운시키기, 정상세포인 척 위장하기, 그리고 다른 세포들을 좀비로 만들기다.

암세포들, 정상세포 위장술 등 교묘한 전략

첫째, 암세포는 빨리 자라는 세포로 산소가 많이 소비된다. 그래서 암 덩어리 내부 산소 농도는 정상인 21%를 지나 13%까지 떨어진다. 나름대로 적응하고 있는 암세포와 달리 처음 들어온 면역세포들은 낮은 산소에 기진맥진이다. 게다가 암세포가 뿜어내는 독성물질로 면역세포는 절인 배추처럼 시들시들해진다.

둘째, 암세포들은 위장·기만 전술을 쓴다. 한 예를 보자. 나이 들어 죽는 세포는 자폭 신호 깃발을 내건다. 즉, 나는 죽을 테니 공연히 공격해서 옆 세포에 파편이 튀지 않게 하라는 깃발이다. 이 깃발이 꽂혀 있으면 면역세포는 그냥 지나간다. 동굴 내 암세포들은 이 깃발을 자기 몸에 꽂는다. 힘들게 동굴 내부로 들어온 면역세포들은 이 표식을 보고 암세포들을 그냥 지나친다.

셋째, 암세포들은 주위 정상세포들을 좀비로 만든다. 좀비가 된 놈 중에는 면역조절세포가 있다. 이놈은 다른 면역세포들의 공격 세기를 조절한다. 너무 세게 만들면 자기 몸에 총질한다. 너무 약하게 하면 암세포도 놔둔다. 좀비가 된 조절세포는 들어오는 면역세포를 약하게 만든다. 어떤 좀비세포는 동굴 입구에 장애물(콜라겐)을 설치하거나 아예 암세포를 몸으로 둘러싸서 밀착 경호한다.

2017년 저명학술지 〈네이처 메디신〉에 실린 100명의 난소암 환자 조사 결과는 더 섬뜩하다. 난소암 덩어리에 들어온 면역세포 자체도 좀비가 됐다. 침투도 어렵고 좀비로도 만드는 암 소굴은 영화 〈지옥의 묵시록〉(1979, 미국)을 연상하게 한다.

1970년대 후반 베트남전이 교착 상태에 빠지자 미친 군인들이 하나둘 생겼다. 탈영을 했다. 탈영병은 변절자다. 암세포다. 탈영병들이 밀림 깊숙한 곳 동굴에 본거지를 마련했다. 이들을 찾아 없애기 위해 수색대가 출동한다. 밀림 속 갖가지 장애물로 수색대는 기진맥진해진다. 힘들게 본거지에 침투한 수색대는 탈영병 중에 오래전 실종된 장교를 발견한다. 그 장교는 동굴을 공격하러 왔다가 그들 꼬임에 빠져 아예 그곳에 눌러앉았다. 암세포가 멀쩡한 놈을 좀비로 만드는 것과 같다. 영화는 수색대가 동굴 속 탈영 집단 우두머리 대령을 죽이고 귀환하는 것으로 끝난다.

호주 과학자들이 이 영화를 보고 무릎을 친 것일까. '혹시 암 조직 중심부까지 침투한 면역세포가 있다면 이놈들은 암세포들을 기억할 것이고 싸워 이기는 방법을 알고 있지 않을까?' 예상은 적중했다. 환자 암 조직을 조사해 보니 대부분 면역세포들은 침투하지 못했지만 중심부까지 침투한 기특한 놈들이 있었다. 과학자들은 용감한 그들에게 이름을 붙였다. '종양 침투 면역세포', 전이암 킬러 본명이다.

2017년 호주 과학자들은 암 소굴에 침투하는 놈들을 하나하나 들여다봤다. 눈길을 끄는 놈들이 있었다. 암 소굴에서 나오는 면역세포들이다. 이들이 향한 곳은 놀랍게도 다른 곳에 전이된 암세포였다. 그렇다면 이놈들을 골라내서 수를 불려 다시 주입하면 어떨까. 그러면 수술 후 남아 있는 암세포뿐만 아니라 다른 곳에 전이된 암세포들도 잡아낼 수 있을 것이다.

그전에 확인할 게 있었다. 만약 이 생각이 맞다면 같은 암 환자라도 이 놈들이 많이 있는 환자는 암이 더 쉽게 치료돼야 하는 게 아닐까? 연구진은 암 수술 시 떼어 낸 암 덩어리에 침투한 면역세포 수와 이후 사망률을 조사했다. 예상대로였다. 유방암 환자들은 침투세포 숫자가 10% 증가하면 사망률이 11% 감소했다. 난소암, 흑색종도 모두 같은 결과다. 그만큼 면역이 활발해서 그 암을 잘 찾아내고 암 소굴을 잘 침투한다는 의미다.

흑색종 말기 환자 50%가 암 크기 절반으로

이제 환자 종양 내 침투한 세포 숫자를 측정하면 치료 효과가 어떨지도 정확하게 예측됐다. 지금까지는 암 크기, 침범 림프절 수, 전이 여부로 암이 몇 기인가를 결정했다. 여기에 암 조직에 침투한 세포 숫자를 더하면 더 정확하게 암 병기와 치료 효과를 예측할 수 있다. 그만큼 침투세포가 전이 암 치료, 예방에 필수란 이야기다.

이제 환자 대상 임상 단계다. 초기 임상 결과 전이된 흑색종 말기 경우 50% 환자에게서 암 크기가 반 이상 줄어들었다. 획기적인 결과다. 이제 항암제도 개인 맞춤형 시대다.

같은 유방암 환자라도 암세포는 서로 종류가 다르다. 암세포가 다른데 같은 치료제를 사용하면 효율이 떨어진다. 지금까지는 혈액에 있는 일반 면역세포를 뽑아서 주사제를 만드는 연구를 하고 있었다. 과학은 여기서 한 단계 더 나아가고 있다. 즉 몸속 많은 면역세포 중에서도 암 소굴에 침투한 경력이 있는 놈들만을 환자 암 조직에서 직접 분리해서 수를 불려 다시 몸에 주사한다. 이놈들은 환자 몸 안에 있는 바로 '그' 암세포들과 싸워 본 놈들이다. 이보다 더 강력한 전이암 킬러는 없다. 같은 암이 다시 생기지 않게 하는 일종의 '암 백신'인 셈이다.

지금까지 암 환자들에게 전이란 저승사자였다. 하지만 이제 내 가족들은 저승사자를 더 보지 않게 될 것이다. 저승사자가 있을 곳은 저승이지 이승이 아니란 말이다.

Q&A

Q1. 70대 노인, 항암 치료해야 하나요?

A. 나이가 아주 많은 노인은 젊은 사람과 똑같은 치료를 받으면 견디지 못하는 경우가 많습니다. 하지만 무조건 항암 치료를 못 하는 것은 아닙니다. 경우에 따라 항암 치료를 선택하는 데 참고해야 하는 것들이 있을 뿐입니다.

우선, 본인의 진짜 나이보다는 신체나이가 더욱 중요합니다. 그리고 항암제의 용량을 눈여겨봐야 합니다. 젊은 사람처럼 많은 용량의 항암제를 받지 못하는 사람이라도 항암제 용량을 줄이면 별다른 부작용 없이 치료를 받는 경우도 많기 때문입니다.

면역항암제는 기존의 항암제와 비교해서 독성, 부작용이 강하지 않아서 나이가 들어도 맞을 수 있는 경우가 많습니다.

나이 들면 암도 늦게 자란다는 말은 맞지 않습니다. 암은 제멋대로 자라기 때문입니다. 유방암 환자 경우도 나이와 사망률은 큰 상관이 없습니다.

Q2. 화학항암제 부작용에는 어떤 것들이 있나요?

A. 항암화학요법으로 인한 부작용은 항암제의 종류와 개인적 특성에 따라 그 차이가 크고 모든 환자에게서 나타나는 것도 아니어서 어떤 환자는 전혀 부작용을 겪지 않을 수도 있습니다. 또한 부작용은 투여하는 약제의 종류와 용량에 따라 다르고, 같은 환자에서도 항암화학요법을 반복하는 경우에 치료 회차마다 다를 수 있습니다.

항암제 부작용은 대부분 정상세포에 대한 영향으로 인한 것인데, 항암화학요법이 끝나면 정상세포들은 대개 2~3주 내에 회복됩니다. 따라서 대부분의 부작용은 치료가 완료되면 서서히 사라지기 시작하고 건강한 세포가 정상적으로 증식하면서 2~3주 사이에 회복기에 접어듭니다. 그러나 이러한 회복 시기는 항암제의 종류와 환자 개인의 건강 상태 등에 따라 다릅니다. 대부분의 부작용들은 일시적이지만 심장, 폐, 신장, 신경계 등에 일어난 부작용들은 몇 년간 또는 영구적으로 지속될 수 있습니다.

2-4

암 치료제 2: '이암제암' 항암 실험…
귀환병에 폭탄 심어 자폭 키스 유도

'임무 환수했으면 원대 복귀하라, 오버!' 영화 속에 나오는 대사가 아니다. 인체 내에서도 임무를 무사히 마친 노련한 전투 경험자가 필요하다. 암세포도 마찬가지다. 면역세포와 싸워서 살아남은 암세포들은 십자무공훈장을 받아야 할 정도다. 그들을 불러들여 후배들에게 어떻게 암세포와 싸워 이기는지 가르친다면 그게 암세포가 이기는 길이다. 거꾸로 그러한 암세포에게 폭탄을 들려 보내면 어떨까? 이들은 암 동굴로 들어갈 것이다. 이게 암을 파괴하는 새로운 방법이다. 뛰는 놈 위에 나는 놈은 늘 있는 법이다.

한창 팔팔한 40대 사망 원인 1위는 암(29.3%)이다. 조기 발견된 1기 위암·대장암이 94%까지 생존한다는 건 다행이다. 하지만 재발암·전이암 5년 생존율은 10%대로 떨어진다.

왜 암은 재발하고 다른 장기로 옮겨갈까. 이렇게 퍼지는 놈들을 없애는, 아니 역이용하는 방법은 없을까? 있다. 찾았다. 하버드 의대 연구진이 저명 학술지 〈사이언스〉에 발표한 연구 결과에 따르면 암세포를 암세포로 죽인다. 이이제이以夷制夷다.

삼국지 동탁을 죽인 일등 공신은 그의 분신인 여포다. 의심 없이 동탁에게다가갈 수 있다. 동탁이 속에 받쳐 입은 갑옷 틈새가 어딘지도 알고 있다. 여포만 꼬드기면 된다. 초선 미인계가 한몫했다. 변심한 여포는 동탁 앞을 막아섰다. 변심한 여포는 동탁 갑옷 틈새로 '방천화극'을 꽂아 넣었다. 성공이다.

동양 삼국지를 서양 과학자들이 본 것일까. 하버드 의대 연구진은 쥐의 암세포를 꺼내 무기를 장착, 다시 주사했다. 무장 암세포들은 스스로 암소굴을 찾아 동료 암세포들을 폭파했다. 실제 뇌종양 쥐 실험 결과는 놀랍다. 최초암·재발암은 80% 크기 감소, 90% 생존했다. 전이암 생존 기간은 2.5배 늘어났다. 이게 어떻게 가능할까.

전이암 뇌종양 쥐 생존 기간 2.5배 늘어

연구진은 암세포들이 어떻게 전이하는가를 하나하나 추적하고 있었다. 수상한 놈들이 포착되었다. 혈관 속을 돌고 있는 '혈액순환 암세포'들이다. 이놈들은 최초 암 덩어리에서 떨어져 나온 놈들이다. 다른 조직으로 침투하려고 주위 혈관 벽을 녹여 새로운 혈관을 만든다. 1단계 성공이다. 이제 신생혈관을 통해 몸속 어느 곳이든 갈 수 있다. 이놈들이 좋아하는 장소는 뇌와 뼈다. 새로운 장소에서 조직을 녹여 침투하고 자리 잡는다. 이게 전이다. 이들에게 2단계 명령이 떨어졌다. '리턴[return]', 즉 돌아와서 동료 암들을 만나라는 거다. 왜 돌아오라는 걸까.

침투조원들은 각종 면역세포와의 전투에서 살아남은 베테랑이다. 강한 놈들만을 리턴시켜야 한다. 이게 암세포 진화전략이다. 즉, 퍼져나가라, 그래야 암들이 번성한다. 리턴해라, 그래야 암들이 더 독해진다.

원대 복귀 중인 암세포를 들여다보던 하버드 연구진이 무릎을 쳤다. 이

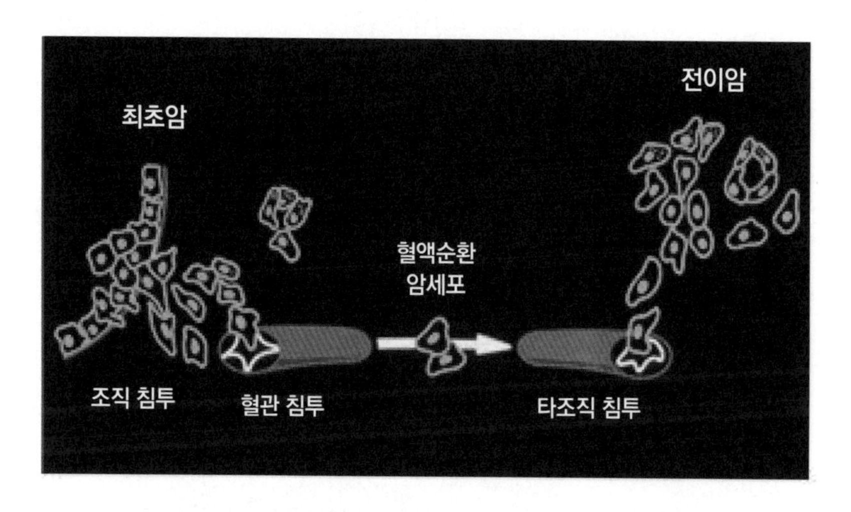

암 전이 과정: 최초암이 새로운 혈관을 만든다. 암세포들이 혈관 속으로 침투한다. 이놈들이 다른 장기 근처 혈관을 뚫고 나와서 둥지를 튼다. 전이암이다

녀석들은 암 소굴에서 발신되는 신호를 따라 리턴한다. 이놈들에게 암 덩어리 폭파 무기를 달자. 무기는 점화장치다. 점화 대상은 세포 표면 자폭 뇌관Death Receptor이다. 부상·노화 세포는 암세포로 돌변하기 전에 스스로 자폭 뇌관을 누르게 프로그램되어 있다. 이 뇌관은 물론 암세포에도 있다. 암세포는 원래 정상세포였기 때문이다. 이 뇌관을 눌러줄 점화장치를 리턴 암세포에 달아주자. 그러면 이놈들은 원대 복귀해서 예전 동료 암세포들과 하나하나 포옹하고 키스할 것이다. '죽음의 키스'다.

혈관 타고 도는 암세포에 폭탄 달아야

연구진은 암 환자 혈액에서 리턴 암세포를 꺼내 뇌관 점화 장치(TNF, 종양파괴인자)를 설치했다. 설치·제거는 초정밀 유전자 가위를 사용했다. 쥐

를 대상으로 실험했다. 암세포는 교모세포종[GBM]이다. 평균 2~3년 생존하는 악성 뇌종양이다.

테스트 결과는 획기적이다. 최초암·재발암·전이암 모두 암 크기가 줄고 생존 기간이 늘었다. 치료 임무가 끝난 리턴 암세포들은 미리 삽입해 놓은 세포자살 유전자를 주사로 작동시켜 모두 없앴다. 이 방법은 기존 항암제와 어떻게 다를까.

암세포를 공격하는 방법은 다양하다. 먼저 먼 곳에서 포탄 쏘기(1세대 세포 독성 화학항암제)와 크루즈미사일 발사하기(2세대 표적 항암 치료제)다. 두 방법 모두 처음에는 효과가 있다. 하지만 정상세포도 독성이 있을 수 있다. 무엇보다 암세포들이 피하는 방법을 터득해서 항암제 내성이 생긴다.

테러리스트와 싸워왔던 그 지역 민병대에게 무기를 공급하는 방법도 있다. 현재 임상 단계인 '3세대 항암제(면역세포 치료제, CAR-T)'다. 하지만 민병대라 해도 깊숙한 적 아지트에 잠입하기는 쉽지 않다. 암 덩어리는 면역세포가 침투 못하게 특수 환경(종양미세환경)을 만들어 놓기 때문이다. 어떤 암세포는 근처에 있는 정상세포를 꼬드겨 면역세포를 공격하게도 만든다. 면역세포가 못 들어가면 암세포를 못 죽인다. 실제로 난소암 조직에 면역세포가 한 놈도 못 들어간 환자는 생존율이 45%나 떨어진다. 이 경우 외부에서 면역세포를 아무리 주사해도 침투 못하면 소용없다. 암 덩어리가 마치 삼국지 동탁의 소굴처럼 난공불락이라는 이야기다.

가장 좋은 방법이 있다. 암 소굴로 돌아가는 '혈관 순환 암세포들'에 폭탄을 달아주면 그게 최고다. 더구나 자기 몸에서 골라낸 자기 암세포다. 다시 주사했을 때 면역 부작용도 없다. 이 연구가 주목받는 이유다. 이번 연구는 쥐를 사용했다. 사람의 모든 암 적용까지는 시간이 걸린다. 하지만 빨리 성공하자. 그래서 40대 사망 원인인 1위가 암이 되지 않게 하자. 그들은 가족의 기둥이기 때문이다.

신약 개발 머나먼 길, 평균 6,000억 들고 14.5년 걸려

신약 개발에 보통 6,000억 원이 들고 14.5년(실험실 8년, 임상 1~3기 6.5년) 걸린다. 안전성·효능 테스트는 동물에서 사람으로, 20명에서 5,000명으로 임상 단계별로 늘어난다. 자기 몸에서 꺼낸 세포(면역세포 등)를 배양하여 본인 몸에 재사용하는 경우는 안전성이 일부 확보되어 기간·비용이 줄어든다. 하지만 단계는 똑같다.

Q&A

Q1. 암에 걸리는 정확한 이유가 무엇인가요?

A. 암의 발생 원인은 아직도 규명되지는 않았습니다. 하지만 내적 요인인 유전적 요소와 외적 요인인 암 발생 유발 요소로 작용되는 발암 화학물질, 방사선, 자외선 및 우주선, 계속적인 염증과 손상 및 암 유발 바이러스 감염의 복합적 요소가 작용하는 것으로 간주됩니다. 암 발생 부위는 상피세포가 전체 암의 70%입니다. 즉 늘 자라야 하는 곳에서 암이 70% 생긴다는 말입니다. 자라는 과정에서 우연히 돌연변이가 발생하고 이것이 원상 복구되지 않으면 암으로 발전할 수 있습니다. 결국 암 발생 요인 70%는 무작위라는 의미입니다.

Q2. 1세대, 2세대, 3세대 항암제는 어떤 차이점을 가지고 있나요?

A. 1세대는 세포 독성 화학항암제, 2세대는 표적항암제, 3세대는 면역항암제입니다. 세포 독성 화학항암제는 암세포가 정상세포보다 빨리 자란다는 특성을 이용해 공격합니다. 즉 자라는 세포는 모두 공격당할 수 있습니다. 그래서 암세포뿐 아니라 정상세포까지 죽여 머리가 빠지는 등 부작용이 큽니다. 반면, 표적항암제는 암세포만 골라 죽여 부작용이 적습니다. 하지만 표적 대상이 제한적이고 내성이 생기면 치료 효과가 급격히 떨어집니다. 마지막으로 3세대 면역항암제는 환자의 몸속 면역체계를 활용하는 방법으로 1, 2세대 항암제에 비해 독성이 적습니다. 하지만 특정 환자, 특정 암에만 듣는 경우가 많아서 최근에는 1, 2, 3세대 항암제를 복합투여하는 방식이 매우 효과적입니다. 즉 어퍼컷 한 종류보다는 잽, 스트레이트, 어퍼컷을 동시에 구사하는 것이 훨씬 낫다는 이야기입니다.

암 치료제 3: 면역세포 브레이크 풀어 암세포 갈아뭉갠다 – 카터 前 대통령 살린 면역관문 억제제

코로나 위험군은 고령층이나 면역이 약화된 사람이다. 암 환자는 면역이 약화된 대표적인 경우다. 그래서 암세포가 생겨도 제거하지 못하고 있다. 그럼 간단히 생각해보자. 면역을 강하게 만들면 될 것 아닌가. 면역은 밸런스가 중요하다고 했다. 당연히 면역세기를 조절하는 스위치, 예를 들면 약하게 하는 브레이크도 있을 것이다. 면역세포의 브레이크를 풀자.

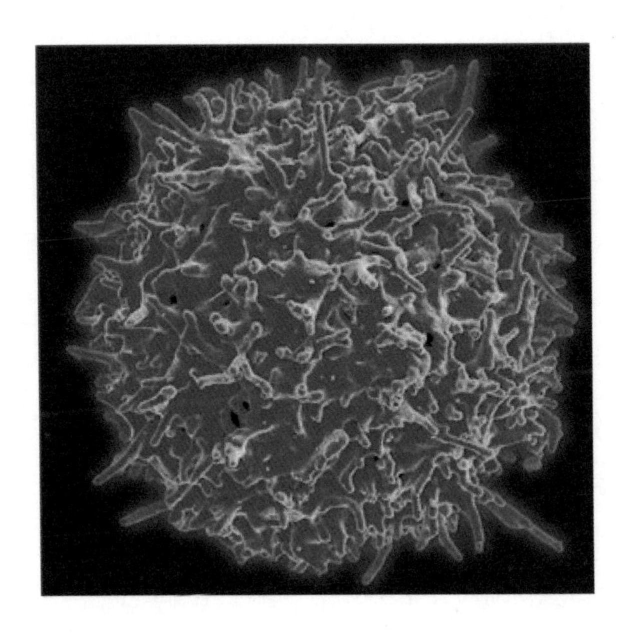

면역 핵심 T세포. 표면의 많은 브레이크와 액셀러레이터가 암세포 공격력을 조절한다

국내 사망 원인 1위 암. 암으로 28%가 죽는다. 가족 3명 중 1명은 평생 한 번 암을 만난다. 수술만으로 완치되면 얼마나 좋을까. 하지만 암 환자 60%는 항암 치료를 받는다. 이상적인 항암제는 어떤 것일까. 암세포를 직접 죽이는 것? 아니다. 면역력을 높이는 거다. 그래야 우리 몸이 스스로 없앤다. 핵심은 면역세포다. 암 환자의 약해진 면역세포를 주사 한 방으로 높이는 획기적인 차세대 항암제가 나왔다. 면역관문억제제다. 이제 보험이 적용된다. 이 주사는 어떻게 면역을 높일까. 암은 무릎을 꿇을까.

최종 킬러 T세포 강약조절이 중요

면역관문억제제라는 낯선 주사를 유명하게 만든 사람은 지미 카터 전 미국 대통령이다. 91세 지미 카터는 흑색종 말기였다. 이 암은 강한 자외선에 피부반점 형태로 생기며 전이되면 77% 사망한다. 간·뇌에 전이된 카터는 몇 달을 견디지 못한다고 했다. 이때 막 시판되기 시작한 면역관문억제제 주사를 맞았다. 말기 흑색종이 줄어들었다. 몇 달을 훌쩍 넘겨 3년 동안 카터를 살리고 있는 면역관문억제제 주사제 이름은 '키투르다(머크제약)'다. 이놈이 달라붙은 곳은 비실비실한 면역세포(T세포)다. 달라붙으면 면역세포가 강해진다. 암을 부순다.

면역관문은 면역세포 표면의 브레이크 페달이다. 면역은 몸속에서 강약 밸런스를 브레이크로 잘 유지해야 한다. 너무 약하면 외부 바이러스·암세포를 죽이지 못한다. 너무 강하면 정상세포도 죽인다. 과잉방어다. 면역세포는 암세포를 어떻게 구분할까. 두 가지다. 암세포만의 독특한 물질(네오항원)이 있거나, 정상세포 표면에도 있는 정상물질을 '너무 많이' 가진 경우다. 전자는 쉽게 확인, 킬링한다. 문제는 후자다.

영화배우 안젤리나 졸리는 여섯 아이의 엄마다. 그녀는 유방암에 걸리지도 않았는데 미리 모두 잘라냈다. 검사 결과, 세포 표면 수용체(HER-2)가 정상인보다 수십 배 많았기 때문이다. HER-2는 성장호르몬 신호를 받는다. 졸리의 세포는 수용체가 더 많이 있으니 성장신호를 더 많이 받아서 더 많이 자란다. 암세포가 된다. 이 경우 면역세포는 HER-2를 확인한다. 많으면 암으로 간주, 죽인다. 적으면 놔두어야 한다. 면역세포, 특히 최종 킬러인 T세포 강약조절이 중요한 이유다. 조절은 세포 표면 브레이크 페달이 한다. 바로 면역관문이다. 이 페달을 면역조절세포가 누르면 면역T세포가 착해진다. 암세포를 덜 공격한다. 암 환자는 이러면 곤란하다. 암세포를 공격하게 만들어야 한다. 암세포는 자기를 공격하지 못하도록 면역세포의 브레이크 페달을 지긋이 밟는다. 이걸 막아야 면역세포가 강해진다. 한 가지 전략은 외부에서 만든 단백질항체(면역관문억제제)로 그 브레이크 페달을 미리 봉해 버리는 것이다. 항체는 특정 부위에 달라붙는 면역물질이다. 바이오 신약의 대표주자다. 국내 회사(셀트리온, 삼성 바이오로직스)도 배양 탱크에서 동물(쥐)세포를 키워 만든다. 최초 면역관문억제제(Yerboy, BMS제약)는 'CTLA-4'라는 관문 브레이크 페달에 달라붙었다. 하지만 한 개의 관문을 막는 것으로는 부족하다. 협공이 필요하다.

카터는 치료가 잘 된 경우다. 하지만 이 면역관문억제제(키투르다) 하나만으로는 20%만 치료된다. 왜 100% 안 될까. 암세포들은 생각보다 만만치 않다. 면역관문을 원천봉쇄하는 치료제를 맞은 면역T세포들이 반짝했다가 다시 비실비실해졌다. 원인은 놀랍게도 암세포였다. 즉 흑색종 암세포가 면역T세포의 또 다른 브레이크 페달을 찾아서 누르기 시작했다.

'PD-1' 브레이크다. 문제는 85% 흑색종 암세포가 면역세포 브레이크(PD-1)를 누르는 물질(PD-L1)을 이미 가지고 있었다. 소름이 돋는다. 암세포는 이 무기(PD-L1)로 두 가지 이득을 본다. 첫째, 브레이크(PD-1)를 밟아서 면역세포를 순하게 만든다. 둘째, 면역 순찰팀을 속인다. 즉 면역조절세포만 가지고 있는 브레이크 조절물질(PD-L1)을 암세포도 가지고 있으니 순찰대가 속아서 공격하지 않는다. 뛰는 놈 위에 나는 놈 있는 셈이다. 이에 놀란 과학자들은 두 번째 면역관문 브레이크 봉쇄 주사제를 만들었다. PD-1, PD-L1에 달라붙어 막아 버리는 항체(옵디보, 키투르다)다. 두 번째 무기도

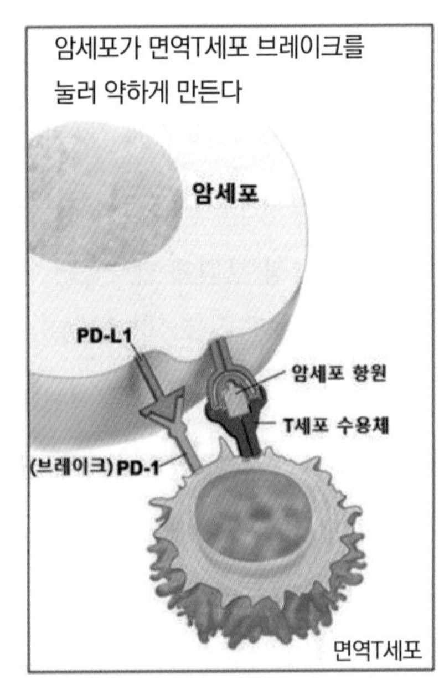

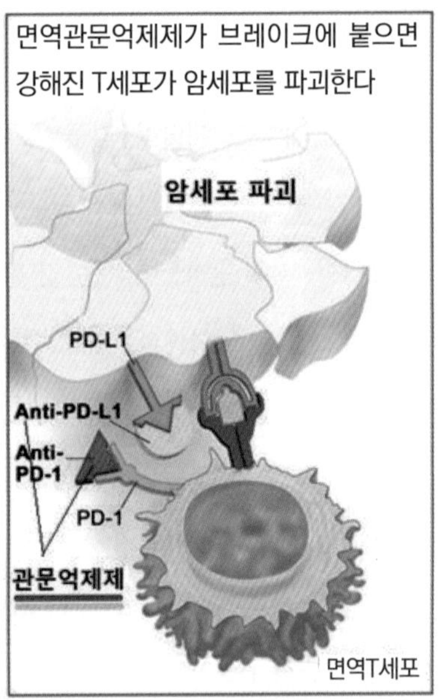

면역관문 브레이크 작동원리: T세포가 암세포항원에 달라붙는다. (좌)이때 면역조절세포나 암세포(PD-L1)가 브레이크(PD-1)를 막아 T세포를 약하게 만든다. (우)관문억제제(세모, 반원)가 PD-L1과 PD-1에 달라붙어 T세포가 약해지지 않게 만들어 암세포를 공격, 파괴한다 (이미지: 미국 암연구소)

만들었다. 이제 협공이다.

저명 학술지 〈네이처 메디신〉에는 흑색종 937명 대상 동시 주사 치료 효과가 실렸다. 한 개만 사용했을 경우(25%)보다 동시 투여가 2배(57.7%) 좋았다. 게다가 새로운 형태 면역세포들이 나타나서 암을 공격했다. 좌우 스트레이트 펀치가 확실히 먹힌 셈이다.

이 결과에 고무된 연구자들은 새로운 브레이크를 더 찾기 시작했다. 현재까지 발견된 브레이크 페달은 모두 11개다. 게다가 보물도 건졌다. 누르면 더 강해지는 액셀러레이터도 6개 발견했다. 페달이 많을수록 치료 효과는 높아진다. 최고의 방법은 브레이크는 풀고 액셀러레이터는 밟는 것이다. 이 방법이 T세포를 최대로 강하게 만든다. 더불어 다양한 암 킬러도 찾았다. 면역 대표 T세포 이외에 NK(자연살해세포), 식균세포, 항원제시세포의 브레이크와 액셀러레이터가 추가됐다.

면역관문억제제는 면역상승주사다. 소위 '면역 치료Immune Therapy'의 하나다. 환자 면역을 인위적으로 높이는 최첨단 기술이다. 하지만 면역 치료는 이미 고대 이집트에도 있었다. 기원전 2600년 이집트 파라오 임호텝은 의사였다. 그의 종양 치료 방법은 기이했다. 종양 근처에 상처를 내고 그곳을 더러운 수건으로 문질렀다. 고름이 생겼다. 염증이다. 염증은 침입한 세균을 면역세포가 공격하는 과정에서 생긴다. 이때 몰려온 면역세포 때문에 종양이 줄어든다. 종양은 면역을 강하게 만들면 자연치료된다. 에드워드 제너는 안전한 소 천연두(우두)를 일부러 몸에 주사해서 천연두 면역을 미리 강하게 준비했다. 최초의 항암제는 암세포를 직접 죽일 목적으로 개발되었다. 1세대 항암제는 암세포가 정상세포보다 빨리 자란다는 특성에서 착안했다. 몸에서 빨리 자라는 놈들을 무차별 폭격했다. 늘 자라는 모발, 피부세포도 죽어 나갔다. 2세대 항암제(표적 치료제)는 특정 표적에 달라붙어 암세포만 죽였다. 하지만 암세포도 돌연변이를 만들어서 쉽게 내성이 생겼다.

과학자들은 눈을 돌렸다. 꿩 잡는 게 매다. 암세포 전문 킬러는 면역세포다. 암세포를 주사로 직접 죽이기보다는 면역세포를 강하게 만들어야 한다. 방법은 두 가지다. 첫째, 면역관문억제제다. 둘째, 면역세포를 꺼내 실험실에서 강하게 만들어 다시 주사하는 면역세포치료제다. 이 두 종류가 면역 치료 핵심인 제3세대 항암제다. 미국 FDA(식품의약국)가 '혁신적 치료제'로 지정했다. 면역관문억제제는 이제 환자 대상으로 사용되고 있다. 반면 면역세포 치료제는 이제 승인단계다. 면역세포 치료제 장단점은

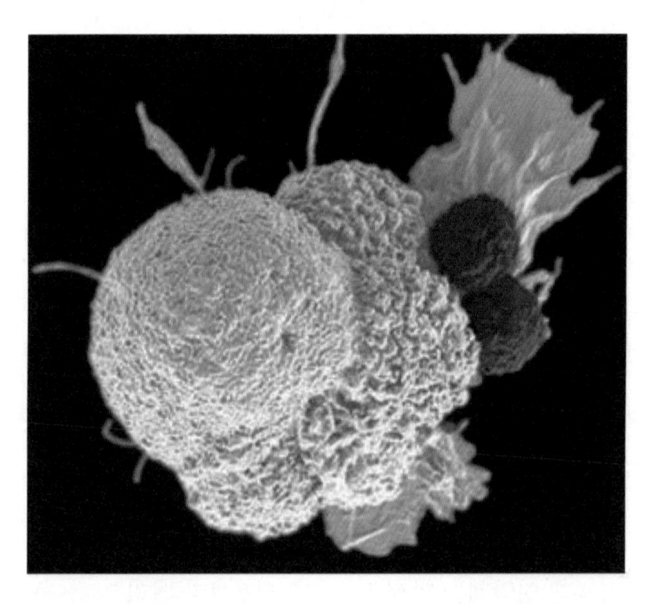

제3세대 면역 항암제. 외부에서 키워지거나 주사로 강해진 면역T세포(우중간 작은 구형 2개)가 구강암세포(좌: 큰 구형)에 ,달라붙어 파괴한다

무엇일까.

IS(이슬람 국가)는 이슬람 자체에서 발생한 테러리스트다. 이들을 없애는 최선책은 무엇일까. 미국 항공모함에서 IS 본거지를 미사일로 폭격하는 건 비효율적이다. 숨어 버리기 십상이고 미사일에 살아남는 법을 체득한다. 가장 확실한 방법은 IS 테러리스트를 잘 아는 그곳 민병대를 강하게 만드는 것이다. 면역 치료제는 민병대(면역세포)를 강하게 만든다. 현명하다. 효과적이다. 물론 인위적으로 강하게 만들기 때문에 부작용도 만만치 않다. 멀쩡한 부분(피부, 대장, 간, 내분비선)에 총질을 해서 염증이 생기는 부작용(자가면역질환)도 발생한다. 하지만 구더기 무서워 장 못 담글까. 암세포를 죽이는 것이 급선무다. 면역관문 치료제는 강력한 녹아웃 펀치다. 하지만 암세포 맷집은 상상 외로 단단하다.

암세포는 자기 명찰 지워 진화

미국 명문 존스홉킨스 의대 연구팀은 면역관문억제제 주사 치료에 암이 자기 명찰(네오항원)을 지워 진화했다고 밝혔다. 항생제 내성 박테리아가 생기듯 장군 멍군이다. 암 진화는 면역 치료제가 넘어야 할 장벽이다. 장벽이 높을수록 기술이 경쟁력이고 황금알이다. BMS제약 옵디보(PD-1 억제제)의 지난해 매출액은 3조 7,000억 원이다. 바이오 의료 시장이 미래 먹거리다. 과학은 암을 정복할 수 있을까.

"나는 암이 정복되는 것을 보기 전에는 죽을 수 없다." DNA 구조를 밝혀내 노벨상을 받은 제임스 왓슨이 한 말이다. 그가 최근 유명 의학지 〈랜셋〉에 새로운 암 치료 이론을 내놨다. 운동 중 생기는 활성산소가 해로운

게 아니라 질병을 치료한다는 이론이다. 암 근본 치료는 결국 자연 면역이라는 의미다. 그는 90세를 훌쩍 넘은 노인이다. 나이를 거스르는 끊임없는 도전, 인류가 암세포를 이길 수 있는 희망이다.

또 다른 맞춤형 '면역세포 주사' 있지만 1회용에 그쳐

또 하나의 개인 맞춤형 항암주사가 임상 중이다. 암 환자 면역세포를 꺼내 실험실에서 훈련시켜 다시 주사하는 '면역세포 치료제'다. 다양한 방법이 있다. (1) 암 덩어리 침투 면역세포[TIL]를 골라 수를 불려 다시 주사하는 방법, (2) 귀환 암세포로 암세포를 잡는 방법, (3) 면역세포에 암세포 유전자를 심어 암세포를 알아보게 하는 방법[CAR-T]이 있다.

하지만 면역세포 주사 방법은 치명적 단점이 있다. 1회용이다. 주입 면역세포는 암세포를 죽이고 나면 사라진다. 주입 한 달 뒤 숫자는 1% 미만까지도 떨어진다. 무엇보다 '뼈에 사무치는' 기억세포가 만들어지지 않는다. 따라서 재발, 전이를 막지 못한다.

게다가 인위적으로 면역세포를 주사하면 부작용이 생긴다. 가장 자연스러운 방법은 인체 면역을 그대로 모방하는 것이다. 즉 암세포 명찰(항원)을 주사해서 면역을 깨워야 한다. 그래야 남아 있는 암세포를 죽이고 기억한다. 물론 명찰을 바꾸거나 없앤 변이 '내성' 암세포가 생길 수 있다. 대응책은 '최대한 많은' 명찰을 기억하도록 해야 한다. 수십 개 명찰을 한꺼번에 바꾸는 변이 암세포가 생기기는 쉽지 않다. 또한 다른 종류 항암제와 병행 사용해서 암세포에 변화할 틈을 주지 말아야 한다. 현재 3,042개 면역 항암제 임상 중 1,105개가 두 종류 이상을 동시 투여한다.

Q&A

Q1. 3세대 항암제의 단점은 없나요?

A. 3세대 항암제는 암세포를 파괴하는 면역T세포를 활성화하는 항암제입니다. 1, 2세대 항암제의 부작용이 줄어 현재까지는 매우 좋은 항암 효과를 보이고 있습니다만, 가격이 비싸다는 점이 큰 단점으로 꼽히고 있습니다.

Q2. 면역세포 주입 치료법의 단점이 무엇인가요?

A. 외부에서 면역세포를 인공적으로 주입하는 것은 면역계의 밸런스를 깨트릴 수 있습니다. 즉 갑자기 특정 면역세포가 인공적으로 많아지면 부작용이 발생할 수도 있습니다. 또한 한 번 주입된 면역세포는 기간이 오래 갑니다. 효과가 길어지는 장점도 있겠지만 부작용이 생기면 면역세포 숫자를 조절할 수 없다는 단점도 있습니다.

줄기세포 치료제 1: 도파민 '이웃사촌'의 변신에 파킨슨병 치료 길이 있다

코로나가 오래되면서 정신도 흐트러진다. 두뇌가 흐트러져 병이 된 경우도 있다. 제2차 세계대전 중 히틀러는 파킨슨병에 걸려 있었다. 그래서 판단도 흐려지고 더 광폭해져서 러시아 침공을 밀어붙였고 수십만 병사를 시베리아 혹한에 죽였다. 파킨슨은 두뇌세포가 서서히 죽어가면서 운동기능에 이상이 생긴다. 이를 치료할 방법은 없을까. 있다. 세포 자체를 살리는 거다. 파킨슨이 생긴 두뇌 지역의 일반세포를 줄기세포로 전환하고 병든 파킨슨병 세포를 교체하는 거다.

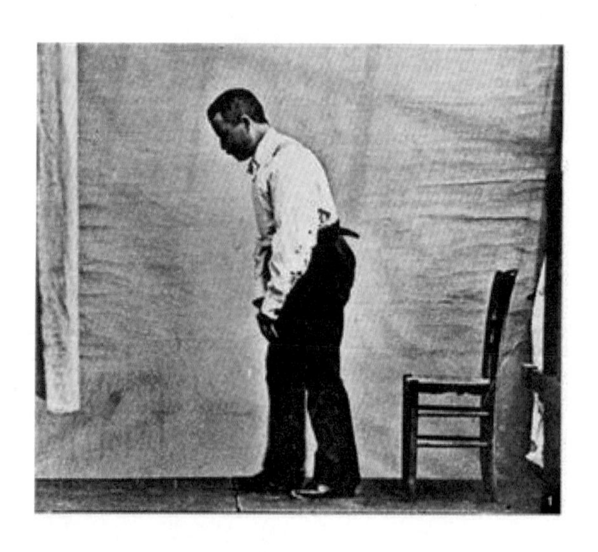

전형적인 파킨슨 환자의 모습(구부정한 허리, 떨리는 손, 걷기 힘든 발)

전설의 복서 무함마드 알리는 파킨슨병을 전 세계에 알렸다. 1996년 올림픽 성화 주자로 나선 그의 등은 구부정했고 손은 덜덜 떨렸으며 발은 돌을 매단 듯했다. 파킨슨병은 치매 다음으로 많이 발생하는 퇴행성 두뇌 질환, 즉 두뇌세포가 죽어가는 병이다. 성인 1,000명 중 1~2명이 걸린다. 주로 60대 이후 발생한다. 수명 단축보다는 후유증이 문제다. 걷기가 힘들어져 낙상하거나 치매·우울증·분노를 동반해서 삶의 질이 급격히 떨어진다. 무엇보다 발병 원인을 잘 모르고 마땅한 치료법·예방법이 없다는 것이 우리를 불안하게 만든다. 두뇌를 손바닥처럼 들여다보고 세포 DNA를 자유자재로 다루는 21세기 첨단과학은 파킨슨병에 묘안이 없는 걸까?

저명 학술지 〈네이처 바이오테크놀로지〉에 실린 연구 결과는 파킨슨 치료에 새로운 희망을 보여 주었다. 스웨덴 연구진이 죽은 세포를 대체하는 새로운 뇌세포를 두뇌에서 직접 만들었다. 덕분에 파킨슨 쥐는 정상 쥐처럼 이리저리 잘 돌아다녔다. 어떻게 이런 방법이 가능한 것일까?

파킨슨에 걸린 히틀러 광폭해져

파킨슨 환자는 근육을 움직이는 두뇌 도파민이 낮아져 있다. 두뇌 흑질 부위 도파민 생산세포가 죽기 때문이다. 연구진은 이웃사촌 격인 성상세포를 변화시켰다. 성상세포는 도파민세포에 영양을 공급하는 보조세포다. 이 세포에 4개의 유전자 세트를 집어넣어 도파민 생산세포로 전환했다. 이 방법은 병 진행을 지연시키는 미봉책이 아니라 정상세포를 만드는 근본 치료책이다. 하지만 축배는 아직 이르다. 쥐 실험 결과가 사람에게 적용되려면 시간이 걸린다.

두뇌 도파민 경로

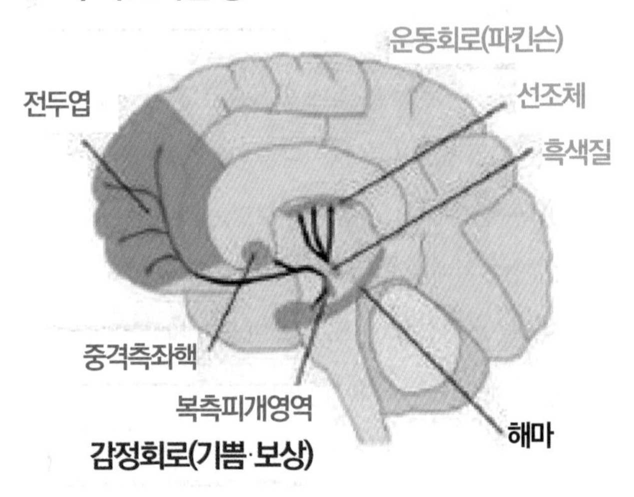

[운동회로] 흑색질 생산 도파민은 선조체로 이동하면서 운동을 관장한다.
[감정회로] 복측피개영역에서 생산, 중격측좌핵, 전두엽으로 이동하면서 기쁨과 보상을 담당한다

도파민은 두뇌 2군데(흑질, 복측피개영역)에서 만들어져 각각 2개의 회로(운동, 감정)를 조절한다. 짝짓기 할 때도 만들어진다. 힘들여 작품을 완성했을 때도 생성된다. 높은 도파민은 사람을 잘 움직이고 의욕에 넘치게 한다. 반면 낮은 도파민은 보행을 힘들게, 생기를 잃게, 판단을 흐리게 한다. 판단이 흐려져 전쟁이 빨리 끝났다는 아이러니도 있다. 아돌프 히틀러다.

1931년, 44세의 히틀러는 이미 파킨슨병 초기였다. 왼손을 거의 움직이지 못했고 보행 자세가 이상했다. 당시 주치의는 강력 마약성 환각제인 메탐페타민(히로뽕)을 자주 처방했다. 이것이 파킨슨병을 급속히 악화시켰다. 집권 후반 히틀러는 더 광폭하고 냉혹하게 변했다. 많은 유대인을 처형

했다. 파킨슨병은 히틀러의 판단도 흐리게 했다. 참모들 반대에도 불구하고 1942년 소련(현 러시아) 침공을 감행한다. 48만 독일군이 스탈린그라드 전투와 시베리아 벌판에서 얼어 죽었다. 파킨슨병이 단순히 근육 운동만을 떨어뜨리는 것이 아니라 판단 능력 감소, 감정 조절 어려움을 동반한다는 이야기다.

파킨슨병은 1817년 이를 처음 보고한 영국 의사 제임스 파킨슨에서 유래한다. 진단은 3가지다. 뻣뻣한 몸, 떨리는 손, 어정쩡한 걸음이다. 도파민 원료물질(레보도파) 투약 시 도파민이 많이 만들어져 운동성이 좋아진다면 파킨슨이 거의 확실하다. 이런 신체 증상만으로도 90% 정확하게 진단할 만큼 파킨슨 증상은 눈에 띈다. 인도 고대 의학인 아이유베다와 이집트 파피루스 종이에도 이미 비슷한 증상이 보고되어 있다. 신통한 것은 기원전 5000년쯤 인도 사람들이 손 떨림 증상에 사용해 왔던 약초(뮤카나)에 현재 파킨슨 치료약인 레보도파 성분이 다량 들어 있다는 점이다. 레보도파가 파킨슨 치료제로 사용되기 시작한 것은 50년 전이다.

먹는 약 , 증상 완화시키지만 치료 안 돼

파킨슨병은 근육 운동을 시키는 도파민이 덜 만들어져 생긴다. 도파민 원료물질(레보도파)을 먹어서 도파민을 많이 만들게 하거나 뇌 수술을 하는 것이 현재 나온 대응책이다. 레보도파 약은 4시간 정도 약효가 지속된다. 처음 3시간은 높아진 도파민으로 젊은 청년 같다. 이후 30분은 중년으로, 남은 30분은 70대 노인처럼 몸이 처진다. 먹는 약은 증상을 완화시키지만 치료는 안 된다. 오히려 장기 복용 내성으로 온몸이 떨리는 부작용도

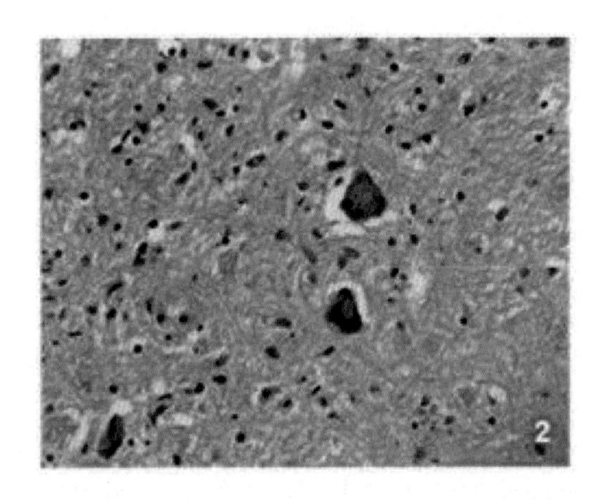

파킨슨 뇌세포(흑질 부위) 루이소체(갈색, 알파큐늘레인 단백질 엉김체)

종종 발생한다. 뇌 수술은 뇌 깊숙한 곳(시상하핵)에 전극을 꽂고 가슴 삽입 배터리로 근육을 자극해서 움직이게 만든다. 이 수술로 증상이 60% 해소되며 약도 50% 줄일 수 있다. 하지만 약·수술은 증상 완화용일 뿐 근본 치료책은 아니다. 근본 치료는 우선 원인부터 알아야 한다.

파킨슨은 하루아침이 아닌 20년에 걸쳐 진행되는 병이다. 도파민 세포가 30% 줄어도 증상이 나타나지 않는다. 알츠하이머 치매처럼 증상이 나타날 때는 너무 많이 진행되어 치료가 힘들다. 문제는 도파민 생성 뇌세포 수가 다 합쳐서 40만 개(전체 두뇌세포 860억 개)밖에 안 되고 그나마 손상이 쉽고 재생이 어렵다는 점이다. 손상은 세포 발전소(미토콘드리아)에서 주로 발생한다.

파킨슨 환자 15%가 가족력, 즉 유전자와 관련돼 있다. 환자 중 5%는 유전자[SNCA]가 변종이다. 이 유전자 변종은 세포 내에 단백질 뭉치(알파시누클레인)인 루이소체를 만든다. 비정상 단백질 뭉치가 만들어지면 정상인은 이걸 분해해 버린다. 하지만 변종 유전자 보유자는 비정상 단백질 분해 장치도 고장 나 있다. 알츠하이머 치매 환자도 단백질 뭉치(베타아밀로이드, 타우)가 있다. 나이에 따라 비정상 단백질이 많이 만들어지고 늦게 제거된다. 오래 살수록 두뇌 인지 관련 질병을 앓을 확률이 높아지는 이유다. 하지만 젊은 나이에도 파킨슨은 찾아온다.

영화 〈백 투 더 퓨처〉(1985, 미국)에서 타임머신을 타고 공간을 날아다니던 주인공 마이클 폭스는 30세에 파킨슨 진단을 받았다. 그는 용감하게 본인 병을 공개했다. 파킨슨병을 세상에 알리기 위해 상원에 약을 먹지 않은 상태로 출석해서 손 떨림, 걷기 힘들어 하는 모습을 그대로 보여 주었다. 55세에는 CBS 인기 드라마 〈굿 와이프〉Good Wife에서 여주인공의 상대편 변호사로 출연했다. 온몸이 떨리는 파킨슨 후유증을 독특한 유머로 시청자에게 알리는 모습이 눈길을 끌었다. 마이클 폭스는 파킨슨재단을 설립, 이번 스웨덴 연구도 지원했다.

스웨덴 연구는 기존 방법과 다르다. 줄기세포를 뇌에 이식하는 기존 방법은 정착도 안 되고 면역 거부도 생겼다. 이번 연구는 이웃사촌인 성상세포를 도파민 생산세포로 변환시킨 것이다. 실험실이 아닌 두뇌 내부에서 바로 변환시키니 효율도 높다. 그런데 어떻게 이미 분화가 끝나서 정해진 일을 하고 있는 세포(성상세포)를 원하는 세포(도파민 생성세포)로 바꿀 수 있을까? 자연에서는 이런 일이 이미 일어나고 있었다. 바로 도마뱀 꼬리다.

도마뱀은 피부세포가 근육세포로 전환

도마뱀은 포식자에게 잡히는 위기 상황에서 꼬리를 끊고 도망간다. 하지만 남아 있던 절단 부위 피부세포가 꼬리 근육세포로 변하면서 꼬리를 다시 만든다. 피부세포가 근육세포로 직접 전환된 셈이다. 이른바 '전환분화trans-differentiation'다. 미물인 도마뱀은 이런 일을 쉽게 해 낸다. 하지만 21세기 최첨단 생명과학은 이제 겨우 도마뱀을 따라 하고 있다.

지금까지는 피부세포를 근육세포로 만들려면 피부세포를 원시 상태인 '역분화 줄기세포'로 먼저 만들었다. 이후 이 역분화 줄기세포를 다시 근육세포로 만들어야 했다. 하지만 원시 상태 역분화 줄기세포로 만들면 오히려 종양으로 쉽게 변할 수도 있다. 반면 전환분화 방법은 두 세포(피부-근육) 간 직접 전환 방법이다. 대전에서 원주를 가려면 먼저 서울로 갔다가 원주로 갔었다. 이젠 대전-원주 직통 도로가 생긴 거다. 원하는 세포

전환분화로 재생된 도마뱀 꼬리

로 직접 바꾸는 방법(전환분화)이 세포 재생 방법으로 각광을 받기 시작했다. 청각 재생도 가능하다.

청각의 핵심인 귓속 달팽이관 유모세포가 죽으면 소리를 못 듣는다. 외부에서 줄기세포를 유모세포로 분화해 달팽이관에 이식하는 방법은 효율이 떨어진다. 대신 유모세포 근처에 있던 사촌 격인 청각 보조세포를 유모세포로 전환분화해 청각을 되찾은 연구가 2017년 보고됐다. 전환분화로 만들어진 세포는 나이가 0살이다. 마찬가지로 전환분화로 만들어진 두뇌 도파민 생성 뇌세포는 아기 세포처럼 어린 세포다. 물론 이 세포도 나이가 들면 다시 파킨슨병 세포가 될 수 있다. 하지만 다시 걸리기까지는 최소 15~20년이 걸릴 터이니 파킨슨병 걱정은 하지 않아도 된다.

파킨슨을 예방할 수 있는 생활 속 방법은 없을까. 있다. 바로 카페인과 중년기 운동이다. 녹차, 커피 속 카페인은 발병을 줄인다. 중년기의 정기적 운동은 두뇌 회백질과 뇌유래 신경영양인자[BNDF]를 늘려 뇌세포 기능을 유지할 뿐만 아니라 향상시킨다. 사실 운동보다 더 중요한 건 병을 대하는 태도다.

미국 유명 칼럼니스트인 마이클 킨슬리는 파킨슨 환자다. 42세에 진단을 받고 8년간 혼자 끙끙 앓았다. 이후 본인 병을 공개하고 70세를 넘어선 지금까지 활발하게 활동하고 있다. 저서 『처음 늙어 보는 사람에게』에서 파킨슨 환자로서 살아온 세월을 유쾌하게 알려 준다. '넘어지지만 마라. 그러면 쉽게 죽지 않는다. 파킨슨 환자 50%가 85세까지 산다. 수명보다는 한 인간으로 죽을 때까지 자존심을 유지하는 것이 중요하다. 무엇보다 홀로가 아닌 가족, 친구들과 함께 노년을 겪으라.' 그의 25년 파킨슨 경험이자 노년 대처 노하우다.

Q&A

Q1. ADHD 증상도 도파민이 부족해서 생기는 건가요?

A. 도파민은 두뇌 두 군데서 생산됩니다. 기쁨회로와 운동회로입니다. 짝짓기, 도박 등 재미있는 일을 하면 기쁨 호르몬이 나옵니다. 중독의 원인이 되기도 하지요. 아이들 중 3~5%가 ADHD(주의결핍 과잉행동장애증후군)라고 할 만큼 흔하다고 할 수 있습니다. 이 증후군은 도파민 조절이 안 돼서 생기는 것으로 알려졌습니다. 즉 도파민 운반수용체가 많아서 도파민 전달이 제대로 되지 않아 도파민이 부족해져서 생긴다고 밝혀져 있습니다.

Q2. 팔뚝 근육이나 눈 밑 근육이 자꾸 떨립니다. 혹시 파킨슨병 초기 증상인가요?

A. 파킨슨병은 도파민 부족으로 발걸음이 떼지지 않는 현상입니다. 운동을 담당하는 뉴런에 도파민이 공급되지 않기 때문이지요. 팔뚝 근육, 눈 밑이 자꾸 떨리는 현상과는 다릅니다. 떨리는 현상은 운동을 갑자기 많이 하거나 심리적 스트레스가 있는 경우 종종 보는 일시적인 현상입니다.

줄기세포 치료제 2: 줄기세포 키우는 플라스틱 용기 바꿔 원하는 세포로 분화

난자와 정자가 만나 수정란이 된다. 이후 수정란은 분열에 분열을 거듭하여 220종류의 세포로 분화하여 두뇌, 피부, 근육이 생긴다. 이런 분화는 지금까지는 '블랙박스' 그 자체였다. 생명의 신비인 이 블랙박스가 조금씩 열리고 있다. 줄기세포 연구 덕분이다. 줄기세포는 바로 수정란 같다. 어떤 세포로도 변한다. 끊어진 척추를 이으려면 줄기세포가 척추신경세포로 변해야 한다. 어떻게 가능할까.

줄기세포 치료제가 시판 단계에 들어서고 있다. 하지만 얼굴·가슴 성형에 쓰인다는 지방 줄기세포 주사가 제대로인지 불안하다. 내 아이를 위해 탯줄(제대혈 줄기세포)을 보관해야 할까. 노화된 망막도 줄기세포로 새로 교체한다지만 내 몸속 줄기세포도 늙지 않을까. 무엇이 줄기세포 치료 핵심일까. 두 사건을 보면 답이 나온다.

악몽은 21살 생일에 시작됐다. 2016년 미국 캘리포니아 베이커 필드 근교에서 빗길에 미끄러진 차가 나무를 들이받았다. 청년 크리스는 이 운전 사고로 목뼈가 부러졌다. 응급실 의사는 크리스가 목 아래 마비 상태로 평생을 지낼 거라 예측했다. 하지만 예측은 빗나갔다. 미국 남가주(USC) 대학 찰스 류 교수가 1,000만 개 줄기세포가 들어 있는 치료제를 목뼈 부

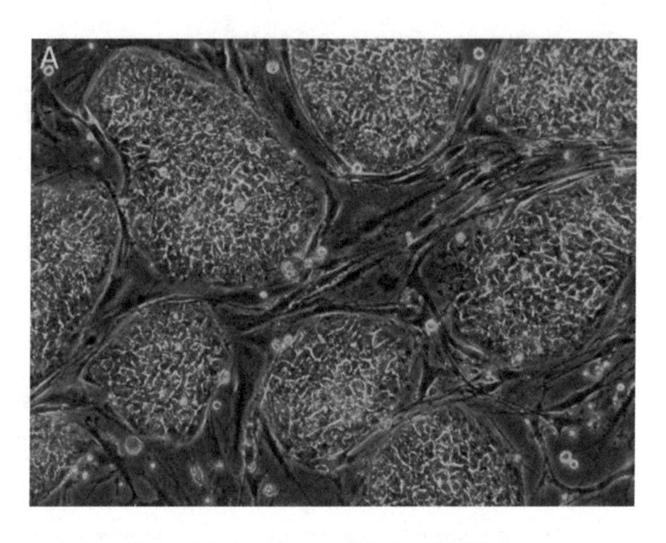

배아 줄기세포는 여러 가지 인체 세포로 분화된다

위에 주사했다. 2주 후부터 몸에 변화가 생겼다. 3개월 후 크리스는 식사도, 통화도 혼자 한다. 주입한 줄기세포가 척추세포로 정확하게 '변신'한 덕분이다.

2015년 미국 플로리다에서 여성 3명이 노화 망막을 치료하려고 줄기세포 주사를 맞았다. 하지만 남아 있던 시력마저 완전 상실, 영구 실명됐다. 주사한 줄기세포가 망막세포 대신 안구근육세포로 변했기 때문이다. 드물지만, 이런 의료 사고 소식은 줄기세포 연구자들을 주춤하게 만든다.

임상 후기 단계, 미국 FDA 공인 치료제는 5개

20년 전부터 연구가 본격적으로 시작된 줄기세포는 이제 임상 후기 단계로 곧 시판에 들어간다. 국내에서 임상 실험 중인 치료제만 19종이다.

하지만 미국 식품의약국FDA이 공인한 치료제는 5개, 그것도 변신 능력이 가장 약한 제대혈(탯줄) 유래 줄기세포뿐이다. 왜 좀 더 강력한 줄기세포들, 예를 들면 배아 줄기세포는 허가가 나지 않았을까? 허가의 핵심은 원하는 세포로 정확하게 변신시키는 '분화分化' 기술이다.

저명 학술지 〈바이오테크놀로지 최신 경향〉에는 '신개념' 줄기세포 분화 기술이 발표됐다. 줄기세포를 키우는 플라스틱 용기 종류만 바꾸면 줄기세포가 신경세포, 관절세포, 근육세포 등 원하는 대로 분화된다. 어떻게 이게 가능할까?

부산 학회 발표장에서 논문 「신개념 분화 기술」의 저자(일본 오사카 대학, 김미해 교수)와 식사를 했다. 어디에서 그런 아이디어가 나왔느냐고 질문하

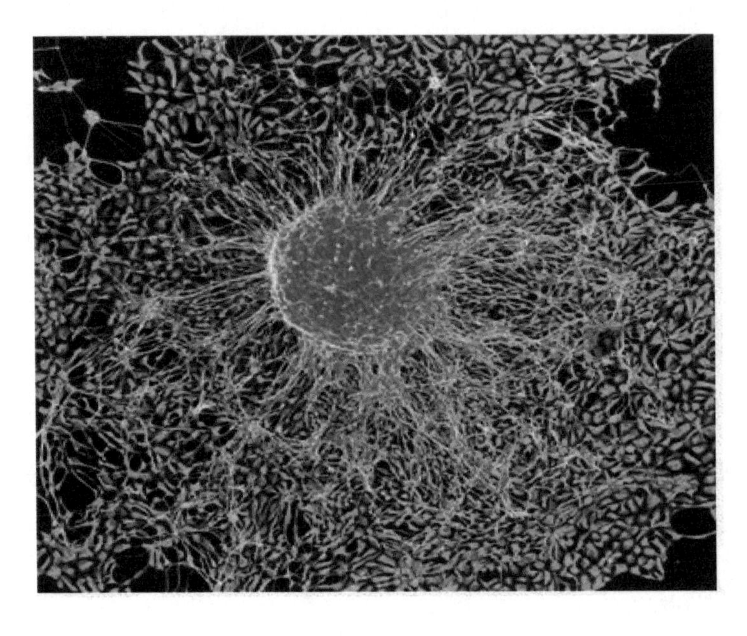

뇌세포로 분화 중인 배아 줄기세포

자 지나가던 산모를 가리킨다. 수정란에서 시작된 태아 생성에 그 답이 있다는 몸짓이다.

수정란은 분열하면서 피부·근육·신경 등 다양한 220종류의 세포로 분화한다. 이 세포들로 장기가 만들어지고 태아가 완성된다. 한 개의 수정란에서 분열했으니 모두 같은 유전자를 가진 세포들인데 어떻게 모양도, 기능도 전혀 다른 피부세포, 심장세포로 변할 수 있을까. 이 분화 비밀을 안다면 줄기세포를 원하는 세포로 한 치의 오차도 없이 정확히 분화할 수 있다. 일본 연구진이 뚫어지게 들여다본 부분은 수정란이 분열하면서 세포 각각에 가해지는 '물리적 힘'이었다.

수정란은 자궁에 착상하여 분열을 시작한다. 4주에 걸쳐 세포 수가 불어나는 배아[embryo] 초기 단계가 된다. 수백 개로 불어난 세포 일부는 배아 외벽을, 나머지는 내부세포 덩어리가 된다. 내부세포 덩어리는 안으로 밀려 접히면서 3개의 층(3배엽)을 형성한다. 여기서부터가 분화 핵심이다. 어느 층, 어느 위치에 있는가에 따라 세포 하나하나에 미치는 물리적 힘과 화학성분이 달라진다.

배아 속 내부세포들은 같은 유전자지만 위치에 따라 '평생' 운명이 달라진다. 바깥 부분(외배엽)은 피부·신경세포로, 가운데 부분(중배엽)은 근육·뼈세포로, 내부(내배엽)는 소화·호흡세포로 분화한다.

줄기세포에 힘이 달리 가해지도록 해보자. 그러면 힘에 따라 각각 다른 세포로 분화할 것이다. 예상은 적중했다. 세포가 붙어 자라는 바닥 플라스틱 종류를 바꾸었더니 세포를 당기는 힘이 변했다. 줄기세포도 여러 종류 세포로 변했다.

세포 당겨지는 과정에서 '대못' 잘못 박힐 수도

세포벽이 당겨지면 여기에 붙어 있던 끈(접착단백질)이 DNA를 둘러싼 다른 끈(히스톤)을 당긴다. 당겨지는 정도에 따라 DNA가 작동하거나 스톱된다. 이 과정에서 '대못'이 DNA에 박혀 세포 '운명'이 결정된다. 한 번 박힌 대못이 빠지면 큰일 난다. 만약 심장근육을 평생 만들던 놈이 갑자기 모발을 만드는 놈으로 변한다면 '심장에 털'이 날 수도 있다. 잘못하면 플로리다 의료 사고처럼 망막세포로 변해야 할 놈이 근육세포로 변해 실명된다.

더 좋은 방법은 없을까. 몸 구석구석을 둘러봤다. 뇌는 두부처럼 연하다. 만약 줄기세포를 두부 같은 곳에서 키우면 두뇌세포로 변할까? 줄기세포가 흐물흐물한 순두부 같은 환경에서는 두뇌세포로, 말랑말랑한 젤리에서는 무릎 연골세포로, 딱딱한 판에서는 뼈세포로 각각 분화했다. 줄기세포를 키우는 '환경'이 분화 핵심이라는 뜻이다.

현재 진행 중인 줄기세포 임상 실험 수는 전 세계 4,109개다. 그중 2%만이 배아 줄기세포다. 나머지는 분화능이 낮은 '다능' 성체 줄기세포(중간엽; 62%, 제대혈·골수; 20%)다. 성체 줄기세포는 지방이나 제대혈에서 뽑아낸다. 이놈들은 분화능력이 약하지만 그만큼 안전하다.

이제 줄기세포는 산업화 단계에 있다. 이 치료제로 고장 난 부위(심장병·파킨슨·알츠하이머·망막 이상·폐질환·척추 손상·이상 췌장)에 직접 주사해서 치료할 수 있다.

사고 후 크리스는 "이 불확실한 임상 실험에 내 몸을 맡긴 이유는 단 하나다. 도전해야 얻을 수 있기 때문이다"라고 말했다.

Q&A

Q1. 줄기세포에도 종류가 있나요?

A. 줄기세포는 그 세포의 유래에 따라 인간 배아를 이용한 배아 줄기세포embryonic stem cells, 혈구세포를 끊임없이 만드는 골수세포와 같은 성체 줄기세포adult stem cells, 인간 체세포를 이용한 만능 유도(역분화) 줄기세포iPS cells 등의 종류가 있습니다.

Q2. 국내에도 제대혈을 보관해주는 회사가 있나요?

A. 국내에도 대표적으로 메디포스트와 같은 회사에서 제대혈 보관 서비스 및 줄기세포 치료제 연구를 진행하고 있습니다.

Q3. 세포가 물리적 힘에 따라 변하는 건가요?

A. 얼굴을 막대 등으로 밀어주면 주름이 없어진다는 속설이 있었습니다. 국내 화장품 회사가 이를 확인하고자 과학기술원 기계과에 이를 확인하는 연구를 의뢰했습니다. 연구 방법은 피부세포를 키우면서 그 위에 작은 유리구슬을 굴려서 기계적 자극을 주는 방법이었습니다. 그 결과 기계적 자극이 유전자 작동에 영향을 준다는 사실을 알아냈습니다. 피부에 기계적 자극을 주면 피부 진피세포가 콜라겐 등을 더 만들어서 주름을 없앨 수 있음을 확인한 것입니다.

Q4. 배아세포 분화 과정이 완전히 밝혀졌나요?

A. 배아세포는 분화를 통해 태아로 태어납니다. 이 과정이 조금씩 밝혀지고 있습니다. 이 과정은 줄기세포를 원하는 세포로 변화시키는 데 아주 중요한 정보를 제공합니다. 줄기세포에 물리적 자극이 변하는 분화가 달라진다는 것은 최근 연구 결과입니다. 화학물질을 처리하면 분화 과정을 조절할 수 있습니다. 분화는 인간 탄생의 최후의 블랙박스입니다.

3장

첨단 바이오, 세상을 바꾼다

두뇌는 최후 보루다. 노화, 치매로부터 지켜야 한다. 수면 부족의 두뇌세포 내부를 현미경처럼 들여다볼 수 있다. 수면 부족으로 염증이 발생하고 이것이 치매를 만드는 게 보인다. 더불어 무엇이 두뇌신경망을 튼튼하게 하는지 마술사처럼 집어낸다.

이제는 뇌세포뿐 아니라 어떤 세포도 외부에서 원하는 대로 바꿀 수 있다. 첨단 바이오 기술은 다양한 분야로 뻗어나간다. 키가 훤칠한 맞춤형 아기도 산모를 유혹한다. 이런 유전자 편집 기술이면 불치병인 난청도 세포를 재생해 고칠 수 있다. 지문, 홍채 인식을 넘어서는 두뇌파 이용 해킹 방지는 어떤 해킹도 뚫을 수 없다. 천재지변, 그중에서도 지진을 막을 방도를 찾아 과학은 동물들의 지진 전조 증상 탐지기능을 파고든다. 첨단과학이 인류의 삶을 한 단계 업그레이드 시킨다.

3-1

수면 부족 → 뇌세포 해마 고장 → 단기 기억 상실 → 치매

코로나에는 튼튼한 면역이 최고다. 예로부터 잠은 보약이라고 했다. 실제로 잠을 못 자면 무슨 일이 생길까. 두뇌는 수면에 민감하다. 잠은 두뇌에 쌓인 노폐물을 처리하는 과정이기 때문이다. 노폐물이 처리되지 않으면 염증이 발생한다. 뇌세포 연결이 매끄럽지 않다. 특히 해마 부위가 문제다. 단기 기억에 문제가 생긴다. 사람들은 이걸 알츠하이머 치매라고 부른다.

평소 밝던 H 여사장의 얼굴이 어둡다. 눈 아래 다크서클로 칙칙하기까지 하다. 잠을 설쳤단다. 스마트폰 두뇌 테스트 결과가 '치매 위험' 점수였다. 치매를 앓고 있는 모친 생각에 유전일지 걱정이란다.

국내 성인이 가장 두려워하는 병은 무얼까. 암? 아니다. 조기진단 암은 완치율이 90%를 넘는다. 국내 40대 성인이 가장 두려워하는 건 치매다. 치매는 주로 60대부터 나타난다. 하지만 40대에 이미 시작되고 있었다. 모르고 있을 뿐이다. 어제 간 식당 이름이 기억나지 않고 같은 이야기를 반복한다. 이런 전형적인 치매 증상이 나타나면 되돌리기에는 이미 늦었다.

치매는 기억만 가물가물해지는 병이 아니다. 미국인 사망 원인 6위다. 진단 후 8~10년 사이 사망하는 무서운 병이다. 치매는 치료제가 없다. 현재 400건의 치매 치료제가 임상 중이지만 미국 식품의약국FDA이 승인한 건 5개뿐, 그나마 치료가 아닌 초기 증상 완화제다. 유일한 예방책은 조기 진단에 의한 사전대비다. 인공위성을 화성에 착륙시킨 첨단 과학이 치매를 치료할 수 있을까. 최근의 연구는 희망이 보인다. 조기진단 실마리를 찾았다. 무엇보다 사라진 기억을 되살릴 수 있다. 핵심은 숙면熟眠이다.

치매 환자 뇌의 생체시계 뒤죽박죽

하룻밤 설치고 나면 다크서클이 생긴다. 눈 아래 얇은 피부 속 정맥혈관들이 일시적으로 확장되면서 눈 밑이 검게 보인다. 왜 혈관이 확장될까. 면역의 한 종류인 염증 반응 때문이다.

다크서클은 일시적이다. 금방 사라진다. 진짜 문제는 뇌다. 수면 부족

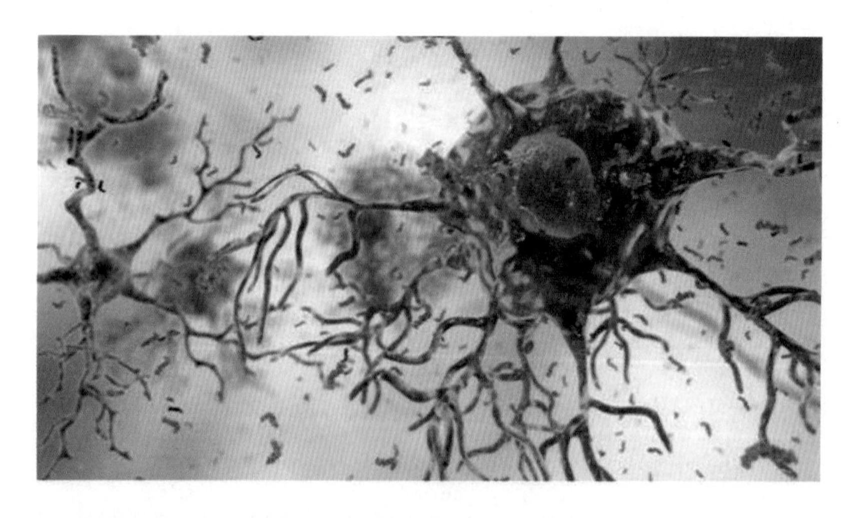

뇌세포 사이사이 노폐물(작은 조각들: 아밀로이드, 타우 단백질)이 청소되지 못하고 만성염증을 일으켜 뇌세포를 죽인다

이 염증 반응을 일으키고 이게 치매물질을 만든다. 2019년 저명 학술지 〈사이언스〉에 의하면 잠을 제대로 못 자면 치매물질이 급속도로 생겨 퍼진다. 연구진이 잠을 못 잔 쥐의 뇌세포를 조사해 보니 정상 수면 쥐보다 치매물질(타우) 농도가 2배 높아져 있었다. 특히 단기 기억 부위인 해마가 수면 부족에 직격탄을 맞았다. 해마에서 시작된 치매물질은 쓰나미처럼 전체 뇌로 퍼져나갔다.

타우, 아밀로이드는 치매 주범이다. 둘 다 정상 뇌세포에서 생산되지만 여러 이유로 변형·축적된다. 이놈들이 뇌세포(뉴런) 사이의 신호 전달을 막고 결국 뇌세포를 죽인다. 이게 알츠하이머 치매다. 치매의 60%에 해당한

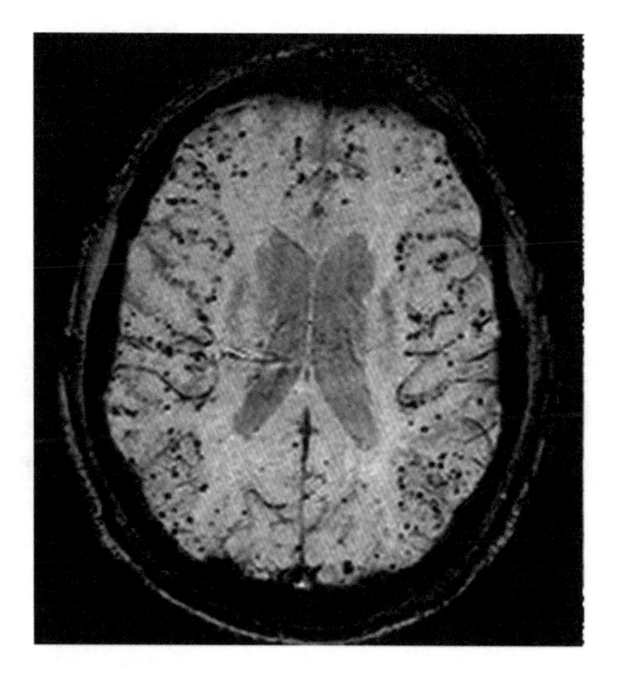

뇌 속 치매 덩어리(검은 점·아밀로이드 단백질)

다. 나머지 25%는 뇌 모세혈관이 막히는 혈관성 치매다. 알츠하이머 치매 원인은 1% 유전, 99% 환경(생활습관)이다.

이번 〈사이언스〉 논문은 생활습관 중 잠 부족이 치매 주범임을 밝혔다. 즉 수면 부족이 뇌세포에 염증을 일으키고 이로 인해 뇌 단백질(아밀로이드·타우)이 엉겨서 치매를 유발한다는 이야기다. 쥐 연구다. 사람도 같을까.

치매로 사망한 환자 뇌를 직접 꺼내 조사해 보니 생체시계가 뒤죽박죽이다. 결국 수면 부족이 해마 내부 생체시계를 망가뜨려 잠 못 자는 악순환이 거듭된다. 해마가 망가지면 단기 기억도 할 수 없다. 기억하려면 잠이 필수인 이유다. 사건 전날과 다음날 숙면을 해야 해마 단기 기억회로가 튼

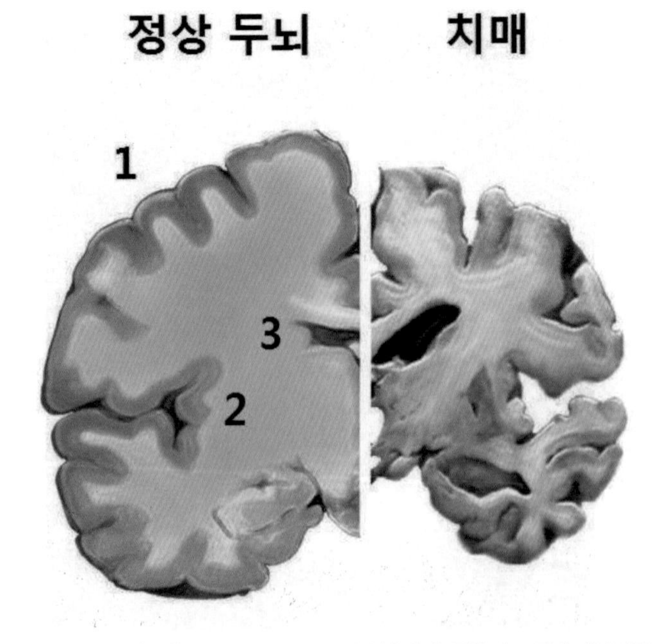

치매 환자. 정상(왼쪽)에 비해 뇌세포가 죽어 위축됐다. 종합 사고 담당 대뇌피질 ①, 단기 기억 해마②가 졸아들었고 뇌 사이 공간③이 넓어졌다

튼해진다. 수면 부족과 치매가 연결되어 있다는 증거는 유전자에서도 확인된다. 즉 대표적인 치매 유전자[Apoe4] 보유자 1,264명을 조사해 보니 40% 이상 수면 부족 증상을 보였다. 수면이 치매와 직결되어 있다면 이를 이용한 조기 진단은 가능할까.

미국 워싱턴 의대 연구진은 정상적으로 보이는 사람도 혈액 속에 치매 물질이 쌓여 있음을 수면 뇌파 검사로 정확하게 예측했다. 연구진은 치매 증상이 전혀 없는 60세 이상 노인 119명의 수면 패턴을 조사했다. 깊은 잠(논렘수면)을 못 자는 사람들에게선 증세가 없다 뿐이지 이미 치매물질이 쌓이기 시작했다. 이제 간단히 헤드셋을 쓰고 수면 뇌파를 검사하면 치매 조기진단을 할 수 있다.

그럼 치매는 날아간 화살인가. 돌이킬 수 없는 걸까. 최첨단과학은 되살릴 수 있다고 이야기한다.

예방법은 운동·건강식·깊은 수면

2019년 미국 버펄로 대학 연구진은 주사 한 방으로 치매 쥐의 기억을 다시 살려냈다. 연구진은 치매 99%가 평상시 생활습관에서 발생한다는 것에 힌트를 얻었다. 평상시 생활습관은 구체적으로 DNA에 흔적을 남긴다. 즉 DNA에 꼬리표(메틸, 에틸기)가 붙는다. 꼬리표가 붙는 방식에 따라 DNA 작동 여부가 결정된다. 치매 원인 중 하나는 뇌세포 신호물질(글루타메이트 수용체)을 만드는 DNA에 꼬리표가 잘못 붙어 신호 전달이 안 되는 경우다. 버펄로 대학 연구진은 주사 한 방으로 이 꼬리표를 떼어냈다. 그러자 DNA가 정상 작동했고 신호물질이 제대로 만들어져 기억이 다시 살아났다. 치매 치료에 희망이 보인다. 하지만 쥐 실험 결과다. 인간에게 적용되어 치매를 역전시키려면 시간이 걸린다. 가라앉는 보트의 물을 퍼내기보다는 구멍이 안 생기게 하는 예방이 최선이다. 40대는 무얼 해야 하나.

무엇이 보트에 구멍을 낼까. 과학자들이 꼽은 가장 큰 치매 위험인자는 고혈압·비만(40대), 우울증·청각 상실·수면 부족(60대)이다. 그럼 무엇이 보트를 단단하게 할까.

하버드 의대 보고서에 따르면 가장 확실한 치매 예방법은 운동, 건강식, 깊은 수면이다. 1주 3~4회 30분 땀 흘릴 정도의 운동량이다. 식사는 지중해식(신선 야채·통곡물·생선·우유·붉은 쇠고기), 수면은 7~8시간 숙면을 하면 치매물질이 제거된다. 낮잠은 필요시에만 15분 이내로 자라. 길면 수면을 방해한다. 고스톱은 어떨까. 새로운 것을 배우거나 신문을 읽거나 하는 것같이 무언가를 하는 사회활동은 뇌 속 신경전달물질[BNDF]을 높이고 뇌세포 연결을 튼튼하게 하고 두뇌 위축을 막는다. 3,294명을 실험한 결과 사회활동은 치매를 33% 감소시켰다. 연구진들은 사회활동의 양보다는 질, 즉 적더라도 맘 맞는 친구들과의 만남, 무엇보다 본인이 좋아하는 활동을 추천한다. 91세에 사망하기 전까지도 왕성하게 그림을 그렸던 피카소, 94세까지 피아니스트로 활동한 루빈슈타인, 모두 치매와는 거리가 먼 사람들이다.

치매 발병은 나이에 따라 증가한다. 65세 3%, 85세 40%다. 여성이 많은 이유는 수명이 길어서다. 하지만 늙는다고 모두 치매가 되지는 않는다. 나이 들면 기억력은 떨어지지만 정확도는 유지된다. 치매는 비싼 병이다. 장기 요양, 입원해야 한다. 집 요양 환자 3분의 2는 치매 환자다. 평소 건강습관이 최선의 예방법이다. 다크서클이 생겼던 H 여사장처럼 잠을 못 자면 치매 위험이 높아진다. 기억을 잃으면 모든 걸 잃는다. "행복한 인생은 사랑했던 사람들의 기억이다." 헬렌 켈러의 말처럼 좋은 기억을 간직하며 늙는 게 행복이다.

햇볕 아래서 30분 운동이 숙면에 좋아

깊은 잠에 빠지려면 2가지가 딱 맞아야 한다. 생체시계와 육체 피로다. 태양 기준 생체리듬에 따라 두뇌에는 수면호르몬(멜라토닌)이 높아진다. 더불어 낮 동안 육체적 활동으로 피로물질(아데노신)이 축적된다. 이 두 개가 최고점에 도달할 때 수면 스위치가 찰칵 켜진다. 수면 유전자들이 일제히 켜지면서 숙면 상태가 된다. 두 가지를 동시에 만족하려면 햇볕 아래서 30분 운동이 최고다. 텃밭 일도 일석이조다. 주중에 틀어진 생체리듬을 햇볕으로 다시 맞추고 육체 피로를 높인다. 잠들기 전 청색 LED, 두뇌 운동은 피하자. 개인별 잠들기 루틴, 즉 '잠자기 의식'으로 매일 그걸 따라하며 스르륵 잠이 들게 하자.

Q&A

Q1. 치매는 정확히 어떤 병인가요?

A. 치매는 그 자체가 하나의 질환을 의미하는 것은 아니고, 여러 가지 원인에 의한 뇌손상으로 인해 기억력을 위시한 여러 인지기능에 장애가 생겨 예전 수준의 일상생활을 유지할 수 없는 상태를 의미하는 포괄적인 용어입니다. 치매는 일단 정상적으로 성숙한 뇌가 후천적인 외상이나 질병 등 외인에 의하여 손상 또는 파괴되어 전반적으로 지능, 학습, 언어 등의 인지기능과 고등 정신기능이 떨어지는 복합적인 증상을 말합니다.

치매는 나이가 들어감에 따라 급증합니다. 따라서 뇌가 노화되면서 발생하는 전반적인 현상이라고 보는 편이 옳습니다. 최근 연구는 뇌 속 노폐물을 제거하는 자가소화autophagy 과정에 이상이 있으면 생긴다는 연구가 있습니다. 수면 도중에 이런 자가소화가 일어납니다.

Q2. 치매의 정확한 치료법이 있나요?

A. 치매의 치료는 현재까지는 완전한 것은 없습니다. 그러나 새로운 약물 치료제의 개발로 고혈압, 당뇨병처럼 치료가 가능한 질환으로 바뀌어 가고 있습니다.

Q3. DNA에 붙은 꼬리표는 어떻게 확인하나요?

A. DNA 꼬리표는 어떤 유전자가 작동하는지를 결정합니다. 즉 같은 유전자라도 꼬리표에 따라 작동 여부가 변하죠. 따라서 같은 유전자를 가지고 태어난 일란성 쌍둥이라도 사는 환경, 본인이 겪은 경험 등으로 꼬리표가 달리 붙는다면 유전자가 다르게 작동합니다. 그렇게 되면 일란성 쌍둥이라도 외모, 건강, 성격 등이 달라지게 됩니다. 어떤 꼬리표가 어디에 붙어 있는가를 확인하는 방법은 꼬리표 발색 반응을 통해 알 수 있습니다.

3-2

이어폰 난청 급증, 유모세포 재생 기술은 걸음마 단계 : 청각 재생 기술 어디까지 왔나

할아버지 주머니 속의 휴대폰 진동소리를 제일 먼저 듣는 사람은 할아버지가 아니라 손잡고 가던 손자다. 인체의 감각기관 중 가장 예민한 곳이 청각이다. 그만큼 쉽게 망가진다. 노화와 소음이 망가지는 주요 원인이다. 콩알만 한 달팽이관이 소리의 기계적 진동을 전기 신호로 바꾼다. 달팽이관 유모세포의 미세한 섬모가 핵심 부품이다. 이 섬모가 망가지면 끝이다. 난청이 생긴다. 이걸 재생하는 방법은 없을까. 초미세 마이크로폰과 유모세포 재생 기술이 망가진 청각을 고쳐줄 수 있을까.

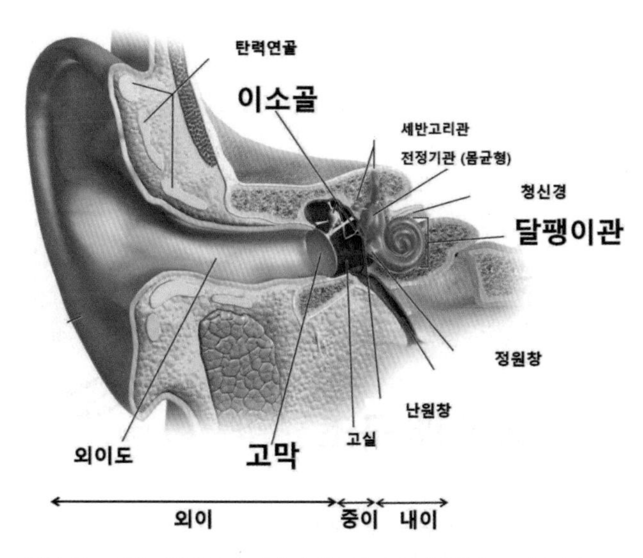

귀의 구조: 소리는 외이도 -> 고막 -> 이소골 -> 달팽이관으로 전달된다

필자의 지인은 '귀' 이야기만 나오면 지금도 가슴을 쓸어내린다. 5년 전 어느 날 대학생 딸이 갑자기 귀가 안 들린다고 했다. 진단 병명은 '돌발성 난청難聽', 즉 원인도 모르게 소리가 안 들렸다. 2년을 이 병원, 저 병원 다녀봤지만 차도가 없었다. 딸은 손짓 발짓, 스마트폰 문자로 가족과 겨우 겨우 소통했다. 미술을 전공했던 그녀는 대학 졸업 무렵 장래 진로를 놓고 혼자 끙끙 앓았다. 극심한 스트레스가 돌발성 난청 원인일 거라는 의사 말이었다. 듣기를 포기하고 지내던 어느 날 그녀 귀가 화끈거리기 시작했다. 그리고 소리가 다시 들렸다. 그것도 완벽하게. 의사는 기적이라 했고 부모는 성령이라며 매일 새벽 기도를 나갔다.

이런 기적은 자주 일어나지 않는다. 청력 손실은 회복이 거의 안 된다. 몸에서 제일 예민한 곳이 청각이고, 예민한 만큼 쉽게 부서지고 한 번 망가지면 회복되지 않는다. 최근 젊은 층 난청 환자가 급증해 병원 난청 환

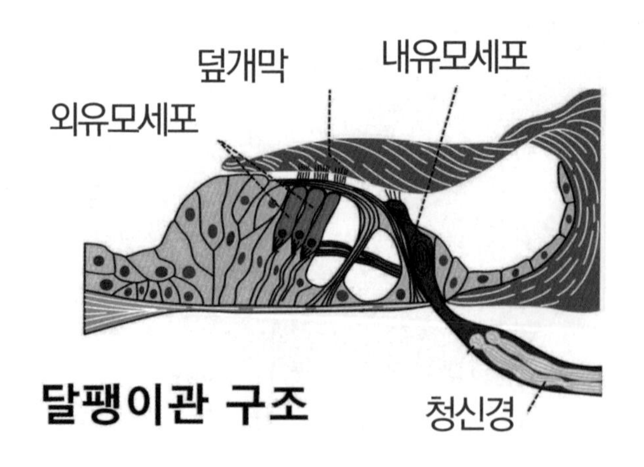

달팽이관 구조. 소리는 덮개막을 진동시켜 유모를 통해 유모세포에 전달된 후 전기 신호를 발생해 신경을 통해 뇌로 전달된다

자 38%가 30대 이하다.

젊은 만큼 귀가 튼튼할 텐데 무슨 이유일까. 원인은 이어폰 소음이다. 반면 대부분 난청은 나이 들면서 생긴다. 30대 이후부터 서서히 청력이 떨어져 60대는 30~40%가 난청, 즉 잘 듣지 못한다. 난청은 잡음이 들리는 '이명'(耳鳴)과 어지러움을 동반하기도 한다. 조금 불편한 정도면 참아도 된다. 하지만 잘 안 들리기 시작하면 주위로부터 점점 멀어진다. 고립되고 소통이 없어지고 자연히 우울증이 따라온다. 치매 비율이 3~4배나 높아진다. 가는귀먹는 건 흔한 일이라고 가볍게 넘길 수 없다. 줄기세포로 췌장·신장을 만들고 초정밀 유전자 가위로 유전병을 고치는 21세기 첨단 과학은 잃어버린 청각을 되찾을 수 있을까.

하버드 의대 연구팀은 귀가 전혀 들리지 않는 선천성 청각장애 쥐에게 청각 유전자를 주사했다. 그러자 전혀 못 듣던 쥐가 속삭이는 작은 소리까지 듣게 됐다(《네이처 바이오테크놀로지》). 심 봉사 눈 뜨듯 귀가 번쩍 뜨이는 이야기다. 이 연구를 하버드 대학 맞은 편에 있는 매사추세츠 공과대학[MIT] 연구팀이 맞받았다. 간단한 두 종류 약을 사용해 쥐의 달팽이관에서 청각 세포를 만들어 냈다. 재생이 안 된다는 청각을 살린 것인가. 희망이 보인다. 하지만 소 잃기 전에 외양간을 튼튼히 해야 한다. 귀의 미로로 들어가 보자.

1만 5,000개 세포 피아노 건반처럼 늘어서

하버드대 연구진이 주사한 청각 유전자는 달팽이관 내 깊숙한 곳 세포에 정확하게 주입됐다. 달팽이관은 청각 핵심기관으로 소리의 기계적 진동을 전기 신호로 바꾸어 뇌로 보낸다. 이곳 유전자가 비정상이었던

달팽이관 내에 늘어선 유모세포(Hairy cell)

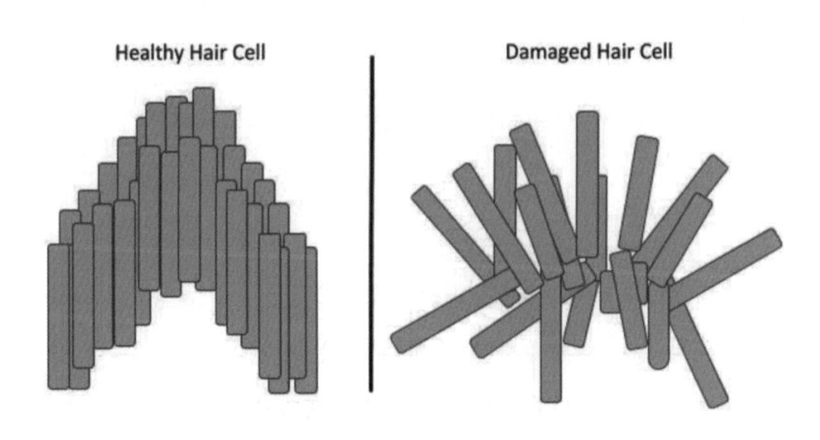

정상유모세포(좌)와 손상된 유모세포(우) 개략도

쥐에게 정상 유전자를 주입하자 소리가 들린 것이다. 청각세포 손상은 선천적·후천적으로 일어난다. 특히 큰 소리를 장기간 듣는 일은 난간에 올라선 어린아이처럼 위험하다.

대학 신입생 오리엔테이션 행사에 참석했던 필자 지인은 양쪽 귀 청력의 반을 잃었다. 강당에 설치된 대형 스피커 앞에서 굉음에 가까운 음악 소리를 무심코 들은 것이 직접적 원인이었다. 이후 전화 통화가 힘들어졌고 주위와 문자로만 소통한다. 여러 명이 함께 이야기하는 큰 공간이 그에게는 가장 힘들다. 시끄러운 파티 장소에서도 상대방 이야기만 정확히 듣게 하는 '칵테일파티 효과' 담당 부위가 망가진 것이다. 에어컨 소리는 처음에는 듣다가 곧 못 느낀다. 꺼지고 나서야 다시 에어컨의 존재를 느끼는 이른바 '배경음 제거' 능력도 떨어졌다. 예민했던 청각이 대형 스피커 굉음으로 상처를 입은 것이다. 큰 소리는 어떻게 상처를 입힐까.

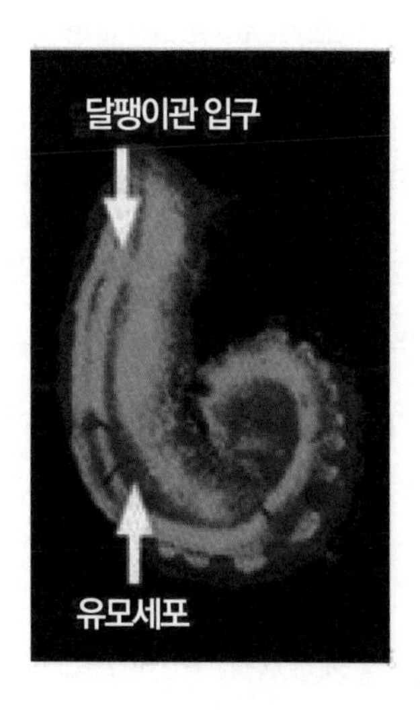

달팽이관 소리는 동굴 속을 통과하면서 늘어선 유모세포들을 진동시킨다

큰 스피커 앞에 물 잔을 놓으면 소리에 물이 흔들린다. 소리는 물결 같은 공기 파동이다. 귓바퀴에서 모아진 소리는 귓구멍(외이)을 통과해서 고막을 진동시킨다. 고막에 붙어 있는 3조각의 뼈(이소골)가 진동을 20dB(데시벨, 소리 단위)로 증폭해서 달팽이관으로 전한다. 달팽이관은 와우(蝸牛), 즉 달팽이 껍데기처럼 말려 있는 작은 동굴이다. 완두콩 정도 크기다. 동굴에는 좁쌀 부피의 림프액이 차 있다. 고막-이소골로 전달된 소리 진동이 달팽이관 동굴 입구를 두들긴다. 림프액이 진동한다. 진동은 동굴 입구에서 출구까지 물결처럼 움직인다.

진동을 전기 신호로 바꾸는 과정은 쇼팽의 즉흥 환상곡 연주를 연상하게 한다. 피아노 건반처럼 1만 5,000개 세포가 달팽이관 입구부터 출구까지 늘어서 있다. 이 건반 위로 소리가 지나간다. 소리 진동 주파수에 맞는 건반만 진동한다. 입구는 고음(8000Hz), 출구는 저음(200Hz)에 건반이 진동한다. 건반에는 가는 실(섬모)들이 세포와 연결되어 있다. 섬모가 움직이면 전기가 발생하고 이 전기 신호가 두뇌로 전달된다. 섬모들이 붙어 있는 세포, 즉 유모세포(有毛, hair cell)가 청각의 핵심이다.

문제는 유모세포들이 예민하다는 것이다. 갑자기 큰 소리가 고막을 진동하면 자체에서 낮추는 임시 방어 기능도 있지만 계속되는 고음에서는 속수무책이다. 계속되는 '펀치'에 유모세포가 시들어 죽는다. 고음, 저음 어느 부분이 먼저 문제가 생길까? 소리가 처음 들어오는 입구의 고음 담당 세포가 소음, 외부 약물에 취약하다. 노인성 난청이 주로 고음부터 시작되는 이유다.

헬렌 켈러는 정상아로 태어났다. 하지만 19개월 때 뇌수막염으로 청력·시력을 모두 잃었다. 듣지도 보지도 못하는 그녀였지만 포기하지 않았

헬렌 켈러(왼쪽)와 가정교사 안네 설리번은 49년 동반자다

다. 7살 때는 식구들과 60개 접촉 신호로 소통했다. 다른 감각도 발전시켰다. 지나가는 사람 발자국 진동 패턴만으로도 나이와 성별을 알 수 있었다. 그녀가 가정교사 '안네 설리번'을 만난 것은 행운이었다. 설리번은 어릴 적 시각장애를 가졌다. 동병상련同病相憐의 선생이다. '물'이란 단어를 가르치기 위해 헬렌 켈러의 손을 냇물에 담그고 손바닥에 'water' 글씨를 썼다. 두 사람은 49년 인생 동지가 된다. 헬렌 컬러는 두 가지 장애를 가지고도 하버드 자매대학(래드클리프)을 졸업했고 유명 작가가 됐다. 이번 하버드 대학 연구는 1,000명당 한 명씩 발생하는 선천 청각장애자에게는 헬렌 켈러 같은 희망을 준다.

연구팀은 사람세포를 들락거리는 아데노 감기 바이러스 유전자 뒤에 정상 청각 유전자를 붙여 달팽이관 입구에 주사했다. 이른바 유전자 치료

Gene Therapy 방법이다. 정상 유전자 주입 방법은 선천성 청각장애를 고칠 수 있다. 후천성 난청은 어떨까? 질병, 대형 스피커 앞 굉음 노출, 높은 볼륨 이어폰, 그리고 노화로 인한 청력 손실 원인의 80%는 망가진 유모세포와 청각신경 때문이다. 유모세포를 새로 만들 수는 없는가?

청각은 잘 들릴 때 지키는 게 최선

MIT 연구팀은 유모세포를 달팽이관에서 재생시키는 방법을 저명 학술지 〈셀 리포트〉Cell Reports에 보고했다. 원리는 간단했다. 달팽이관 유모세포는 보조세포에 둘러싸여 있다. 두 종류의 약만으로 보조세포를 유모세포로 변환시켰다. 서로 다른 세포라도 둘을 전환하는 것은 가능하다. 더구나 두 놈은 같은 청각 계통 사촌 간이라 효율이 더 높다. 연구진은 실험실에서 쥐 달팽이관을 사용했다. 이 원리를 확장한다면 살아 있는 쥐, 더 나아가 사람에게도 같은 효과를 볼 것으로 연구진은 기대한다. 이제 잃어버린 청각을 되찾을 희망이 보인다. 하지만 쥐 실험실 결과가 인간에게 적용되기까지는 넘어야 할 산이 많다. 현명한 방법은 가진 것을 잘 지키기다. 청력 상실, 특히 노년기 청각 상실은 소리보다 더 많은 것을 잃게 한다.

골프를 좋아하던 지인은 요즘 풀이 죽어 있다. 언젠가부터 귀가 잘 안 들리기 시작했다. 필드에서는 캐디와 손짓으로만 겨우 소통한다. 가까이에서 큰 소리로 이야기해야 하고 잘 못 알아들으니 친구들도 그와 이야기하기를 꺼린다. 소리를 높이는 보청기를 사용해 보지만 이것저것 불편하다. 달팽이관 기능을 하는 마이크로폰 형태의 미니 전극인 인공 와우 삽입 수술도 가능하다. 하지만 인공 와우가 분리하는 주파수는 16~22개다.

1만 5,000개 유모세포로 분리, 전달하는 원래 귀를 따라잡기는 쉽지 않다. 청각은 잘 들릴 때 지켜야 한다.

노화·흡연·고혈압도 난청의 원인

난청 원인은 노화·소음·흡연·고혈압 등이다. 특히 소음 노출은 치명적이다. 최근 5년 사이 10대 소음성 난청이 30% 증가했다. 지하철을 타는 젊은 층은 상당수는 이어폰을 끼고 있다. 조용한 곳에서는 40dB이면 잘 들리던 이어폰을 지하철(80dB)에서는 115dB까지도 올린다. 85dB 8시간, 105dB 2시간이면 소음성 난청이 생긴다. 소음을 피해야 한다. 무엇보다 이상 증세가 있으면 병원에서 초기에 대처해야 한다.

옛날 어른들은 '밤에 휘파람을 불면 뱀이나 귀신이 나온다'고 했다. 하지만 뱀은 소리를 잘못 들으니 휘파람 소리에 나오지는 않는다. 진짜 뜻은 모두가 잠든 고요한 밤에 고음의 휘파람 소리는 잠에 못 들게 하니 불지 말라는 이야기다. 예전과 달리 지금은 조용한 곳을 찾기가 힘들다. 그나마 조용한 곳에서도 이어폰으로 고막을 울린다. 귓속 달팽이관은 구석기 시대 그대로다. 하지만 21세기 귀 바깥은 소음 천지다. '늘그막 질병은 모두가 젊었을 때 불러들인 것이다. 그러므로 성할 때 더욱 조심해야 한다.' 노자의 말처럼 청력은 건강할 때 조심해야 한다.

Q&A

Q1. 난청을 예방할 수 있는 습관에는 어떤 것이 있을까요?

A. 귀에 혈액순환이 잘될 수 있도록 혈액순환이 잘 되는 운동을 하는 것, 정기적인 검진으로 고혈압이나 당뇨 등의 질환을 꾸준히 확인하고 조절하는 것, 스트레스, 신경 쓰는 일을 자제하고 가급적 피로가 누적되지 않도록 하는 것, 과도한 소음의 노출을 피하고 소음이 큰 곳에서 오랜 작업을 줄이는 것 등이 있습니다. 또한 신경을 자극하는 음식, 염분이 많은 음식 그리고 커피나 담배 등도 끊는 것이 좋습니다.

Q2. 이명의 원인은 무엇인가요?

A. 이명이란 달팽이관, 청신경, 뇌 등 소리를 감지하는 신경 경로와 이와 연결된 신경 계통에 비정상적인 과민성 등 다양한 원인으로생기는 현상입니다. 제일 흔한 원인은 신경의 노화로 인한 노인성 난청이고, 그 이외에도 소음에 의한 내이 손상, 두부외상, 중이염, 메니에르병 등으로 인해 생길 수도 있습니다.

Q3. 인간과 동물이 들을 수 있는 소리의 영역은 왜 다른가요?

A. 유모세포의 길이가 각 동물마다 다르기 때문입니다. 주요 청각기관인 유모세포의 길이가 다르면 소리를 감지하는 영역도 달라집니다. 코끼리 같은 동물은 유모세포의 길이가 길어서 초저주파 소리에 민감하게 반응하고, 돌고래나 박쥐와 같은 동물은 유모세포의의 길이가 짧아 고주파수에 더욱 잘 반응합니다. 따라서 음파를 감지하는 구실인 유모세포 때문에 동물과 인간의 청각 주파수 크기에 차이가 있습니다.

지문·홍채는 뻥 뚫어도 뇌파는 못 뚫는다: 막겠다는 생체 인식, 뚫겠다는 해킹

SF에 자주 등장하는 장면은 비밀기지에 침투하는 스파이들이다. 이들은 어김없이 보안장치가 달려 있는 출입문을 통과해야 한다. 각종 첨단 기법을 선보인다. 지문이나 홍채 등의 생체 인식이 자주 등장한다. 영화에서는 이 정도의 보안장치는 식은 죽 먹기다. 실제 지문, 홍채는 쉽게 도용이 가능하다. 몸에 있는 것을 열쇠로 사용하는 생체 인식은 이제 모바일에서도 쉽게 쓰인다. 그만큼 중요하다. 어떤 생체 보안이 가장 강력할까.

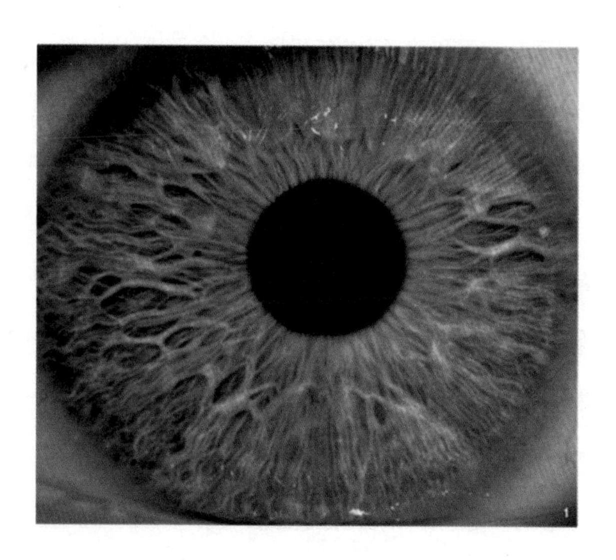

홍채는 동공(흑색) 옆의 조직으로 근육, 색소에 따라 다양한 모양을 가진다

"애들아, 엄마다" 하고 늑대는 문을 두들겼다. 하지만 검은 손, 갈라진 목소리의 늑대를 아기 양들은 문틈으로 알아봤다. 침입에 실패한 늑대는 머리를 짜냈다. 밀가루로 손을 칠하고 꿀로 목소리를 바꾼 늑대 속임수에 그만 덜컥 문이 열리고 말았다. 보안이 뚫렸다. 동화 속 이야기지만 남 이야기가 아니다. 지문 인식을 사용하는 내 사무실, 내 스마트폰은 안전할까. 일란성 쌍둥이도 지문이 다르다고 하니 지문 인식 보안은 완벽해 보인다. 그럴까. 지난 4월 미국 뉴욕대 나시르 교수팀은 8,200개의 지문을 분석했다. 지문의 공통 패턴을 골라내서 '마스터 지문'을 만들었다. 이 마스터 지문으로 여러 종류 스마트폰을 65% 로그인할 수 있었다. 현재 스마트폰 보안 정도는 맘먹으면 뚫을 수 있다는 이야기다. 스마트폰이 아닌 핵미사일 발사 벙커라면?

핵 발사 버튼 누르려 IS가 잠입한다면…

미국 중북부 노스다코타 '미놋' 공군기지. 지하 벙커 깊숙한 곳에 미국 방위 핵심 시설이 있다. 단추 하나로 수백 개 대륙 간 핵탄두 미사일이 발사된다. 세계에서 가장 완벽한 본인 인증이 요구되는 곳이다. 99.99%가 아닌 100% 확실해야 한다. 이곳에 이슬람 국가(IS) 테러리스트가 잠입해 핵 발사 버튼을 누르고, 중국과 러시아가 대응 발사를 해서, 전 세계를 핵으로 초토화할 수 있을까. 상상 속으로 들어가 보자. 핵 발사 담당 A 대위는 가족과 함께 인질로 잡혀 있다. 그의 정문 출입증은 내장된 칩만 복사하면 된다. 얼굴은 3D 프린트한다. 실제로 얼굴 사진과 5만 원을 보내면 3D 프린트된 실리콘 얼굴을 보내 주는 미국 회사도 있다. 한 보안 회사 간부는 이걸 쓰고 본인 회사 얼굴 인식 보안장치도 통과했다고 밝혔다. 핵 통제센터 건물 출입문은 비밀번호와 지문으로 열린다. 비밀번호는 A 대위처럼 가족 목숨이 위협받는 상황이면 쉽게 얻을 수 있다. 요즘은 기억해야 할 비밀번호 개수도 많아서 헷갈린다. 잊어버릴 수 있고 도용도 쉽다. 생체 인식biometric이 유리한 이유다. 몸 자체가 비밀번호 덩어리다. 따로 외우거나 가지고 다니지 않아도 된다. 지문·손 모양·손 정맥·홍채·망막 핏줄·DNA·얼굴 모양은 신체 특징이다. 걸음걸이·음성·타이핑 패턴은 행동 특징이다. 이걸 도용할 수 있을까.

지문은 끊기거나 합쳐지는 특징점 위치를 데이터화한다. 하지만 인터넷에 실리콘·점토로 지문 복사 방법이 올라와 있을 정도로 지문 위조는 쉽다. 실제 2008년 일본 공항 출입국 게이트에 가짜 실리콘 지문을 손가락

지문 특징점(적색)의 종류, 상대적 위치에 따라 다르다

에 입힌 중국 여성이 검거됐다. 다시 상상 속의 미국 지하 핵벙커로 가보자. A 대위 실리콘 지문을 만든 IS 테러리스트는 첫째 관문을 통과, 지하벙커 엘리베이터를 탄다. 엘리베이터는 손바닥 모양과 정맥 인식 스캐너로 열린다. 손바닥 보안은 지문과 같다. 다섯 손가락 상대적 길이, 손금 패턴이 데이터화되어 있다. 이것도 가짜를 만든다. 손은 3D 프린터로, 손금은 실리콘으로 입히면 된다. 극단의 경우 손 자체를 절단해 올 수도 있다. 실제로 말레이시아에서는 차량 절도범이 벤츠 자동차를 훔치기 위해 운전사 손을 절단한 경우도 있다.

손(가락) 정맥 인식은 지문보다 위조가 어렵다. 혈관이 3차원 구조라 2차원 지문처럼 데이터화하기가 쉽지 않고 혈압 따라 혈관 두께가 변하는 단점도 있다. 근적외선으로 정맥 속 헤모글로빈 흡수도를 사진으로 찍는다. 하지만 실제 기계로 읽은 정맥 패턴을 프린트해 기계에 대면 손 정맥으로 인식되기도 한다. 상상 속 IS 요원은 A 대위 손 정맥 패턴을 인쇄한 필름을 입힌 손으로 정맥 인식기를 통과, 엘리베이터에 탑승했다. 엘리베이터를 나오자 긴 복도 옆에 스캐너가 붙어 있다. 걸음걸이 인식이다. 영화 〈미션 임파서블: 로그네이션〉(2015, 미국)에서도 나오는 장면이다. 지문·홍채 같은 신체 특징이 아닌 행동 특성, 즉 사람마다 독특한 걸음걸이를 데이터화한 방식이다. 영화 속에서는 흉내를 못 내서 컴퓨터 속 걸음 패턴 데이터 원본을 교체하여 통과했다. 하지만 실제로 걸음걸이를 본인 인증으로 사용하기는 쉽지 않다. 에러가 많기 때문이다. 좋은 생체 인식 방법은 1) 보편성: 누구나 있고, 2) 유일성: 개인마다 다르고, 3) 영속성: 언제나 일정하고, 4) 획득성: 쉽게 얻을 수 있고, 5) 친화성: 개인 거부감이 없고, 6) 보안성: 위조가 어려워야 한다. 걸음걸이가 매번 일정하기는 쉽지 않다. 보행 패턴은 '내가 나'임을 증명하는 본인 인증보다는 수많은 사람 중에서 독특한 걸음 패턴을 가진 '용의자 찾기'에 적합하다. 음성 인식도 늘 일정치 않아 개인 인식에 사용하기는 어렵다.

이제 마지막 관문, 홍채 인식 장치다. 홍채는 눈 동공을 둘러싼 원 형태 조직이다. 근육·색소에 따라 다양한 색·모양을 가진다. 촬영한 홍채 사진을 데이터화한다. 생후 1~2년에 형성된 후 평생 변치 않고 쌍둥이도 다르며 양쪽 눈이 서로 다르다. 홍채 인식의 탁월함을 보여 준 일화가 있다.

1985년 내셔널지오그래픽 표지 소녀 사진이 전 세계에 아프간 참상을 알렸다. 17년 후 사진기자는 이 소녀를 찾으려 했다. 유명세가 붙은 이 사

17년 전 사진 속 홍채로 본인 인증을 한 아프간 난민 소녀

진이 자기라며 많은 여성들이 몰려왔다. 정확하게 소녀를 골라낸 방법은 바로 17년 전 사진 속 홍채 비교였다. 개인마다 독특하고 변하지 않아 홍채는 생체 인식 보안의 최고봉처럼 보인다. 하지만 창과 방패처럼 해킹 기술은 함께 진화한다. 디지털카메라 야간촬영모드로 그 사람 눈동자를 찍어서 레이저 컬러프린터로 인쇄한다. 그 위에 콘택트렌즈를 놓아서 실제 눈의 원형처럼 보이게 하면 어떨까. 실제 독일 해커그룹[CCC]은 이런 방법으로 스마트폰 홍채 인식 해킹이 가능함을 동영상으로 보여 주었다. 물론 이런 식의 해킹이 실제 일상생활에서 그리 쉬운 일은 아니라고 스마트폰 제조업체는 이야기한다. 하지만 스마트폰이건 핵 발사 시설이건 생체 보안의 아킬레스건은 따로 있다. 바로 원본 데이터가 해킹될 경우다.

은행의 8자리 비밀번호가 해킹으로 모두 노출됐다고 하자. 은행은 즉시 예전 번호 대신 신규 비밀번호를 등록받아 교체해 놓는다. 비밀번호는 교체가 가능하다. 하지만 생체 인식은 안 된다. 내 홍채는 하나밖에 없다. 해킹되면 새로운 홍채 데이터를 만들 수 없다. 이런 근본적인 문제에 과학은 답을 줄 수 있을까. 방법이 보인다. 바로 뇌파다. 뇌파는 뇌세포 사이에 흐르는 전기 파형이다. 거짓말 탐지기도 질문 답변 시 감정 변화로 생긴 뇌파 이상 여부를 확인한다. 뇌파로 '내가 바로 나'임을 확실하게 증명할 수 있을까.

삶의 질 높이는 데만 쓰도록 견제해야

미국 전기전자학회 발간지 〈IEEE TIFS〉는 '이 사람이 그 사람'인지를 100% 정확하게 뇌파로 검증했음을 보여 주었다. 실험 방법은 이렇다.

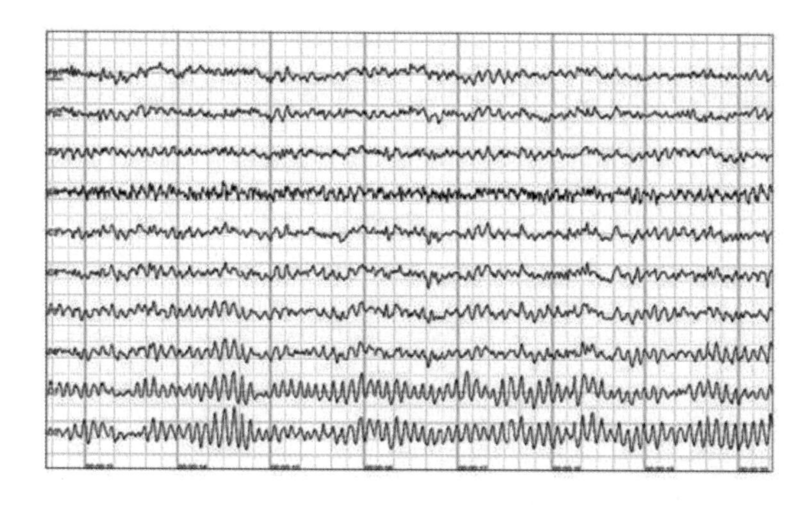

여러 사진을 보여 주면서 생성된 뇌파를 생체 인식 수단으로 개발 중이다

50명을 대상으로 우산, 보트 등 특정 사진을 보여 주었다. 사람들은 일련의 사진을 보면서 감정 변화를 보였고 그것이 뇌파로 측정됐다. 다음에는 시험자가 누군지 모르는 상태에서 같은 사진들을 보여 주고 뇌파를 측정했다. 이 뇌파 데이터와 같은 사람을 찾아보니 50명 중 단 한 사람, 바로 그 사람이었다. 이 방법의 장점은 위조가 힘들다는 점이다. 뇌파를 발생하는 장치가 지금까지 뇌 이외에는 없다. 다른 사람 뇌를 들고 갈 수는 없다. 뇌파 측정은 밴드, 헬멧형 측정기기를 머리에 쓰고 한다. 사람임이 분명하고 머리로 측정을 하게 만든다면 위조가 쉽지 않다. 이 방법의 가장 큰 장점은 저장되어 있는 개인 뇌파 정보를 지우고 새로운 뇌파 정보로 저장할 수 있다는 점이다. 즉, 원본 데이터가 해킹되었을 경우 사진 종류를 바꾸어 새로운 뇌파 데이터로 저장할 수 있다. 교체 가능, 도용 불가, 100% 정확도 생체 인식 기술이다.

상상 속 IS 테러리스트는 마지막 뇌파 검사 단계에서 실패해 체포됐다. 하지만 핵 발사 시설 같은 최첨단 보안시스템이 이제는 일상 속 스마트폰에도 적용되어야 한다. 생체 인식이 곳곳에서 중요하게 쓰이고 있기 때문이다. 손에 쥐는 순간 지문 인식으로 본인임이 확인되는 신용카드가 곧 나온다. 스마트폰 뱅킹으로, 핀테크로 세상은 변하고 있다. 한국 바이오인식협의회 의장(김학일 교수)은 개인화가 핵심인 4차 산업혁명 시대에는 인공지능형 모바일 생체 인식 기술이 개인 인증의 핵심이라고 말한다. 하지만 산이 높으면 골도 깊다. 생체 인식은 필요 기술이지만 인간에게 번호를 매기는 행위에 대한 우려도 만만치 않다. 페이스북 얼굴 인식 능력이 97%다. 이제 CCTV로 누가 무엇을 하고 있는지 실시간으로 알 수 있다. 조지 오웰의 소설『1984』에서는 모든 사람의 사생활이 철저히 감시당한다.『코스모스』의 저자 칼 세이건은 말한다. "우리는 과학 기술 시대를 살고 있지만 정작 과학 기술이 무슨 일을 하고 있는지는 모른다." 생체 인식 기술이 삶의 질을 높이는 도구로만 쓰일 수 있는 견제장치가 필요하다. 과학은 늘 직진하기 때문이다.

Q&A

Q1. 일란성 쌍둥이는 지문이 같은가요?

A. 일란성 쌍둥이는 유전자가 100% 같습니다. 지문이 형성되는 과정은 태반에서 손가락이 발생하는 과정에서 생깁니다. 피부의 굴곡 정도, 피부 조직이 지문에 영향을 주지요. 이 과정은 유전자 영향을 받으므로 일란성 쌍둥이는 동일합니다. 하지만 같은 태반 내에서 이리저리 움직이면서 태반 벽과 부딪혀서 지문이 달라집니다. 일란성 쌍둥이는 큰 틀에서의 지문은 비슷하지만 선이 만나는 곳의 모양 등 구체적인 지문이 같을 확률은 거의 없습니다.

Q2. 홍채는 전혀 변하지 않나요?

A. 인체기관은 나이 들면 모두 변합니다. 홍채는 구조, 색 등이 비교적 덜 변한다 뿐입니다. 눈동자를 당기는 근육 구조도 변해서 나이 들면 점차 시력이 나빠지지요. 색도 생체물질입니다. 당연히 변하지요. 실제로 홍채를 기간별로 비교해 보면 몇 달 사이는 거의 불변이지만 수년 간격으로는 구조가 변합니다. 홍채 인식을 보안수단으로 채택할 경우, 필요시 홍채를 재촬영해서 업데이트해야 한다는 의미입니다.

3-4

유전자 편집의 힘, 마음만 먹으면 '맞춤형 아기'도 가능: 유전자 가위 어디까지

코로나 백신은 최첨단 기술을 사용했다. 코로나껍질을 만드는 mRNA를 직접 세포 내부에 주사한 것이다. 이게 성공했다. 기뻐하는 과학자들은 따로 있었다. '초정밀 유전자 가위 기술' 연구자들이다. 이들은 유전병을 고치기 위해 정상 유전자를 몸 세포에 삽입하는 방법을 고민하고 있었다. 이제 mRNA 백신처럼 유전자 가위 세트를 몸 특정 부위로 주사하면 그 부분의 비정상 유전자를 정상으로 바꿀 수 있다. 이른바 유전자 치료 기술이다. 유전병을 고칠 뿐만 아니라 마음만 먹으면 '맞춤형 아기'도 가능하다.

1983년 미국 워싱턴 DC에서 5살 소년 로렌조는 또래 아이들과 공을 차고 있었다. 다른 날과 달리 다리에 힘이 빠졌다. 이후 말이 어눌해지고 눈이 안 보이고 사지가 마비됐다. 의사는 유전 불치병(부신백질이영양증)이라고 했다. 이후 5년간 부모는 도서관에서 밤을 새워 치료제(로렌조 오일)를 찾아냈다. 이 실화가 영화로 만들어졌다. 영화 〈로렌조 오일〉(1992, 미국)에서 아이(로렌조)는 기적의 치료제 덕분에 완치돼 컴퓨터를 배우기 시작한다. 하지만 현실은 냉혹했다. 소년 로렌조는 '기적의 오일'로 치료되는 듯했지만 되돌리기에는 역부족이었다. 이후 22년을 사지마비 상태로 침대에 누워 있다 세상을 떠났다. 이렇게 대물림되는 치명적 유전병에 그동안 과학은 속수무책이었다. 하지만 이제는 치료 희망이 보인다.

현재 20가지 유전병 치료 임상실험이 진행 중이다. 유전병만이 아니다. 대물림되지 않지만 비정상 유전자 때문에 생기는 질병(자궁경부암·폐암·망막 이상 실명·심장병·AIDS·청력 손실)도 치료 가능하다. 핵심에는 '초정밀 유전자 가위' 기술이 있다. 족집게처럼 비정상 유전자만을 정상으로 바꾼다. 하지만 '맞춤형 아기'도 가능하다는 말은 섬뜩하다. 급물살을 타고 있는 유전자 치료 기술의 현재와 미래를 살펴보자.

영화 〈로렌조 오일〉, 유전병 치료 확률 88%

5살 로렌조 몸에서는 비정상 유전자 때문에 '독성 지방산'이 만들어졌다. 이놈이 두뇌·척추 신경다발 보호 껍질(미엘린)을 파괴했다. 껍질이 벗겨지면 신경 전기 신호가 제대로 가지 않아 사지가 마비된다. 발병 2~3년 내 사망하거나 전신 마비 상태로 5~15년 연명하기도 한다. 현실 속 로렌조 부모가 찾아낸 치료제는 오일(올리브, 유채)이다. 오일 성분(올레인산)을 먹이자 로렌조 혈액 속 독성 지방산이 줄어들었다. 하지만 거기까지였다. 병이 치유되지는 않았다. 평생 침대에 누워 있다 사망했다. 95년 전 발견된 '로렌조 유전병'은 아직도 치료법이 없다. 다른 787종 유전병도 마찬가지다. 증상을 늦추기만 해도 천만다행이다. 완치하려면 비정상 유전자를 고쳐야 한다.

유전자 치료Gene Therapy는 두 가지다. 첫째 비정상 유전자를 놔두고 정상을 추가하기, 둘째 비정상을 없애고 정상을 넣기다. 추가하는 첫 번째 방법이 기술적으로 더 쉽다. 몸의 필요 부분 세포에 정상 유전자를 추가로 삽입

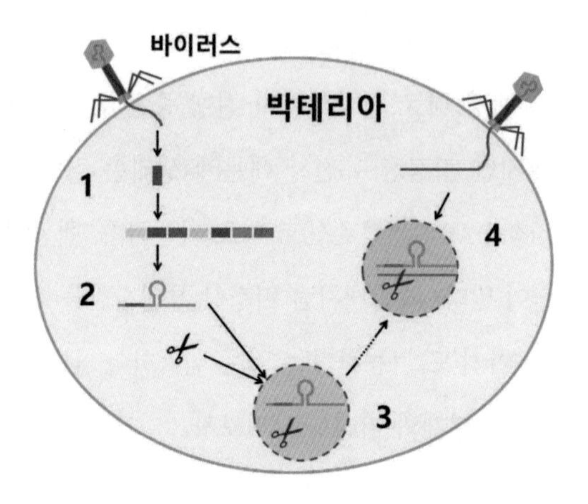

박테리아 방어 면역: 외부 바이러스 침입 시 (1) DNA(청색)를 잘라서 저장하고, (2) 그 DNA에 달라붙는 가이드 RNA(황색)와 가위 세트를, (3) 준비해 놓는다, (4) 재침입 시 해당 가위 세트가 달라붙어 잘라낸다

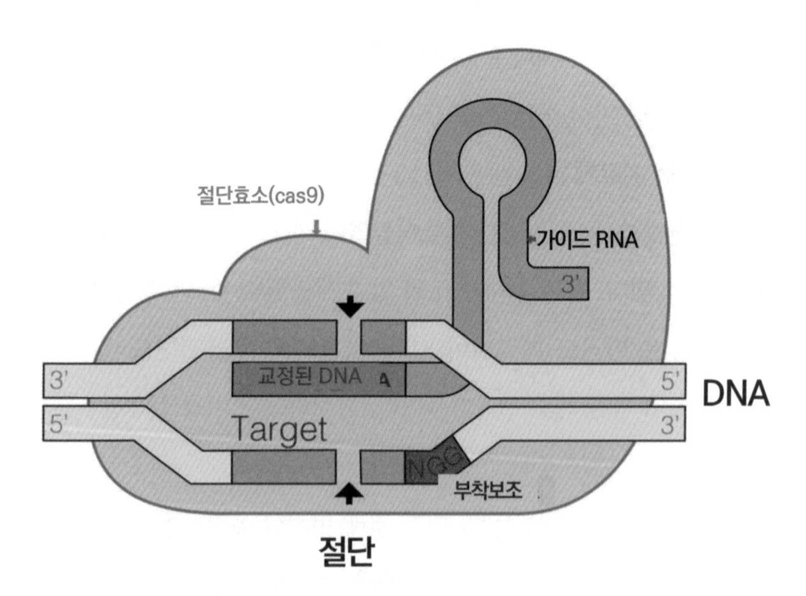

유전자 가위(CRISPR/cas9): DNA에 달라붙는 '가이드 RNA(CRISPR)'와 가위(cas9)로 목표DNA를 자르고 교정 DNA로 바꾼다

하면 정상 단백질이 추가로 만들어진다. 정상 유전자를 바이러스(아데노)에 실어 세포핵 속 DNA에 삽입한다. 이 바이러스는 인체 호흡기를 들락거리는 놈이다. 마치 창고를 들락거리던 쥐처럼 잘 들어간다. 크게 위험하지도 않다. 두 번째 방법, 즉 비정상 유전자를 현장에서 정상으로 고치는 방법이 근본 치료다. 최근 개발된 초정밀 유전자 가위 기술이 그 핵심이다. 비정상 부위의 염기(A·T·G·C)를 하나하나 정상으로 바꾼다. 2년 연속 세계 10대 기술로 선정됐다. 유전자 가위가 발견된 곳은 놀랍게도 박테리아 속이었다. 그 기술은 인간 면역 뺨친다.

박테리아는 외부 바이러스가 침입하면 바이러스 DNA를 산산조각 낸다. 이후 조각난 DNA에 착 달라붙는 짝꿍(가이드 RNA)을 방어용 무

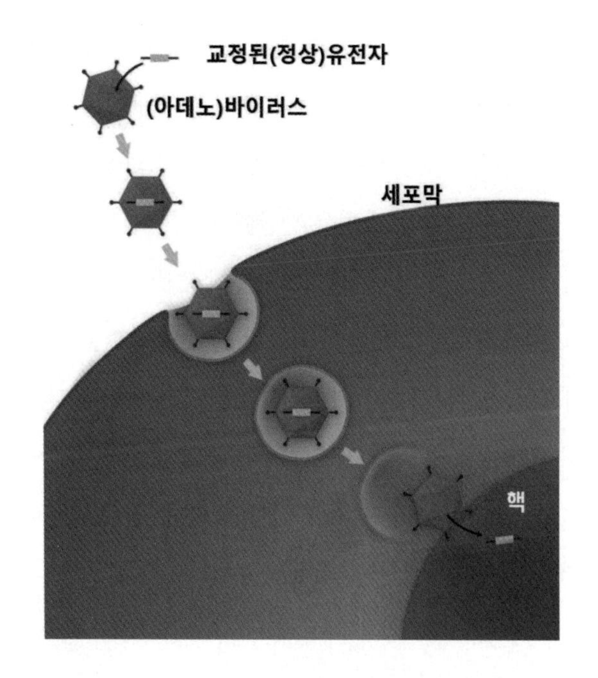

(아데노)바이러스에 교정된 유전자를 붙여 세포핵 DNA에 삽입한다

기로 차곡차곡 준비해 놓는다. 침입했던 바이러스가 또 들어오면 준비된 짝꿍 RNA가 착 달라붙어 DNA를 잘라 내기 시작한다. 30억 년 살아온 박테리아 90%가 보유한 고도방어무기다. 이를 발견한 과학자들이 무릎을 쳤다. DNA를 원하는 대로 수정할 수 있지 않을까? 개발된 '크리스퍼' 유전자 가위(CRISPR/cas9)는 3종 세트다. 타깃 DNA에 달라붙는 짝꿍 RNA^{CRISPR}, 타깃 DNA를 자르는 가위(cas9 효소), 그리고 바꾸려는 DNA다. 짝꿍 RNA가 달라붙으면 가위가 자르고 바꾸려는 DNA가 대신 채워진다.

병원에서 유전자 가위 치료 방법은 두 가지다. 직접 몸에 주사하거나 환자 줄기세포를 꺼내 가위로 정상으로 만든 후 재주입한다. 정상 유전자 덕분에 정상 단백질이 만들어지니 몸이 정상으로 작동한다. '치료 끝'이다. 만약 35년 전 로렌조가 같은 유전병으로 지금 다시 태어난다면 치료될 수 있을까? 확률은 88%다. 2017년 보스턴 대학 연구진은 '로렌조 유전병' 환자 17명에게 유전자 임상 치료를 실시했다. 그 결과 88%(15명)에게서 병이 더 이상 진행되지 않았다. 방법은 간단했다. 연구진은 환자 몸에서 줄기세포를 꺼내 여기에 정상 유전자를 추가로 삽입했다. 이 정상 줄기세포를 환자에게 정맥주사했다. 새로 들어간 정상 줄기세포 덕분에 더 이상 신경다발 보호껍질이 손상되지 않았다. 신호 전달이 제대로 됐다. 사지마비가 없어졌다. 유전자 치료를 받은 아이들은 지금 침대 대신 운동장에서 뛰어놀고 있다. 이와 유사한 유전자 치료 임상 실험이 전 세계에서 20건 진행 중이다. 어떤 질병까지 치료 가능할까.

주걱턱 유전 때문에 병약했던 합스부르크가

중세 유럽 최대 왕실 합스부르크가는 주걱턱 왕가다. 기형적 턱 구조로 제대로 음식을 씹지 못해 항상 병약했다. 급한 대로 턱을 가렸다. 스페인 카를로스 2세는 턱수염으로, 프랑스 마리 앙투아네트는 부채로 가렸다. 주걱턱뿐만 아니라 혈우병, 색맹도 유전된다. 비정상 유전자로 생기는 모든 질병은 원칙적으로 유전자 치료가 된다. 여기에는 대물림과 상관없는 에이즈AIDS, 자궁경부암도 포함된다. 어떻게 가능할까.

중국 중산 대학은 자궁경부암 환자 20명의 경부에 유전자 가위 세트 주사 임상을 시작했다(《온코타깃 저널》). 자궁경부암은 성생활을 통해 인유두종 바이러스가 자궁 상피세포에 침입해서 생긴다. 이 바이러스는 인체 다른 세포(구강·목·혀·인후·두뇌)에도 침입, 암을 일으킨다. 현재까지 백신 예방은 가능하지만 치료법은 없다. 치료 원리는 간단하다. 유전자 가위로 정상세포 DNA는 놔두고 감염세포 내 바이러스 DNA만 자른다. 이 원리

주걱턱이 인상적인 스페인 합스부르크 왕가의 카를로스 2세.
유전자와 환경이 주걱턱의 원인이다

를 AIDS 치료에도 적용한다. AIDS는 바이러스HIV가 면역T세포를 감염시켜 발생한다. 연구진은 환자 면역T세포를 꺼내서 바이러스가 들어오는 입구 유전자CCR5를 가위로 잘라낸 후 다시 주입했다. AIDS 출입구를 막은 셈이다. 환자는 이후 AIDS 억제 약을 먹지 않아도 바이러스가 검출되지 않았다. 이 방법으로 폐암 치료도 임상에 들어갔다. 환자 면역T세포를 꺼내 면역에 걸려 있는 '브레이크(PD-1)'를 가위로 잘라냈다. 브레이크가 풀린 면역세포는 암을 공격했다. 미국 FDA는 유전자 치료 기술로 브레이크가 풀린 면역세포 항암 치료제(급성백혈병) 임상을 허가했다. 연이어 비정상 망막 유전자로 생긴 선천성 실명 치료주사도 승인했다. 이 주사는 이미 20명 대상 실험에서 한 번 주사로 65%가 시력을 찾았다. 이제 유전자 치료를 인간에게 본격적으로 적용하는 것은 시간문제다. 만능 유전자 가위 기술, 이 방법의 위험성은 무엇일까. 현재 유전자 가위 기술은 환자 몸에 직접 주사

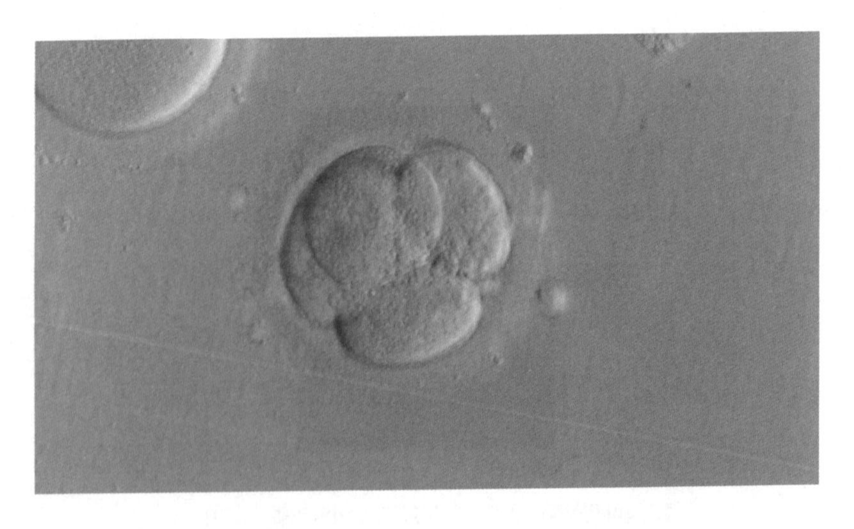

인간 배아: 미국 연구진의 배아 DNA 교정이 '맞춤형 아기' 논란에 불을 붙였다

하기 때문에 그 사람, 그 부위는 치료되지만 그 자식은 비정상 유전자가 대물림된다. 대물림을 막으려면 자식 유전자가 불어나기 시작하는 수정란 상태, 즉 배아 단계에서 고쳐야 한다. 하지만 인간 배아교정은 '맞춤형 아기'도 가능하다.

치료와 개량, 어디서 멈출지 고민할 때

2017년 8월, 유명 학술지 〈네이처〉에는 수정란의 비정상 심장 유전자를 유전자 가위로 교정, 정상으로 만든 연구가 실렸다. '맞춤형 아기'에 대한 논란이 일었다. '인간 개량이 아닌 치명적 심장병 치료'라고 오리건 대학 연구진은 반박했다. 하지만 치료와 개량의 경계는 모호하다. 말 타면 종 부리고 싶다. 치료를 넘어 더 좋아진다면 부모로서는 욕심을 낸다. 미국 식품의약국FDA은 배아 교정 임상 시험을 금지했다. 현재 배아 교정은 못하지만 인공수정 시 치명적 유전자 결함을 조사, 부적절한 배아는 폐기한다. 일종의 선별이다. 이제는 개인도 유전자 검사로 치명적 유전병 이외에 심장병·우울증·비만·운동 능력·눈동자 색·키·알코올 중독 가능성도 알 수 있다. 사실상 아이 특성을 미리 알 수 있다는 이야기다. '맞춤형 아기'는 마음만 먹으면 사실상 가능하다. 이제 과학은 인간 배아 선별을 넘어 배아 유전자 수정이 가능한 곳까지 와 있다. 어디까지 갈 수 있고 어디에서 멈추어야 할까? 유전자 이상으로 생기는 몹쓸 병을 이제는 고쳐야 한다. 유전자 치료 기술은 거기까지다. "천재와 멍청이의 차이는 천재는 어디가 한계인가를 안다는 것이다." 아인슈타인의 말처럼 어디에서 멈추어야 할지를 고민할 때다.

Q&A

Q1. 크리스퍼 유전자 가위가 GMO(유전자변형생물체) 규제를 피할 수 있는 것으로 주목받는 이유는 무엇인가요?

A. 과학자들은 관련 유전자를 직접 도입하여 GMO 식물을 만들었습니다. 유전자 가위 기술이 개발되고 나서는 더 효율적인 방법을 사용합니다. 직접 도입하는 대신 자르고 싶은 유전체 부분(길이는 보통 21개 염기)에 달라붙는 가이드 RNA를 실험실에서 합성해 만듭니다. 여기에 외부에서 만든 절단효소(Cas9)를 같이 투입해서 사용합니다. 이 경우 외부에서 별도 유전자를 집어넣을 필요없이 식물 자체에 있는 유전자를 변형시켜 새로운 품종을 만들 수 있어 외부 유전자를 넣어서 생기는 GMO 문제를 해결할 수 있습니다.

Q2. 유전자 치료의 장점은 무엇인가요?

A. 유전자 치료의 목적은 유전질환을 치료하기 위한 것입니다.

우리 몸속의 DNA는 새로운 것으로 바꾸기가 거의 불가능했습니다. 그래서 DNA결함으로 생기는 유전병의 완전 치유는 힘들었습니다. 하지만 특정 유전자에 결함이 있는 유전병 환자의 몸에 정상 유전자를 넣어 증상을 완화시키는 유전자 치료 기술이 발전하면서 적혈구 빈혈증, 알츠하이머, 혈우병 등과 같이 선천적으로 유전적 결함이 있는 사람들을 치료할 수 있을 것으로 기대하고 있습니다. 정상 유전자를 넣는 기존의 방법 이외에 새로 시도하는 유전자 편집 기술, 즉 직접 비정상 유전자를 정상으로 바꾸는 방법이 앞으로 사용될 것입니다.

동물이 선행 지진파에 먼저 반응, 경보 활용은 무리: 지진 전조현상

화성에 탐사로봇을 착륙시키는 호모 사피엔스도 코로나 한 방에 녹다운되었다. 자연, 그중에서도 지진의 파괴력은 어마어마하다. 교량이 내려앉고 건물이 무너져 내린다. 해일이 밀어닥치고 해변에 위치한 원자력발전소도 폭발한다. 한반도도 더 이상 안전지대가 아니다. 지진을 미리 예측하는 방법은 없을까. 지진이 난 곳에 동물의 사체는 없다. 모두 사전에 낌새를 채고 도망갔다는 반증이다. 동물의 예민한 감각을 지진 경보에 사용할 수는 없을까.

경주 지진 10일 전 일렬 이동한 숭어 떼가 지진 전조현상인지는 아직 가려지지 않았다

2016년 9월 12일 19시 44분. 거실 탁자에 올린 다리가 덜덜덜 떨린다. 지진이다. 처음 만나는 지진에 등골이 서늘하다. 규모(M) 5.8 지진이 이럴진대 이보다 에너지가 천 배나 되는 규모 8.0 중국 쓰촨성 지진(2008년), 3만 배 강한 규모 9.0 일본 도호쿠 쓰나미 지진(2011년)은 사람들에게 평생 악몽이다. 2016년 경주 지진 때 고층 아파트는 괜찮았지만 다음에도 안전하다는 보장은 없다. 왜 지진은 태풍처럼 조기 경보가 안 될까.

경주 지진은 국내 최대 지진이었다. 일본 지진은 태평양·유라시아·필리핀·북미 4개의 암판이 서로 충돌하면서 생긴다. 자주 강한 지진이 발생한다. 한국은 유라시아판 위에 있고 경계면과는 떨어져 있다. 비교적 안전하다고 생각했다. 하지만 1999년 이후 지진활동이 증가하고 있어서 마음 놓을 수 없다. 지각이 비켜 틀어진 단층(양산) 위에 경주가 있다는 면이 염려스럽다. 내진설계가 되어 있다지만 주위 원전이 여전히 불안하다.

경주 지진 발생 10일 전 숭어 떼가 일렬로 움직였다는 사진이 지진 후 보도됐다. 일부에서는 지진 전조前兆현상일 수도 있다고 했다. 만일 숭어 떼

쓰촨 대학 연구실 쥐의 지진 전 이상행동

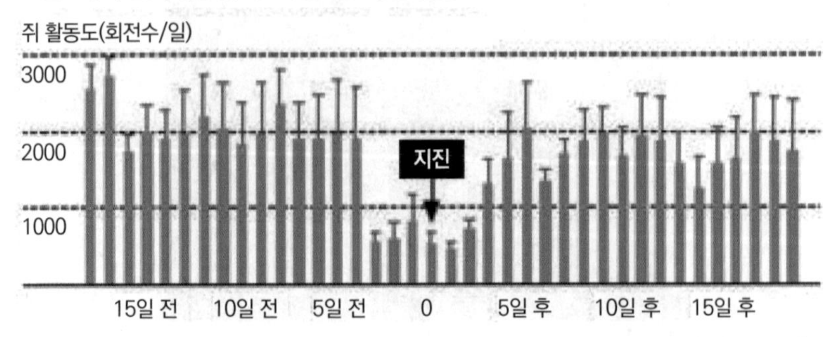

지진 2일전부터 활동도가 급격히 감소했다가 지진 후 다시 정상 상태가 됐다

를 보고 지진 경보를 내보낸다면 무슨 일이 벌어질까. 동물 이상행동을 지진 경보로 사용할 수 있을까.

쥐 이상행동 다음 날 규모 6.9 지진 덮쳐

1995년 11월 일본. 고베 지진(규모 7.3) 진원지에서 50㎞ 떨어진 오사카 대학 단백질 연구소. 지난 15년간 매일 10마리의 쥐를 관찰하고 있었는데, 밤낮을 알려주는 두뇌 생체시계를 연구 중이었다. 쥐들은 주로 밤에 활발하다. 생체리듬이 정상 상태면 낮에 1~2번, 밤에 7~10번 쳇바퀴를 매일 돌렸다. 평상시 정상 상태를 보이던 쥐들이 어느 날 갑자기 이상행동을 보였다. 조용하던 낮 시간에 느닷없이 쳇바퀴를 4배, 밤에는 3배 많이 돌렸다. 우연히 이런 일이 일어날 확률은 5만 5000분의 1이다. 15년 만에 처음 보는 행동이라고 했다. 다음 날 5시 46분 규모 6.9 지진이 고베를 덮쳤다. 시내 관통 고속도로가 주저앉고 집이 40만 채 무너지고 6,434명이

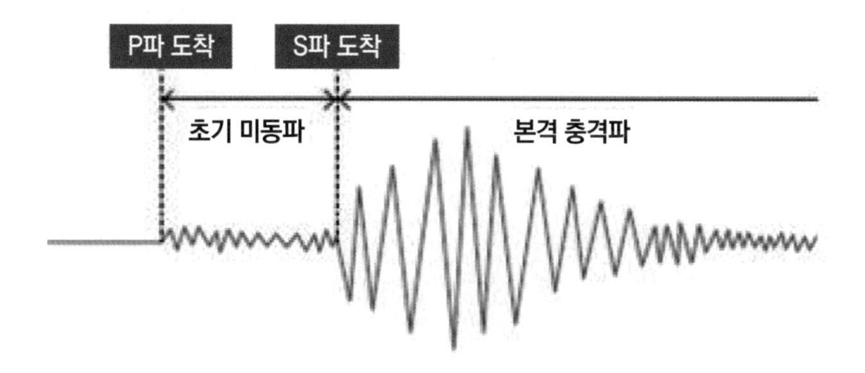

P파는 본격 진동 S파보다 수초 먼저 온다. 동물들은 여기에 미리 반응할 수 있다

사망했다. 지진 하루 만에 쥐들은 다시 정상 속도로 쳇바퀴를 돌리기 시작했다.

2008년 5월 중국. 쓰촨성 쓰촨 대학 국가 지정 연구실. 생체리듬 연구팀은 8마리 쥐를 38일 동안 관찰하고 있었다. 18일 동안 쥐들은 같은 행동을 반복하는 '정상'이었다. 19일째 8마리 중 6마리의 쳇바퀴 돌리는 속도가 평상시 25% 수준으로 급감했다. 밤낮을 구분하는 생체리듬 정확도도 20%로 곤두박질쳤다. 다음 날 14시 28분, 쓰촨시는 규모 8의 대형 지진으로 무너져 내렸다. 6만 9,197명 사망, 480만 이재민이 발생했다. 지진 발생 3일 후 8마리 쥐는 모두 평상시 상태로 돌아왔다.

두 실험실의 쥐들은 모두 지진 전 이상행동을 보였다. 지진에 동물이 반응하는 종류는 두 가지다. '초단기' 반응은 지진 수초~수십초 전 보이는 이상행동이다. 지진파 중 약한 P파는 본격 충격파인 S파보다 1.7배 빨리 진행한다. 사람보다 예민한 감각을 가진 동물이 P파에 놀라서 울부짖거나 도망을 간다. 이런 초단기 동물 반응은 과학적으로 이해가 되나 지진 경보로 쓰기에는 시간이 너무 짧다. 반면 지진 수시간 혹은 수일 전에 동물이 이상행동을 보이는 것은 미리 경보가 가능하다. 동물들은 어떻게 알까. 이 현상을 지진 경보로 써도 될까.

땅속 지각 충돌, 동물의 세로토닌 수치 높여

B.C. 373년 로마에는 지진 5일 전 쥐, 뱀들이 도시를 벗어났다는 기록이 있다. 지금까지 200건 이상의 논문이 보고됐다. 쓰촨 지진 3일 전 도로를 덮은 두꺼비 떼가 보도됐다. 동물은 사람보다 지진에 의한 진동, 전자기

지진 전조 과학은 아직 초창기다. 내진설계, 지진 대비 생활화가 우선이다. 사진은 2010년 칠레 강진으로 건물 대부분이 붕괴된 모습

장 변화에 예민하다. 토끼 심장세포와 두뇌 운동 관련 세포가 지표 전자장 변화에 예민하게 반응한다. 동물 생체리듬 관장 호르몬(멜라닌) 분비가 지구 자기장 변화에 민감하다. 두 실험실에서 보인 지진 전 동물 이상행동은 실제 야산에서도 관측됐다.

2011년 페루 산간 지역. 곳곳에 설치된 49대 카메라가 야생동물 이동을 촬영하고 있었다. 평상시 하루 10마리 동물이 카메라에 잡혔다. 어느 날부터 돌아다니는 동물 수가 2~3마리로 급감하더니 5일간은 한 마리도 안 보였다. 평상시와 다른 기이한 현상이다. 정확히 이틀 뒤 규모 7.0 지진이 페루산맥을 덮쳤다. 동물 이상변화가 관측된 것은 지진 23일 전부터다. 연구팀은 땅속 지각변동으로 지표면에 양이온, 자유전자 층이 생성되면서 초저주파 반사도가 변한 것을 인공위성 데이터로 확인했다. 땅속 지각의 물리적 충돌로 양이온, 자유전자가 급증해서 동물 두뇌의 세로토닌

수치를 높이고 이것이 동물을 불안하게 만들었다는 해석이다. 동물들이 높아진 이온을 피해 높은 능선에서 낮은 계곡으로 피신한 것으로 추측했다. 페루·일본·중국 연구결과는 지진 전 발생한 전자기파 변화, 양이온 교란이 동물 이상행동을 유발했음을 보여준다.

연구원 '예언' 빗나가 선동죄로 고발당해

일반 시민도 아니고 대학 연구팀이 과학적으로 관찰한 동물 이상행동은 지진 전조현상임이 분명한 것처럼 보인다. 그런데 동물을 왜 아직 지진 경보로 사용하고 있지 않을까. 저명 학술지 〈네이처〉(2010년)에 실린 이탈리아 아킬라 지진(2009년) 사건 일화 속에 그 답이 있다.

2009년 3월 31일 로마 북동쪽 150㎞ 아킬라 시청. 지진 대응 긴급회의가 있었다. 잦은 소지진으로 시민들이 불안해하자 마련된 대책회의에는 지진과학자 6명, 정부 관계자 1명이 참여했다. "지진이 잦다고 반드시 대지진이 온다고 말할 수는 없다"라는 과학자 말을 정부 관계자가 스스로 해석, "대지진은 없다"라고 단독 공표해 버렸다. 일주일 후 규모 6.3 강진이 아킬라시를 덮쳤다. 308명 사망, 1만 1,000채 건물 파괴, 16조 원 피해가 생겼다. 검찰은 지진과학자 6명을 살인죄로 기소했다. 잦아진 소지진을 대지진 전조로 경고하지 않아서 피해가 늘었다는 주장이었다. 실제로 당시 아킬라시 주민들은 피난 준비를 했다가 정부 발표를 듣고 모두 집으로 들어갔고 이것이 피해를 키웠다. 지진 경고를 하지 않아 지진과학자가 구속된 최초 사건이었다.

아킬라 지진 당시에 지진으로 구속된 사람이 또 있었다. 이탈리아 국립

물리연구소 연구원(길리아니)은 취미로 라돈 측정기를 만들어서 지표면의 라돈을 측정을 했다. 대지진 한 달 전 지표라돈이 증가해서 지진이 일어날 기미가 보인다고 인터뷰했다. 이곳저곳에서 소지진이 발생하자 그의 예언은 방송에도 보도됐다. 그는 아킬라에서 50㎞ 떨어진 술모나시에 내일 대지진이 있을 거라고 '예언'을 했다. 시민들이 집을 비우고 피난 가는 등 난리가 났다. 하지만 지진은 없었다. 열흘 뒤 아킬라시에 규모 6.3 대지진이 발생했다. 연구원 길리아니는 '선동죄'로 고발당했다.

대부분 지진 현장에서 동물 사체 발견 안 돼

지진 경보는 폭우 경보가 아니다. 지진 경보가 내려진다면 그 지역 주민은 모두 피하고 KTX 열차도 서야 한다. 그릇된 지진 경보는 대규모 혼란을 야기한다. 하지만 지진은 예측하기 힘들다. 2011년 국제 지진예보방재위원회(ICEF)는 지금까지 보고된 지진 전조현상 20종류, 400개 중에서 가능성 있는 5개 전조현상을 정밀 조사했다. 지진 22개를 조사하니 9%만 우연히 맞았다. 실험실 쥐가 지진 경보로 쓰이려면 넘어야 할 산이 많다. 모든 쥐가 매번 지진에 똑같이 반응해야 하고 지진 크기·시기·위치를 정확히 예측해야 한다. 두 실험실의 쥐의 이상행동은 같지만 활동도 변화가 늘거나 줄었다. 동물 이용 지진 예측은 연구가 더 필요하다.

정확하지 않은 지진 경보는 큰 혼란을 낳는다. 설사 예측한다 해도 도시를 통째로 옮길 수 없다. 내진 건축물을 짓고 일상화된 지진 대비가 현실적이다. 이철호 교수(한국 지진공학회장)는 "땅속은 모른다. 내진설계가 최고 대비책이다"라고 말한다. 일본이 내진설계와 재난대응훈련에 우선 투자한 이유다. 그렇다고 일본은 지진을 앉아서 기다리지만은 않는다.

도쿄 대학 지질물리학자 세야 우에다 교수는 50년간 지진 전조현상(전자기파 변화)을 연구해왔다. 지난 27년간 규모 7.6 이상 대지진은 발생 전 일정한 패턴을 보인다는 연구를 저명 학술지 〈PNAS〉에 발표했다. 고베 지진 당시 쥐의 활동도와 생체리듬을 측정한 오사카 연구팀은 쥐들이 인공 지진 시 발생하는 자기장 변화에 어떻게 반응하는지를 연구하고 있다. 연구가 성공해서 전조현상을 정확히 알면 지진 경보를 내릴 수 있다. 경주 지진 10일 전 나타났던 숭어 떼 일렬 행진이 대지진 전조현상인지는 현재로선 분명치 않다. 하지만 대부분 지진 현장에서 동물 사체가 발견되지 않았다는 사실을 우연으로만 보기는 힘들다. 지진 전 동물 대피현상은 오랫동안 관찰됐다. 동물들은 수억 년 동안 지진에서 살아남기 위한 감각을 진화시켰다. 인간은 동물에게 지진 감지 방법을 한 수 배워야 한다. 과학적 잣대로 지진 전조현상을 연구해야 한다. 한국이 더 이상 지진 안전지대가 아니기 때문이다.

Q&A

Q1. 지진의 예보는 어떤 방법으로 이루어지나요?

A. 최근의 지진 예보는 지진 발생 전에 나타나는 여러 가지 전조현상[前兆現狀]에 집중하고 있습니다. 현재까지 지진의 전조현상은 지진이 발생하기 수일·수개월 또는 수년 전부터 시작되는 것이 확인되었습니다. 이러한 현상은 지진이 발생하는 지점의 지각에서 몇 가지 성질 변화로 나타나는데 예를 들면 지면의 갑작스러운 융기, 암석의 전기 전도율 변화, 깊은 샘물에서의 방사성 동위원소 양의 변화, 미소지진활동의 변화, 그 지역을 지나는 지진파의 속도 변화 등을 들 수 있습니다.

Q2. 지진 발생 전 동물들은 어떻게 알아차리고 이상행동을 하는 건가요?

A. 동물들은 인간이 들을 수 있는 범위보다 더 넓은 범위의 소리를 들을 수 있습니다. 지진이 발생하면 여러 종류의 주파수를 가진 파동이 발생합니다. 이때 발생하는 파동으로 평소와 다름을 느낀 동물들은 이상행동을 보이게 됩니다. 하지만 지진 예보를 한다고 해서 특별한 대응 방안이 있는 건 아닙니다.

Q3. 최근 한국에 지진이 잦은 이유는 무엇인가요?

A. 우리나라는 환태평양 지진대에서 벗어나 있지만 한반도에는 많은 활성단층이 존재합니다. 그 활성단층이 활성화되면서 지진이 일어나는 것입니다. 2016년 포항, 경주 지진도 포항에 위치한 양산단층과 서해와 남해를 잇는 서산단층이 활성화되어 발생했습니다.

3-6

치매 막으려면 운동하자: 뉴런이 늘어나 기억력이 좋아진다

코로나는 극복이 가능하다. 그러면 세상에서 가장 힘든 병은 무엇일까? 치매다. 딸을 못 알아보는 치매 엄마는 모든 것을 다 잃은 것이다. 치매를 예방하는 방법이 있을까. 기억이 어떻게 형성이 되는가를 안다면, 그래서 기억을 튼튼하게 땜질하는 방법을 안다면 치매는 예방할 수 있다. 이제 과학은 두뇌세포 하나하나를 현미경 들여다보듯 한다. 기억이 어떻게 형성되는가도 눈앞에서 바로 본다. 그건 두뇌 기억 장소의 뉴런(두뇌 신경세포)이 특정한 회로를 형성하는 거다. 기억 형성 과정이 보이면 기억을 튼튼히, 오래가게 하는 방법을 알 수 있다. 그중 하나는 운동이다.

수십 년 전 초등학교 친구 이름은 지금도 기억난다. 하지만 어제 만난 기업체 사장은 이름은커녕 얼굴도 기억나지 않는다. 왜 어떤 기억은 오래가고 어떤 건 쉽게 사라질까. 치매는 40대부터 증상 없이 생긴다. 어떻게 예방할 수 있을까. 최근 과학은 두뇌 기억을 분자 수준에서 들여다본다. 기억을 오래 남기고 싶은가? 기억 참여 세포 수를 늘리자. 뇌를 싱싱하게 하자. 운동이 답이다.

기억은 두뇌 곳곳에서 동시에 일어난다. 해마海馬가 중심이다. 두뇌 양옆에 하나씩 있다. 엄지손가락만 한 물고기 해마를 닮았다. 단기·공간·사건 기억이 주로 저장된다. 기억은 '물질'일까? 그 물질이 'Z' 형태면 'Z' 기억이 생기

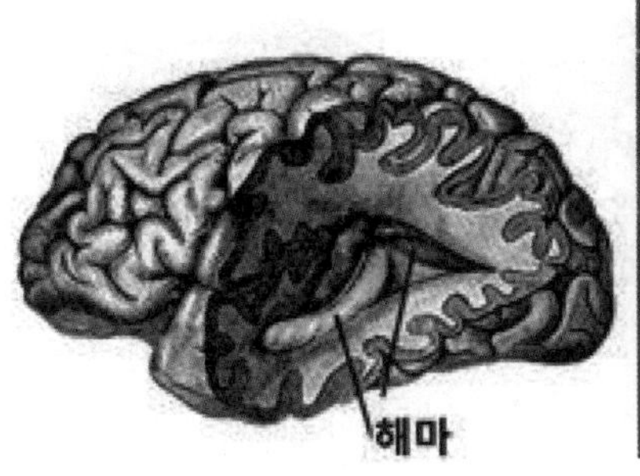

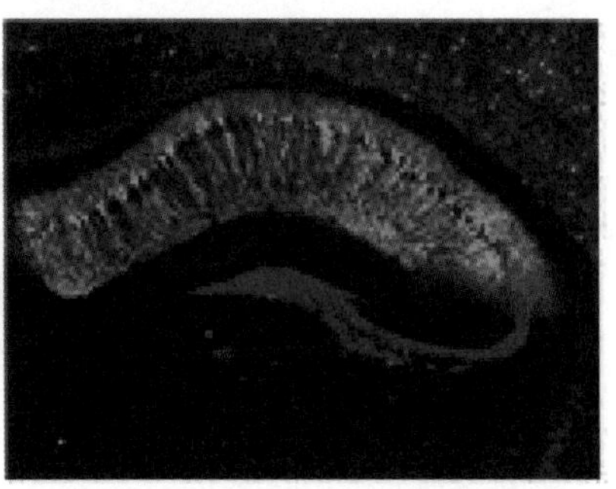

해마: (A) 뇌 중간 위치하며, (B) 공간 기억(녹), 사회활동(적), 사건 전달(청) 기억을 담당한다

는 걸까. 아니다. 첨단과학이 들여다본 기억은 두뇌세포(뉴런)가 특정 모양으로 연결된 3D '회로'다. 미국 캘리포니아 공대 실험실을 들여다보자.

나이 들어도 해마 속 뉴런 수는 비슷

연구진은 1.8㎜ 초소형 카메라를 쥐 두뇌 해마 부위에 삽입했다. 쥐 뇌세포(뉴런)에 전기 신호가 흐르면 빛이 발생하는 광光 유전자를 삽입한 쥐를 사용했다. 이 방법으로 어떤 뇌세포가 기억에 참여하는지를 알 수 있다. 이 쥐를 1.5m의 흰색 복도를 지나가게 했다. 복도 좌우에는 검은색 기호(+, - 등)들이 붙어 있다. 복도 끝을 지나면 두 갈래다. 한쪽에만 설탕물이 있다. 벽면 기호를 기억해야 설탕물을 마실 수 있다. 통로를 지나는 쥐 해마 기억세포(뉴런)에는 무슨 변화가 있을까. 해마 삽입 초소형 카메라로 뉴런 하나하나를 촬영했다.

복도를 지나면서 쥐는 기호, 공간, 설탕물 등 각종 감각 자극을 받는다.

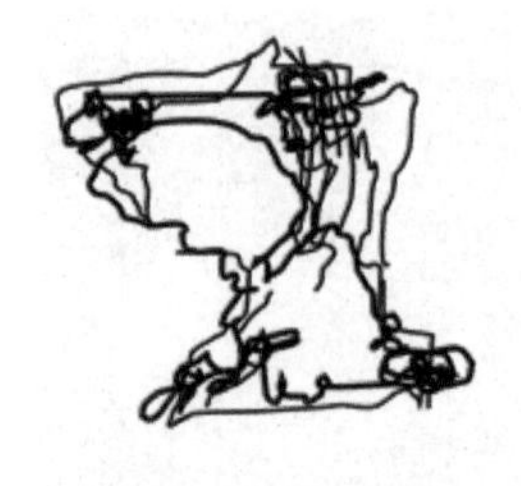
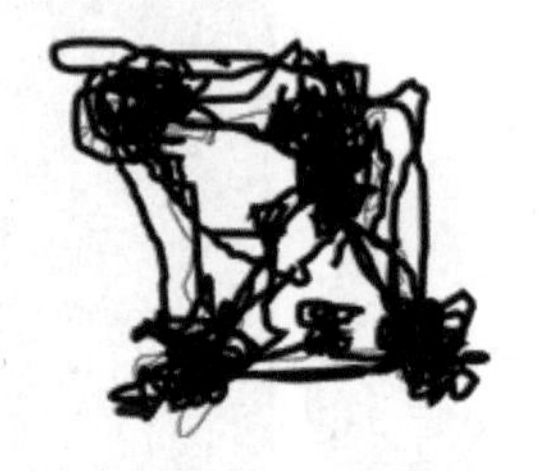

반복 행동이 참여 뉴런 간 시냅스 연결로 기억회로를 형성한다(설탕물 기억 실험 해마 뉴런: 1, 10, 45일 후)

그 자극은 전기 신호로 두뇌 해마에 전달된다. 전기 신호는 그물망처럼 서로 연결된 수많은 뉴런 사이를 '지지직~' 흐른다. 뉴런 그물망에 특정 모양 전기회로가 만들어진다. 마치 북극 하늘 오로라처럼 회로가 생긴다. 설탕물 찾기를 반복할수록 회로는 선명해졌다. S자 3차원 회로가 만들어졌다. 이게 기억 실체다. 정리해 보자. 쥐가 벽면 기호를 보며 설탕물을 찾을 때 해마 속 뉴런은 S 형태로 네트워크 회로를 만들었다. 이게 '설탕물 찾기' 기억이다(2019년 8월 〈사이언스〉).

뉴런 그물망 사이 연결회로가 기억이라면 그 회로대로 뉴런을 자극하면 그 기억이 재생될까. 재생된다. 미국 스탠퍼드 대학이 두뇌에 빛을 쬐어 기억 재생에 성공했다. 연구진은 목마른 쥐가 물을 마실 때 어떤 형태 전기회로가 생성되는지를 미리 촬영했다. 21마리의 쥐 두뇌 34군데 2만 4,000개 뉴런 사이에 공통적으로 형성된 회로는 X자 형태였다. X회로가 쥐의 '목마른' 기억이다. 연구진은 X 형태 빛을 해마 뉴런에 쬐었다. 빛은 뇌세포에 삽입된 광(光) 유전자로 인해 내부 전기 신호로 바뀌었다. 그러자 놀라운 일이 생겼다. 물을 이미 충분히 마신 쥐가 또다시 물을 마시기 시작했다. 목마른 기억을 임의로 재생한 것이다. 연구진은 뉴런 그물망 전기회로가 '기억'의 실체임을 역으로 증명한 셈이다(2019년 4월 〈사이언스〉). 어떤 기억회로를 만들어 그대로 자극하면 그 기억이 심어진다는 이야기다. 그럼 어떤 기억이 오래갈까.

영화 〈반지의 제왕〉(2003년, 미국)은 인간, 호빗, 마법사, 엘프, 난쟁이 등 많은 종족 사이의 갈등을 다룬 대서사시다. 등장인물도 많고 스토리도 길다. 이걸 잘 기억하려면 여러 명이 봐야 한다. 한두 사람이 특정 장면을 기억 못 해도 다른 사람이 그 부분을 보충해 주면 전체 스토리를 기억할 수 있다. 즉 기억을 오래가게 하려면 기억 형성에 참여했던 뇌세포 수가 많아야 한다.

지금까지는 뉴런-뉴런 사이 연결(시냅스)이 강할수록 그 기억이 오래간다고 여겼다. 실제로 외부 감각이 강할수록, 그리고 자주 반복될수록, 달라붙는 접점(시냅스)이 더 많이, 더 강하게 만들어진다. 해마 단기 기억은 이런 접점 사이의 일시적 전기 회로다. 이 회로는 이후 점점 약해진다. 조금 전 먹은 식사 반찬이 무언지는 임시 전기회로 형태로 5~10분 간다. 하지만 이내 사라진다. 기억하고 싶으면 그 장면을 계속 되새겨야 한다. 오래 남는 기억은 세포 유전자까지도 참여하여 연결점(시냅스)을 더 많이 만든다. 이른바 '기억 공고화'로 장기 기억이 된다.

이번 '설탕물 기억' 연구는 기억 과정에 연결점(시냅스)보다 참여 뉴런 숫자가 더 중요하다고 말한다. 연구팀은 기억에 참여하는 1만 3,558개 세포 하나하나를 8개월간 직접 촬영해서 실제 그놈이 열심히 일을 하는지, 농땡이 피우는지를 측정했다. 측정 결과 기억 핵심은 기억에 참여하는 세포, 즉 뉴런 숫자였다. 처음 설탕물을 찾아 마실 때는 뉴런이 몇 개 참여하지 않았다. 하지만 1.5m 복도를 자주 갈수록 참여하는 뉴런 수는 비례해서 늘어났다. 그 결과 튼튼한 '설탕물' 회로가 만들어졌다. 튼튼한 회로는 시간이 지나도 전체 '윤곽'이 남아 있어 쉽게 재생된다. 실제 '설탕물' 초기 기억 당시 전체 뉴런 중 40%가 기억했다. 10일 후에는 2,8% 뉴런만이 기억했다. 하지만 개별이 아닌 '전체 회로', 즉 윤곽은 수 주간 기억되고 있었다. 결국 관건은 참여 가능한 뉴런 수다. 이걸 늘릴 수 있을까.

두뇌 용량은 40세 이후 매년 0.5%씩 줄어든다. 두뇌세포가 죽고 세포 부피가 줄고 시냅스가 변해서다. 하지만 기억 중추 해마는 가장 적게 줄어든다. 최근 컬럼비아 대학 연구팀은 돌연사한 청년과 노인 28명의 두뇌를 직접 '열어서' 해마 속 뉴런 숫자를 세었다. 나이 들어도 해마 뉴런 수는 비슷했고 신생 뉴런 수도 같았다. 혈관 생성, 시냅스 연결 상태가 조금 약했다. 나이 들어도 해마 기억 자체는 그대로이고 기억 속도가 좀 약해진다는 이야기다. 기억력을 늘려 보자. 어떤 방법이 최적일까. 확실한 방법은 운동이다.

미국 메릴랜드 대학의 연구는 솔깃하다. 30분간 실내 자전거를 약간 숨찰 정도로 달린 후 두뇌 4곳과 해마 활동도를 비교했다. 운동으로 두뇌 활동도가 2.5배 높아지고 기억력이 좋아졌다.

매일 1시간 수영한 쥐, 치매 안 걸려

더 구미가 당기는 소식이 있다. 매일 1시간씩 5주간 수영한 쥐는 치매 유발물질(베타아밀로이드)을 주입해도 치매에 걸리지 않았다. 장수호르몬으로 알려진 '아이리신'이 근육뿐 아니라 해마에서도 생산되기 때문이다. 이 호르몬은 '두뇌 영양인자[BNDF]'를 높여 시냅스 연결을 높이고 뉴런 수를 늘

매일 1시간씩 5주간 수영한 쥐는 치매를 유도해도 걸리지 않았다

린다. 치매 환자는 이 호르몬이 40%나 적다. 이놈이 치매를 예방하고 기억력을 높인 것이다. 더구나 이 기특한 놈은 몸속 갈색지방을 활성화해서 뱃살도 줄인다. 장수촌 노인들이 몸뿐만 아니라 정신까지 튼튼한 비결이 이 놈 때문이라는 반증이다(2019, 〈네이처 메디신〉). 적절한 운동으로 두뇌를 지키자. 헬렌 켈러는 말한다. "아름다운 인생은 사랑했던 기억들 모음이다." 기억을 지키자.

감정 실어 주위 배경으로 스토리 만들면 오래 기억

어떻게 기억해야 가장 오래갈까. 꽉 막힌 책상에 앉아 달달 외우기는 효과가 별로다. 기억력 세계대회에서 20번 우승한 천재(얀자 윈터소울, 스웨덴)를 보자. 3자리 숫자 500개를 10분 만에 완벽하게 외운다. 그의 비법은 숫자를 이미지, 스토리화하기다. 3자리 숫자를 단어로 만든다. 자주 다니던 거리 물건들과 단어를 연결하여 스토리로 만든다. 두뇌 과학적으로는 공간(해마)-감정(편도체)-스토리(대뇌) 합작하기다(2019년, 〈네이처 커뮤니케이션〉). 노을 지는 해변에서(공간) 가슴이 벅차오르는 연애경험(감정)을 친구에게 이야기(스토리)한다면, 그 기억은 죽어도 잊을 수 없다.

Q&A

Q1. 시냅스는 신경세포를 연결하는 접점입니다. 중간 중간 시냅스가 있는 것보다 한 줄로 연결된 신경세포가 오히려 신경 전달에 유리한 것 아닌가요?

A. 두뇌 신경세포는 다양한 기능을 합니다. 다양한 기능에는 복잡하게 연결된 시냅스 회로가 필수입니다. 하지만 척추에서 각 장기로 연결된 척수신경, 말초신경은 이런 시냅스가 많이 있을 필요는 없습니다. 이 신경들은 단순 작업, 즉 신경 신호 전달만 하면 되기 때문입니다.

Q2. 기억의 실체를 파악할 수 있는 방법은 무엇이 있나요?

A. 최근 빛에 반응하는 유전자(광 유전자)를 뇌세포에 삽입하는 기술이 개발되었습니다. 이 경우 특정 부분 뇌세포에 빛(LED)을 쐬면 그 뇌세포는 전기 신호를 발생해 마치 외부 자극이 들어온 것처럼 다른 뉴런에 전기 신호를 보냅니다. 즉 빛을 이용해서 인공적으로 특정 부분 뉴런을 활성화할 수 있습니다. 이런 기술로 뇌의 어떤 부분에 기억이 저장되는가를 알 수 있습니다.

4장

건강, 바이오헬스가 책임진다

우리 몸은 복잡하고 정교한 기계지만 목표는 하나다. 살아남기다. 음식도 그렇다. 일단 음식이 들어오면 무조건 저장한다. 추우면 몸을 떨어 에너지를 사용해서 몸을 덥힌다. 그러니 추운데서 지내면 뱃살도 자동으로 빠진다. S라인을 원하는 건 몸이 아니라 내 생각이다. 즉 몸은 S라인이 중요한 게 아니라 두둑한 지방이 비상 에너지로 필요해서 저장한다. 이런 몸의 원리를 잘 이해하면 뚱보 D라인이 날씬 S라인으로 바뀐다. 대머리 총각도 도태되지 않고 살아남았다. 대머리의 노숙함이 여성들에게는 살아남기 위한 중요한 선택사항이기 때문이다. 새끼의 암수를 결정하는 데도 생존의 본능이 작용할까. 동물은 본능적으로 새끼의 암수 비율을 생존에 유리한 방향으로 바꾼다. 그럼 사람은? 집단생활을 하는 동물과는 달리 일부일처다. 암수 비율이 본능에 따라 바뀌지는 않는다. 우리 몸을 깊이 들여다보면 세상을 살아가는 지혜를 얻을 수 있다.

죽어라 뛴 만큼 뱃살 쭉쭉 안 빠진다. 정답은 덜 먹기: 인체의 에너지 자물쇠 전략

코로나 시대에도 건강하면 버텼다. 인체 건강의 핵심은 에너지다. 하지만 넘치면 뱃살로 가서 당뇨 등 부작용이 발생한다. 지방은 인체 비상식량이다. 웬만해선 안 내놓는다. 운동으로는 뱃살 제거의 한계가 있다. 에너지 유입, 즉 먹는 걸 줄여야 한다. 운동 목적은 따로 있다. 건강이다.

운동은 체중 감량보다 건강 증진에 효과적이다

국내 직장인 10명 중 6명은 입사 후 체중이 불었다. 9명은 감량을 위해 운동이 필요하나 현재 운동량이 너무 적다고 생각한다. 출렁이는 뱃살을 줄이려면 목숨 걸고 운동을 해야 할 것 같은 비장한 각오를 하게 마련이다. 하지만 운동으로 몸무게가 확실히 줄까? 유명 학술지 〈커런트 바이올로지〉의 연구 결과는 실망이다. 운동을 죽어라 해도, 운동한 만큼 몸무게가 쑥쑥 빠지지는 않는다는 결론이다. 게다가 너무 과하면 정자 DNA도 깨진다. 하지만 이런 몸의 에너지 보존 전략 덕분에 인간은 지구 최상위 포식자가 되었다. 몸-운동-에너지-음식의 진화 원리를 알면 뱃살 줄이기의 근본적인 해결책이 보인다. 바로 덜 먹기다.

부시먼과 뉴욕 사무원 에너지 소비량 동일

영국 케임브리지 대학 생물인류학 연구진은 아프리카에 살고 있는 '부시먼'을 찾아갔다. 부시먼은 현재 아프리카 남부 칼라하리에 살고 있는 구석기 시대 원시 인류와 비슷하다. 남자들은 창, 손도끼를 들고 사냥에 나선다. 동물을 추적하느라 하루 11.4㎞를 걷는 것은 기본이다. 여자들도 쉴 틈이 없다. 열매를 따거나 식물 뿌리를 캐내 아이들을 먹이기 바쁘다.

부시먼들은 하루 운동량이 많으니 당연히 현대인들보다 많은 에너지를 소비할 것이다. 이런 생각으로 뉴욕 대학 연구진은 부시먼의 하루 에너지 소모량을 측정했다. 측정 결과는 의외였다. 하루 종일 걷다시피 하는 부시먼들이 의자에만 있는 뉴욕 직장인의 에너지 소비량과 비슷했다.

이 의외의 결과에 놀란 다른 대학 연구진들은 좀 더 정밀한 실험을 했다. 미국, 아프리카 등 5개 지역에서 다양한 남녀 인종 332명을 모았다. 이

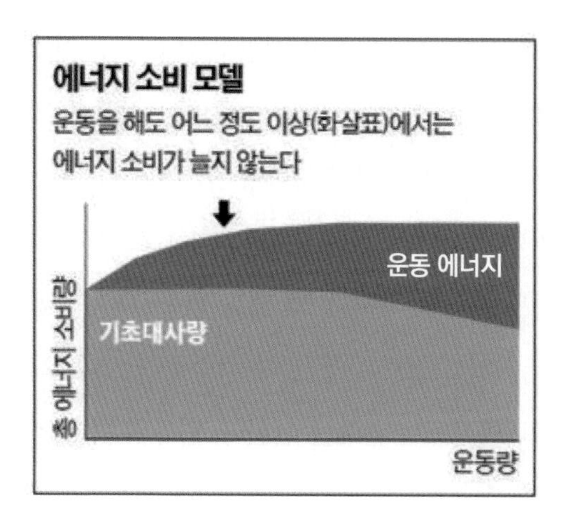

에너지 소비 모델: 운동을 해도 어느 정도 이상(화살표)에서는 에너지 소비가 늘지 않는다

들을 대상으로 평상시 운동 정도에 따른 하루 에너지 소비량을 7일간 측정했다. 소파에서 죽치는 '소파족'도 있었고 하루 몇 시간씩 운동을 하는 '운동 마니아'도 있었다. 이들 손목에 운동량 측정밴드를 채웠다. 어떤 결과가 나왔을까. 운동량이 적은 단계에서는 에너지 소비량이 운동량에 비례했다. 즉 하루 1시간의 보통 걷기(시속 5㎞)까지는 운동한 만큼 비례해서 에너지가 소비됐다. 살이 그만큼 빠진다. 하지만 거기까지였다. 그 이상에서는 운동량이 늘어나도 에너지 소비가 늘지 않았다. 살이 더 안 빠진다. 그럼 운동에 쓰였던 에너지는 몸속 어디에서 끌어다 썼을까.

답은 '기초대사량 중에서 면역소요 에너지를 줄인다'이다. 그러면 면역에 문제가 생기지 않을까. 어느 정도까지는 괜찮다. 오히려 과도한 면역(염증 반응, 자가 면역)을 줄여 도움이 되기도 한다. 하지만 어느 경계선이 있다. 이 선을 넘어 운동량을 늘리면 기초대사량이 너무 많이 감소해 몸에 역효과를 준다. 그 결과 성장 속도가 줄고 배란이 감소한다. 어느 정도가 건강에 좋을까. 미국 대학 심장협회에 의하면 천천히 뛰는 정도의 빠른 걷기(시속 8㎞)로 주당 2.5시간 운동이면 충분하다. 이 정도로도 주당 4시간을 넘어서면 운동 효과는 급감해서 전혀 운동 안 하는 사람과 같다. 게다가 전문 선수들도 고강도 운동을 장시간 할 경우 정자 DNA 깨짐 현상이 관찰된다. 즉 과도한 장기간 고강도 운동은, 뱃살을 줄이는 데 그리 효과적이지도 않지만 정자, 즉 번식에는 손해를 입힌다. 인류의 몸은 왜 이런 방향으로 진화했을까.

답은 '굶을 때를 대비한다'이다. 즉 먹을 것이 부족해지고 운동량이 많아지면 하나를 선택해야 한다. 이때 호모 사피엔스는 운동을 위해 몸속 에너지원을 다 사용하지 않고 절약하는 전략을 택한다. 그 영향으로 면역이 줄어들거나 정자 DNA가 일부 조각나도 보존 전략이 궁극적으로는 낫다. 왜냐하면 굶게 되면 그때 태어난 새끼도 건강하게 살 확률이 없기 때문이다. 그나마 현재 살아 있는 부모 신체를 보전하는 고육지책이 진화에 유리한 셈이다.

뱃살 줄이겠다고 운동을 시작하면 처음에는 뱃살이 줄어들지만 그 이상 운동 강도에서는 더 줄지 않는다. 에너지 소비가 어느 이상 되지 않도록 일종의 자물쇠 전략을 쓰는 것이 호모 사피엔스다. 그러면 의문이 생긴다. 어떻게 에너지 보존형 호모 사피엔스가 지구상 동물의 최상위 자리에 오를 수 있었을까. 어떻게 큰 두뇌를 유지할 수 있었을까. 답은 쓸 수 있는 에너지 총량을 늘릴 수 있었기 때문이다.

불과 요리를 통해 고에너지를 섭취한 인간은 에너지 발생효율이 높게 진화할 수 있었다

가용 에너지 늘려 최상위 포식자 돼

인간이 어떻게 유인원(침팬지·고릴라·오랑우탄)을 제치고 앞으로 나와 세상을 호령할 수 있게 됐을까. 답은 간단하다. 인간은 유인원보다 오래 살고 자식도 많이 낳고 두뇌가 컸기 때문이다. 비결은 한 가지다. 쓸 수 있는 에너지가 다른 유인원보다 많았다.

저명 학술지 〈네이처〉는 이런 가설이 사실임을 증명했다. 즉 인간의 하루 에너지 소비량이 유인원보다 20%(400㎉) 많았고 에너지 발생 효율도 높았다. 인간이 이렇게 많은 에너지를 얻을 수 있었던 이유는 3가지다. 불을 사용해서 다양한 고칼로리 음식을 먹을 수 있었고, 사회 형성으로 식량을 나누어 먹을 수 있었고, 남는 에너지를 지방으로 저장할 수 있었다.

바짝 마른 부시먼도 침팬지보다 1.6배(남), 2.4배(여) 지방이 많다. 지방 덕분에 인간은 굶을 때도 살아남았다. 그렇게 수백만 년을 지내온 인류다.

그런데 농업혁명, 산업혁명으로 먹을 것이 너무 많아졌다. 당연히 지방이 더 쌓인다. 실제로 현대인은 부시먼보다 1.8배 지방이 많다.

하지만 구석기시대 몸은 이 지방을 본능적으로 비상식량으로 간주한다. 운동 조금 한다고 이걸 다 사용하지는 않는다. 결론은 간단하다. 운동으로 몸무게가 쉽게 줄어들지 않도록 인류는 진화했다. 이런 원리를 안다면 비만 해결책은 간단하다. 적게 먹어야 한다. 운동은 어느 정도까지만 감량에 도움이 된다. 따라서 감량 목적으로 운동에 목매지 말자. 운동이 진짜 필요한 이유는 따로 있다. 바로 건강이다.

운동 효과는 건강 증진이다

운동하면 장수한다. 하버드 대학 미국 국립암연구소 공동연구에 따르면 하루 1시간 빨리 걷기만 해도 수명이 7.2년 늘어난다. 계산해 보자. 40세 성인이 80세까지 하루 1시간만 투자하면 하루 4시간을 더 살 수 있다. 확실히 남는 장사다. 특히 장기간 운동은 심장 마비, 당뇨, 암 예방에 보증수표다. 무엇보다 근육량이 늘어나는 운동은 기초대사량을 늘려 먹고 싶은 대로 먹어도 된다. 추천 운동 강도는 빠른 걷기(시속 8㎞)로 주당 2.5시간이다. 같은 속도보다는 강약이 반복되면 좋다. 몸이 적응하면 에너지 소비가 줄기 때문이다.

〈스포츠의학 연구〉 학술지는 운동 세기를 변화시키라고 권고한다. 장기 저강도 운동보다는 고강도 단기를 추천한다. 죽어라 달리고 잠시 쉬었다 다시 죽어라 달리는 반복 운동 효과가 2형 당뇨 인슐린 저항성을 49%나 감소시켰다. 특히 운동 초보자에게 효과가 좋다. 강한 운동으로 근육 칼

숨 수용체가 깨지면서 근육에 스트레스를 주고 근육을 강하게 만든다. 운동 고수들은 이미 이런 단계를 지나 적응했기 때문에 초보보다는 효과가 덜 하다.

스피닝(그룹 사이클링)은 화끈하다. 30초간 죽어라 페달을 밟고 4분간 숨 고르기를 6번 반복한다. 건강에 좋다. 하지만 한 번 해 보면 안다. 너무 힘들다. 특히 중장년에게는 30초간 죽어라 달리기는 쉽지 않고 위험하기도 하다. 그렇다고 헬스클럽 자전거나 러닝머신은 너무 지루하다. 인내를 요한다. 계속하기 힘들다.

더 재미있는 운동은 없을까. 있다. 게임이다. 동네 조기축구에서 공을 따라 뛰는 것도 고강도, 저강도의 반복이다. 훽훽 날아다니는 셔틀콕을 쫓아가는 배드민턴도 좋다. 직장 동료들과 어울려 떠들고 웃으며 달리는 생활체육이 중장년에게는 최고의 운동, 최선의 건강 지킴법이다.

실제로 국내 생활체육 동호인이 운동 안 하는 일반인보다 신체 나이가 무려 21년(남), 13년(여) 더 젊었다. 운동은 몸을 젊게 한다. 하지만 뱃살까지 확실하게 줄이려면 한 단계 더 필요하다. 운동 후 꿀맛 같은 밥과 시원한 생맥주의 유혹을 견뎌야 한다. 대부분 여기서 실패한다. 명심하자. 피자 한 조각 더 먹으면 1시간 23분간 더 걸어야 한다. 피자 먹는 대신 운동 삼아 1시간 23분 걷는다면 5시간 23분 더 살 수 있다. 무엇을 해야 뱃살을 줄이고 어떤 것이 건강에 좋은지는 자명하다. 먹는 유혹을 참고 빨리 걷자.

미국의 유명 작가 토니 로빈스는 이야기한다. "맛있는 음식을 인생 내내 즐기고 싶은가? 방법이 있다. 그 음식을 매번 조금씩만 먹어라."

Q&A

Q1. 글 내용 중 감량이 쉽지 않다고 했습니다. 실제 감량해도 요요가 생깁니다. 그 이유는 무엇인가요?

A. 여러 가지 가설이 있습니다. 그중 하나는 장내세균입니다. 비만인 사람은 장내세균 그룹이 날씬한 사람과 다르지요. 비만을 벗어나려면 이게 완전하게 바뀌어야 합니다. 조금이라도 남아 있으면 비만에 유리한 신호를 뇌에 보냅니다. 완전히 바뀌는 데는 다이어트 기간의 5배가 소요됩니다. 즉 1달 동안 다이어트를 했으면 최소 5달은 그 상태를 유지해야 하지요. 그래야 세균 종류가 바뀝니다. 마치 붉은색 연못물을 흰색으로 바꾸려면 최소 5배의 물을 넣어야 하는 것과 같습니다.

Q2. 음식 칼로리는 어떻게 계산하나요?

A. 라면 한 그릇을 먹으면 450킬로칼로리가 발생합니다. 이때 칼로리는 라면에 있는 모든 물질이 산화될 때 나오는 에너지를 말하죠. 측정법은 라면을 열이 차단된 상자 안에 넣고 가열해서 모두 기화시킬 때 발생되는 열을 측정합니다. 즉 물리적인 산화 방식에 의한 계산법이지요. 물리적 산화는 모든 것을 태우지만 사람 몸속에 들어간 영양분은 100%보다는 약간 적은 95~98%가 생물학적 연소됩니다. 또 사람마다 조금씩 차이는 있을 수 있습니다. 사람에 따라 피자 한 조각이 몸에 들어가서 지방이 되느냐 근육이 되느냐 와는 다른 문제입니다.

갈색지방의 마술… 피부 차게 하면 뛰지 않아도 뱃살 쏙

건강이 코로나를 이기는 가장 최선의 방법이다. 반면 성인 건강의 최대 적은 뱃살, 즉 지방으로 알고 있다. 하지만 '착한 지방'도 있다. 갈색지방, 즉 스스로 지방을 태우는 놈들이다. 이놈을 깨우는 건 '선선함'이다. 냉수마찰은 '착한 스트레스'다. 정신적으로 강해지기도 하지만 몸에서는 다른 반응이 일어난다. 바로 몸속 갈색지방을 일깨운다. 유아시절, 체온조절이 어려울 때 비상용 보일러 역할을 하던 갈색지방이 성인이 되어도 남아 있다. 이걸 활성화하면 감량은 물론 장수호르몬도 나온다.

강물이나 바닷물 수영 같은 저온 자극은 갈색지방을 늘리고 장수에도 도움이 되는 것으로 밝혀지고 있다. 그림은 〈젊음의 샘〉(루카스 크라나흐, 독일, 1546)

직장인 52%는 입사 후 몸무게가 5.5㎏ 늘었다. 죽어라 뛰어도 뱃살은 좀처럼 빠지지 않는다. 굶을 때를 대비한 인간 본능이다. 유일한 해결 방법은 덜 먹기다. 먹는 즐거움이 참는 괴로움이 된다. D형 뱃살은 외모만이 아니라 수명에도 치명적이다. 체질량지수(체중(㎏)/키(m) 제곱) 30 이상이면 3년 단명한다. 주범은 잉여지방이다. 온갖 다이어트를 시도하지만 1년간 10% 감량 유지 성공률은 불과 20%다.

획기적인 다이어트는 없을까. 굿뉴스가 있다. 저명 학술지 〈네이처 메디신〉에 따르면 뛰지 않아도 주사 한 방으로 뱃살 지방을 태우는 방법이 나왔다. 이 주사는 뱃살뿐만 아니라 2형 당뇨 치료도 가능하게 한다. 장수와도 직결된다. 바로 갈색지방이다.

갓난아이 체중 5%가 갈색지방, 성인은 0.1%

미국 하버드 의대 당뇨센터 연구진은 쥐에게 주사를 한 방 놨다. 그러자 혈중 중성지방이 줄고 지방 분해가 급격히 늘었다. 주사 성분(12,13-diHOME)을 찾아낸 방법이 특이하다. 성인 9명에게 1시간 동안 14℃ 시원한 물이 흐르는 재킷을 입혔다. 그러자 혈액 속에서 '주사 성분'이 급증했다. 즉 사람 피부 온도를 떨어뜨리자 주사 성분이 생산됐고 이 성분이 지방을 없앤 것이다. 그렇다면 피부를 차게 하면 달리기를 하지 않아도 뱃살이 줄까. 답은 '그렇다'이다. '북극곰' 수영이나 냉수마찰을 하는 사람은 찬물 자극이 몸에 좋다는 속설을 믿고 있다. 사우나 냉탕, 온탕을 왔다 갔다 하면 몸에 좋을까? 혈액순환은 좋아지겠지만 뱃속 지방까지 태울 수 있을까. '냉탕'이라는 단어는 10년 전 만난 중국 지린 대학 노교수를 떠올리게 한다. 60을 훌쩍 넘긴 그는 강물 수영을 즐긴다. 강물, 바닷물은 여름철이라도 실내 수영장보다 차다. 찬물 수영 덕일까. 그의 몸이 단단하다. 그가 살던 동네에서는 강물 수영을 하는 '장수' 어르신들이 많다. 그는 필자에게 이야기했다. "찬물과 피부 사이에 뭔가 과학적 비밀이 있을 거야. 한번 캐 봐."

고대 그리스에서는 몸 단련 후 냉수마찰을 했다. 의학의 아버지 히포크라테스도 강물 수영을 적극적으로 권했다. 18세기 영국 빅토리아 여왕 시대는 찬물 치료법 전성기였다. 진화론의 대가 찰스 다윈도 치료차 자주 찬물 목욕을 했다. 찬물 피부 자극이 몸에 무슨 일을 하는 걸까. 고교 시절 야외 수영장 수업에는 긴 대나무 막대가 늘 등장했다. 수영 도중 몸을 '부르르' 떠는 놈들 머리 위에 어김없이 막대가 날아들었다. 수영장 찬물에서 뜨거운 소변을 방출하면 체온이 그만큼 쉽게 떨어진다. 이를 보충하기 위해 근육이 무의식적으로 움직이는 거다. 체온이 떨어지면 체온 조절 중추는 비상이다. 따뜻한 곳으로 이동하거나 보온 방법이 없다면 최후 방법은 '근육을 움직여 열 발산하기'다.

한겨울에 반바지로 나서면 마음과 달리 몸이 저절로 덜덜 떨리는 이유다. 하지만 이건 성인 이야기다. 성인과 달리 신생아는 이런 기능이 완전치 않다. 추위에 노출된 신생아는 위험하다. 유일한 대비책은 몸속 갈색지방이다. 갈색지방은 몸속 비상 보일러다. 흰색인 지방이 갈색으로 보이는 이유는 지방세포 내 보일러(미토콘드리아)가 많기 때문이다. 신생아들은 근육을 떨지 않는 대신 이렇게 갈색지방을 태워 추위에 대응한다. 그동안 이 갈색지방은 성인이 되면 없어지는 것으로 알고 있었다. 하지만 어른에게도 남아 있다.

93세까지 산 덩샤오핑, 바다 수영 하루 8번도

2009년 하버드 의대 연구진은 성인에게도 갈색지방이 남아 있다는 사실을 밝혔다. 갈색지방은 유아시절에는 체중의 5%이지만 성인이 되면 0.1%까지 줄어든다. 갈색지방이 있는 부위는 가슴·목·척추다. 갈색지

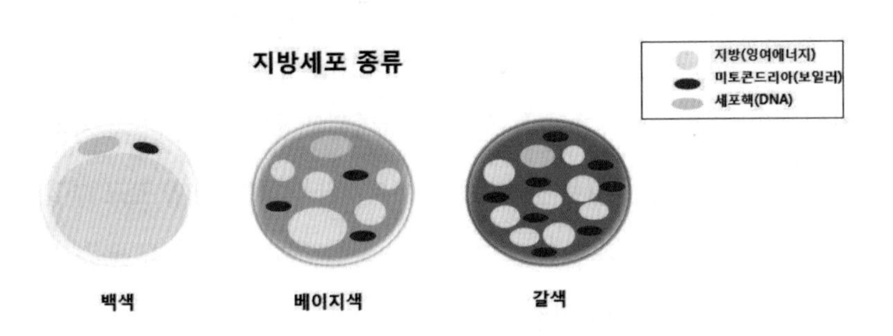

지방세포의 종류: 갈색지방은 세포보일러(미토콘드리아)가 많고 작은 기름방울들이 차 있어 화력이 세다. 베이지색은 백색과 갈색의 중간 형태다

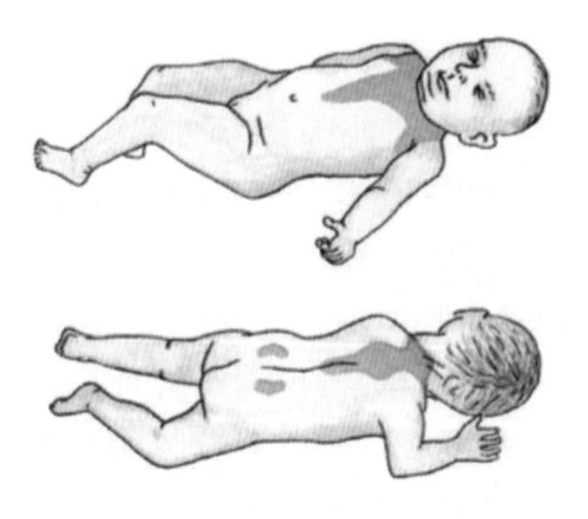

신생아 갈색지방세포: 유아지방의 5%를 차지하는 갈색지방은 체온 강하 시 스스로 태워서 열을 내는 비상보일러다

방은 많은 보일러(미토콘드리아) 덕에 포도당을 금방 연소시킨다. PET-CT(양전자 방출 단층 촬영)로 촬영하면 포도당이 많이 분해되는 곳, 즉 갈색지방 크기와 위치를 알 수 있다. 최근 〈핵의학잡지〉에 따르면 갈색지방이 남아 있는 성인은 전체의 3(남)~7%(여)밖에 안 된다. 나이 들면 더 줄어진다. 놀라운 사실은 갈색지방량이 사람에 따라 27배까지 차이가 난다. 에너지 소비량과 혈류량도 5배, 1.7배 차이가 난다. 갈색지방이 많은 사람은 많이 먹어도 지방을 자동 연소시킨다. 만약 백색지방을 갈색으로 바꿀 수만 있다면 뱃살 걱정은 없을 것이다. 바꾸는 방법이 있을까?

2018년 미국 카롤린스카 연구팀은 쥐에게 주사를 놨다. 그러자 흰색지방이 갈색지방으로 변했다. 주사는 혈관 생성 수용체(VGFR1)를 자극해서 구석구석 미세혈관을 촘촘하게 만들었다. 즉 산소 공급과 열 발산에 필요한 혈관들을 백색지방 곳곳에 설치해서 갈색지방으로 변신시킨 셈이다. 이 방법으로 신경망도 깔렸다. '피부가 차갑다'라는 신호를 받은 두뇌는 교감신경을 통해 갈색지방 보일러를 작동시킨다. 단순 기름 창고였던 백색지방이 연소시설을 완벽히 갖춘 갈색지방으로 바뀐 셈이다. 그런데 갈색지방이 늘어나면 뱃살이 얼마나 빠질까. 갈색지방을 태우는 현실적인 방법은? 찬 공기를 쐬면 갈색지방은 스스로 탄다. 덕분에 기초대사량이 2~5% 증가하고 적응되면 15%까지도 늘어난다. 5%만 늘어도 1년이면 3.5㎏ 자동 감량된다.

그런데 갈색지방이 별로 없는 사람도 노력하면 될까. 일본 연구진은 원래 갈색지방이 없는 청년 12명을 하루 2시간씩 6주간 17℃ 선선한 방에서 지내도록 했다. 이것만으로 하루 108㎉를 더 소모했고 6주 후 적응되니 289㎉를 더 소비했다. 선선한 창가에서 1시간씩만 있어도 갈색지방 자체가 23% 늘어난다. 건강도 좋아진다. 실제 4,011명을 조사하니 갈색지방이 많은 그룹은 적은 그룹보다 체중이 5kg 덜 나갔고 복부·피하지방·혈당·중성지방·나쁜 콜레스테롤LDL이 낮았다. 이제 힘들여 근육을 늘리지 않아도 살을 뺄 수 있는 묘책을 찾은 것이다. 하지만 갈색지방의 진가는 따로 있다. 바로 장수 열쇠다.

10℃ 방에서 2시간 후 장수호르몬 70% 증가

93세로 건강 장수한 덩샤오핑은 평소 바다 수영을 즐겨 하루 8번 한 적도 있다. 선선한 바닷물 수영은 그에 말에 따르면 '기세氣勢를 높인다'라고 했다. 냉수마찰은 한방 전통장수비법이다. 저온이 장수에 도움을 주는 걸까. 캐나다 연구진은 건강한 청년 6명을 2시간 동안 찬 방(10℃)에 머물게 했다. 그러자 혈중 '아디포넥틴'이 70% 증가했다. 이를 보던 연구진이 무릎을 쳤다. 아디포넥틴은 장수호르몬이기 때문이다. 실제 100세 장수노인 118명과 228명의 자손을 조사해 보니 모두 이 호르몬이 36% 높았다. 더 조사했다. 피부를 차게 하면 늘어나는 호르몬(FGF-21, Sirt1, Irisin)이 모두 장수노인에게서 높게 나타난다. 이 장수호르몬은 인슐린 민감성을 높여 2형 당뇨를 줄이고 골다공증을 막고 혈관 탄력을 유지한다. 피부 저온요법과 장수와의 연결고리를 찾은 셈이다. 그럼 시원한 곳에서 사는 것이 장수할까? 동물들을 보자.

같은 동물 중에서도 유독 장수하는 회색다람쥐(24년/일반 다람쥐 14년), 누드쥐(32년/일반 쥐 3년)는 모두 갈색지방이 많고 활성화되어 있다. 고도가 같을 경우는 극지방에 가까울수록, 즉 더 찬 곳에 살수록 갈색지방이 많고 오래 산다. 모두 저온자극이 갈색지방을 늘리고 장수에 직결됨을 보여 주는 예다. 과학자들은 비만, 2형 당뇨 치료의 새로운 돌파구가 갈색지방이라고 직감한다. 기존 당뇨 치료약은 모두 약해진 췌장 기능을 높이려 한다. 반면 갈색지방은 몸속 지방 자체를 낮추는 근본 치유법이다. 피부를 차게 자극하자. 운동 자체도 장수호르몬Irisin을 내보내 갈색지방을 높인다. 과학자들이 저온 자극물질을 찾아내서 알약으로 만들 때까지는 찬 공기가 피부를 스치는 것을 즐기자. 그게 갓난아이가 다 큰 어른들에게 가르쳐 주는 장수 노하우다.

생활 속 갈색지방 늘리기

1. 냉수마찰을 하자. 찬물을 뒤집어쓰라는 건 아니다. 수건에 미지근한 물을 적셔 몸을 문지른다. 이후 적시는 물의 온도를 조금씩 낮춘다. 3~5회 반복한다.

2. 선선한 곳에서 지내거나 운동하자. 15도에서 반팔 차림으로 2시간 운동하면 더운 곳보다 100~250칼로리가 추가로 소모된다. 집 안 온도를 낮게 유지하자.

3. 냉탕은 급히 들어가면 안 된다. 냉탕(15~17도)은 같은 온도 공기보다 훨씬 열전달이 강하다. 깜짝 놀랄 정도다. 노약자·심장이상자는 금물이다. 15도 이하에서는 갈색지방뿐 아니라 근육까지도 스스로 지방을 태운다. 따라서 온도가 더 낮으면 뱃살을 더 많이 태운다.

4. 사과 껍질, 블루베리 속 '우르솔릭산'이 갈색지방을 활성화시킨다.

Q&A

Q1. 기초대사량이란 무엇인가요?

A. 일정한 시간 동안 신체에서 발생하는 열량을 대사량이라고 하는데 이중 생명 유지에 필요한 최소의 열량을 기초대사량이라고 합니다. 단위는 cal(칼로리)로 표시하고 일반적으로 kcal를 사용하지요. 보통 생후 1~2년 사이에 가장 높고, 사춘기 때 약간 상승하는 것을 제외하면 점차 감소되며, 여성이 남성보다 5~10% 낮습니다. 남성은 체중 1kg당 1시간에 1kcal를 소모하고, 여성은 0.9kcal를 소모하는 것으로 계산합니다.

Q2. 갈색지방과 백색지방은 각각 어떤 역할을 하나요?

A. 갈색지방은 다량의 철 함유량이 높은 미토콘드리아를 가지고 있어서 갈색을 띠게 됩니다. 이런 갈색 지방 속 미토콘드리아는 ATP 생성 과정 없이 열을 발생합니다. 체온이 낮아질 경우 갈색지방은 백색지방으로부터 원료(지방)를 공급받아 열을 발생시키는 역할을 하며 백색지방은 평소 과잉의 영양분을 저장해두는 역할을 합니다.

4-3

통곡물·과일 섬유소, 면역 진정시켜 고혈압·당뇨 잡는다

인체 건강에 그동안 모습을 드러내지 않던 자가 등장했다. 장내세균이다. 신경, 혈관을 통해 온몸의 장기에 특정 신호물질을 보낸다. 장내세균 장내 세균을 튼튼하게 만드는 것이 몸이 건강해지는 지름길이다. 답은 식이섬유소(Diet fiber)다. 최근 과학은 식이섬유소에서 생산되는 각종 신호물질이 두뇌, 간, 심장, 신장 등 몸 구석구석에 직접적인 영향을 주고 있음을 확인하고 있다.

섬유소는 장내세균 최고의 먹이다

장수에 확실한 음식 하나를 골라 매일 먹으라면? 단백질? 비타민? 아니다. 섬유소fiber다. 채소·과일을 갈아 주스로 만들 때 남은 건더기가 섬유소다.

섬유소는 소화가 덜 되는 사슬 형태 탄수화물(당)이다. 한국인의 섬유소 하루 권장량은 20(여)~25(남)g이다. 하지만 성인 50% 이상이 권장량 미만으로 먹고 있다. 그나마 서구식 식사로 점점 덜 먹는 추세다. 하지만 이제는 생선·살코기 등 정상 식사 이외에 섬유소를 더 챙겨 먹어야겠다.

최근 연구에 의하면 섬유소를 많이 먹는 사람이 15~30% 더 오래 산다. 많이 먹을수록 체중·콜레스테롤이 떨어진다. 첨단과학이 그 이유를 찾아냈다. 2019년 뉴질랜드 연구진은 40년간 4,635명이 무얼 먹었고 그래서 몇 살까지 살았는지 임상 결과를 추적했다. 먹고 오래 살았다면 그게 최고 음식이다. 많이 먹을수록 수명이 늘어난 영양소가 '딱' 하나 있었다.

섬유소다.

히포크라테스 "모든 질병은 장에서 출발"

섬유소는 야채·과일·통곡물(겉껍질만 벗긴 곡물)에 많다. 야채즙을 짜면 수용성 섬유소는 물에 녹는다. 불용성은 찌꺼기로 남는다. 섬유소는 사슬의 성분·길이·구조가 다양하다. 사람의 세포는 녹말 같은 수용성은 분해하지만 불용성, 예를 들면 나무 성분인 셀룰로오스는 소화하지 못한다. 그 대신 장내미생물이 일부 분해한다.

왜 섬유소가 장수물질일까. 장운동 촉진, 쾌변 유도만으로는 설명이 부족하다. 섬유소에서 특별한 장수물질이 나오는가? 혹시 섬유소 기초 성분인 단순당(포도당, 과당 등)이 무슨 영향을 줄까. 하지만 청량음료 속 고과당 시럽(단순당)은 장수는커녕 대장암을 유발한다(2019년 저명 학술지 〈사이언스〉). 왜 같은 당 성분인데 섬유소처럼 길면 장수를, 고과당 시럽처럼 짧으면 암을 일으키나. 기원전 400년대 고대 그리스 의학자 히포크라테스가 힌트를 준다. "모든 질병은 장(腸)에서 출발한다." 왜 장이 그리 중요한 곳일까.

2019년 독일 막스 델브뤼크 연구센터는 장내미생물이 섬유소를 분해해서 고혈압·심장병을 막는다고 심혈관 전문지 〈서큐레이션〉에 보고했다. 섬유소를 먹인 쥐의 수축·이완기 혈압, 심장 섬유화, 좌심실 비대증이 줄었다. 심혈관 마스터 유전자(Egr1)가 제대로 작동했다.

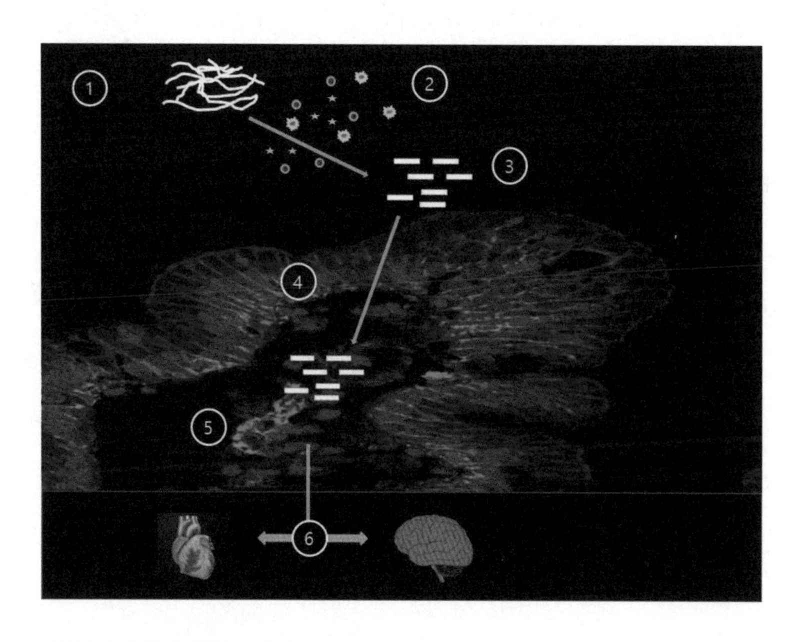

섬유소①가 장내미생물②에 의해 분해되어 신호물질③이 된다. 이후 대장점막④을 통과해서 내부 면역세포⑤를 진정시킨다. 신호물질은 혈관⑥을 통해 심장, 두뇌 등 다른 장기로 이동하여 염증을 가라앉힌다

무슨 물질이 효자 노릇을 할까. 섬유소의 긴 사슬이 분해되면서 생긴 짧은 신호물질(단쇄지방산: SCFA.프로피온산·뷰티릭산·아세트산)이다. 이게 장 혈관을 통해 심장·췌장·두뇌로 흘러 들어갔다. 심장에서는 이 신호물질 덕분에 부정맥(불규칙 심장 전기 신호)이 66% 줄었다. 심혈관 속 끈끈한 물질, 즉 죽상경화증이 줄어들었다. 더불어 고혈압이 떨어졌다. 소금(나트륨)을 낮추는 기존 고혈압 조절법보다 섬유소 식사가 더 효과적 대안으로 떠올랐다. 췌장과 두뇌도 좋아진다.

〈사이언스〉 논문에 따르면 고섬유식을 먹은 2형 당뇨환자가 한 달 만에 혈당이 30% 떨어졌다. 체중·지방이 줄었다. 두뇌에서는 기억상실이 줄었다. 신호물질(뷰티릭산)이 두뇌 면역세포 활성을 유지했기 때문이다.

어떻게 섬유소 분해산물인 신호물질[SCFA]이 심혈관질환, 2형 당뇨, 두뇌 기억상실을 모두 동시에 방지할 수 있을까. 과학자들은 히포크라테스가 한 말을 다시 들여다보았다. "병은 장에서 출발한다." 장에서 무엇이 잘못되면 병이 생기는 걸까. 정답은 면역이다. 죽상경화증, 두뇌 치매, 2형 당뇨의 공통 원인은 만성염증이다. 만성염증은 면역이 과도하게 흥분된 상태로 자기 몸에 총질해서 주위 조직을 상하게 한다.

섬유소-신호물질이 면역에 무슨 요술을 부린 걸까. 독일 막스 델브뤼크 연구진은 섬유소-신호물질이 흥분된 면역을 진정시킨다는 것을 확인했다. 즉 신호물질이 면역조절세포[Treg]를 통해 면역 '펀치' 세기를 조절했다. 펀치 세기가 잘못되면 평생 고생이다.

청량음료 속 과당 시럽은 대장암 유발

유아시절 면역 훈련사는 장내미생물이다. 대장에는 인체 면역세포

70%가 몰려 있다. '툭탁툭탁' 장내미생물이 면역에 잽을 날린다. 한두 번 맞아 본 면역세포는 깨닫는다. '너는 나와 같이 지낼 장내미생물이지, 너는 봐줄게.' 이게 면역관용이다. 이런 훈련이 안 된 면역은 조그만 자극이나 사소한 외부 침입자에도 놀라서 흥분하고 자기 몸에 총질한다. 이게 아토피, 천식, 류머티즘 관절염이다. 제대로 훈련된 면역이라도 나이 들면 자동 조절 기능이 떨어진다. 면역이 늘 흥분 상태다. 만성염증이 된다. 심혈관질환·당뇨·고혈압·치매가 생긴다. 흥분된 면역을 섬유소 식사가 진정시킨다. 만성염증을 가라앉혀 수명을 늘린다. 그럼 같은 당인데 한 개짜리 단순당(포도당·과당)은 왜 대장암을 유발할까.

식품별 섬유소 자료:한국영양협회

식품종류	섬유소량(100g당)
곡류	혼합잡곡(6.9), 현미(3.3), 백미(0.6)
	통밀식빵(3.3), 일반식빵(3.5), 국수(2.5)
	고구마(3.8), 감자(1.4)
채소류	마른미역(43.3), 김(33.6)
	취나물(5.8), 배추김치(3.0), 부추(2.9)
	깻잎(7.9), 풋고추(4.7), 버섯(2.9), 상추(1.8)
콩류	강낭콩(27.5), 검정콩(26.0), 팥(17.6)
과일류	배(3.6), 단감(2.5), 사과(2.4), 딸기(1.8)
견과류	아몬드(10.4), 호두(7.5), 땅콩(4)

식품별 섬유소 함량

2020년부터 미국 코네티컷주 모든 레스토랑 유아 메뉴에 청량음료가 사라진다. 청량음료가 비만·당뇨의 주범이기 때문이다. 비만은 약과다.

〈사이언스〉 논문은 충격이다. 연구진은 청량음료 1캔 속 과당 시럽을 매일 쥐에게 먹였다. 그러자 2달 후 대장암이 생겼다. 과당 시럽은 포도당: 과당이 45:55다. 둘이 공모해서 암 유발 유해 지방산을 만들었다. 과당 시럽은 암 전단계인 폴립(용종)을 암으로 급속 성장시켰다. 연구진은 지난 30년간 미국 대장암 증가 패턴이 청량음료 증가 패턴과 유사하다고 밝혔다. 고과당 시럽-대장암 연관성 간접 증거인 셈이다.

청량음료 집던 손이 멈칫한다. 긴 사슬인 섬유소는 장수를, 단순당인 과당 시럽은 대장암을 만든다. 속담이 진리다. 'You are what you eat' 즉 먹는 음식이 당신을 결정한다는 말이다. 음식이 몸속 무엇을 변화시킬까. 바로 장내미생물이다. 장내미생물 422종, 489만 3,893종류의 유전자를 조사해 보니 섬유소를 먹으면 염증 저하 신호물질(SCFA) 생산균이 12% 증가했다(〈사이언스〉, 2018).

섬유소 유래 신호물질이 약산성 환경을 만들어 유해균 성장도 막는다. 더 놀라운 건 대장 보호막을 두껍게 만들었다. 섬유소가 적어지면 유해균이 장 보호막을 먹어 치운다. 장에 구멍이 난다. 유해균이 혈관으로 바로 침투한다. 급성패혈증이다.

장 길이만 7m, 거친 음식에 맞게 진화

섬유소가 적으면 왜 인류 건강에 문제가 생길까. 하버드대 영장류 동물학자 리처드 랭검은 "인간이 발견한 불로 스스로 건강을 해친다"라고 말한다. 초기 인류는 불 없이 날 음식을 먹었다. 생고기·나무뿌리·통과일은 오래 걸려서 소화된다. 몸이 거친 음식에 맞게 프로그래밍이 되었다. 장이 7m로 긴 이유이기도 하다.

하지만 인류의 불 발견, 농업 시작은 음식을 많이 그리고 빨리 분해·섭취하도록 했다. 게다가 산업발달로 식품가공이 시작되었다. 과일에서 주스만을 우려냈다. 고과당 시럽도 만들었다. 고농축 에너지가 더 빨리 장에 공급되었다. 비만과 당뇨의 원인이다.

반면 섬유소 음식은 분해에 시간이 걸린다. 포도당이 급속히 치솟지 않는다. 위를 가득 채워서 포만감을 주고 식욕을 낮춘다.

히포크라테스는 정확하게 장의 중요성을 예측했다. 하지만 우리 조상이 한 수 앞섰다. 임금을 돌보는 어의御醫의 주요 임무 중 하나는 매화틀, 즉 임금 대변을 매일 검사하는 일이다. 모양, 냄새, 맛까지 확인했다.

달달한 가공식품을 피하자. 고섬유식 야채, 통곡물에 먼저 젓가락이 가도록 하자. 그게 확실한 건강장수법이다.

Q&A

Q1. 섬유소는 영양소가 아닌가요?

A. 우리 몸을 구성하고 유지하는 데 꼭 필요한 6대 영양소의 종류로는 탄수화물, 단백질, 지방, 비타민, 무기질, 물이 있으며 현재 식이섬유는 6대 영양소에 들어가지 않으나 '제7의 영양성분'으로 불리고 있습니다.

식이섬유소는 탄수화물의 일종으로 소화가 되지 않는 난소화성 성분으로 수용성과 불용성으로 나뉘게 됩니다. 수용성 식이섬유소는 주로 과일류, 견과류, 해조류에 들어 있으며 콜레스테롤 저하와 당의 흡수를 낮추고, 포만감을 느끼게 합니다. 불용성 식이섬유소는 콩류, 곡류, 채소류에 들어 있으며 변을 부드럽게 하여 장에서 빨리 배출하도록 돕기 때문에 장 건강에 도움을 줍니다.

우리 몸에서 소화, 흡수를 할 수 없으므로 영양학적으로 볼 때 섬유소는 영양소가 될 수 없습니다.

Q2. 전분과 섬유소는 무엇이 다른 가요?

A. 전분이나 섬유소는 고분자, 즉 분자량이 높다는 공통점이 있습니다. 하지만 전분은 쌀, 밀가루의 주성분으로 우리 몸에서 분해, 소화됩니다. 반면 섬유소는 소화되지 않습니다. 둘의 차이는 결합의 차이로 전분은 알파(1-4)결합, 섬유소는 베타(1-4)결합입니다. 참고로 사람은 알파(1-4)결합을 분해하는 효소만 가지고 있습니다.

4-4

16:8 마법… 8시간은 맘껏 먹어도 석 달 후 체중 3% '실종'

금식을 매일 일정 시간 한다면 장수한다. 세포를 굶겨서 '헝그리 정신'이 들게 하는 거다. 즉 저녁식사 이후 아침까지 16시간을 공복 상태로 유지하면 세포는 굶은 형태가 된다. 그럼 밥그릇을 싹싹 비워 먹는다. 즉, 세포의 노폐물까지도 깨끗이 청소한다. 감량이 되는 건 물론이고 줄기세포도 싱싱해진다. 그러면 장수한다.

뱃살은 수명과 직결된다. 비만인은 체중 1㎏만 줄여도 수명이 2달 반 늘어난다. 국내 성인 비만은 35.5%, 비만 관련 대사증후군(당뇨·고혈압·고중성지방·고콜레스테롤)은 47.6%다. 살을 빼 보자. 하지만 알려진 다이어트는 너무 많고 지키기도 힘들다. 좋은 게 없을까.

솔깃한 소식이 있다. 16:8 방식이다. 즉 16시간(저녁~아침 사이)은 물만 마시고 8시간(아침 10시~저녁 6시)은 맘대로 먹는다. 3달 후 몸무게가 3% 줄었고 혈압은 정상치로 떨어졌다. 일리노이 대학(UIC) 연구 결과다. 밤새 단식^fast^을 깨는^break^ 뜻인 breakfast(조식)만 제대로 지켜도 인체는 정상 상태를 찾아간다는 이야기다. 더 구미를 당기는 연구 결과가 있다. 노인 쥐를 하루 금식시켰더니 대장 줄기세포가 청년처럼 젊어졌다. '금식하면 병이 낫는다'라는 속설이 줄기세포 회춘으로 확인된 셈이다. 내 몸은 쫄쫄 굶는데 줄기세포는 왜 더 쌩쌩해질까.

줄기세포 싱싱해야 망가진 세포 금방 고쳐

미국 매사추세츠 공대MIT 연구진은 쥐를 하루 굶기자 대장 줄기세포에서 지방이 활활 타는 것을 발견했다. 더불어 줄기세포 재생 능력이 2배 껑충 뛰었다. 연구진 해석은 이렇다. 칼로리가 과잉이면 몸속 세포 보일러(미토콘드리아)가 과열되어 고장 난다. 고장 난 세포들은 줄기세포가 분열해서 대체한다. 이런 분열·대체 작업이 많아지면 줄기세포는 그만큼 빨리 늙는다. 공급 칼로리가 낮아야 줄기세포가 싱싱한 상태로 유지된다. 그래야 대장 껍질(상피)세포처럼 음식물·병원균과 늘 접하는 곳의 망가진 세포를 금방 고친다. 이게 잘 안되면 염증, 암이 된다. 암 90%가 상처 나기 쉬운 장기 상피세포에서 생기는 이유다.

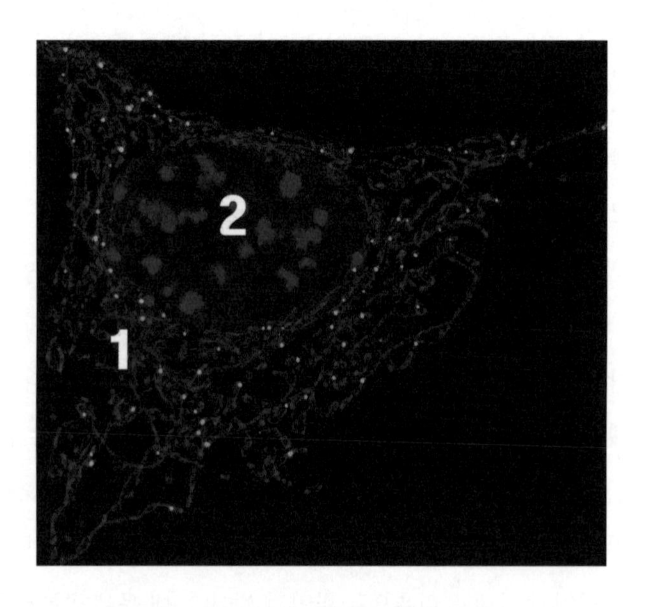

칼로리가 과잉이면 몸속 세포 내 보일러인 미토콘드리아(1: 그물망 모습)가 고장난다. 이곳 칼로리가 낮게 유지되어야 줄기세포가 젊어진다(세포핵: 2)

상피세포는 항암 치료에도 손상을 입기 쉽다. 화학 항암 치료 환자 18명에게 치료 전후 3일간 단식(10% 칼로리 공급)을 시켰더니 백혈구 DNA 파괴 등 항암 부작용이 현저히 줄었다. 잠시 굶는 것이 잠자고 있는 줄기세포를 번쩍 깨우듯 항암 환자 세포 재생에 도움을 주었다는 연구진 해석에 고개가 끄덕여진다. 역시 소식장수小食長壽다.

소식장수 현상은 굼벵이부터 인간까지 모든 생물체에서 공통으로 나타난다. 이번 MIT 연구는 적게 먹는 것이 세포 손상을 막고 동시에 줄기세포를 회춘시킨다는 것을 보여 준다. 나이 든 쥐는 청년 쥐보다 줄기세포 재생 능력이 62%나 떨어져 있다. 녹다운된 줄기세포를 '업'시켜 보자. 다이어트Diet는 그리스 말로 '건강을 위하여diaita'다. 다이어트해 볼까. 16:8 방식에 도전해 볼 만하다. 이왕이면 일주일에 이틀을 굶어 볼까. 아예 하루걸러 굶기를 할까. 뭘 먹어야 하나.

다이어트는 시간별로 간헐적 단식(하루, 일주일, 한 달 단위로 간간이 줄이기)과 소식(매일 줄여 먹기)으로 나뉜다. 영양소별로는 소식(저탄수화물, 저단백질, 저지방), 케톤식(극저탄수화물, 중단백질, 고지방), 지중해식(자연유래 중탄수화물, 중단백, 중지방)이 대표적인 방법이다. 어떤 게 최고일까. 과학자들이 연구 결과를 비교했다. 시간별로 어떻게 먹는가는 큰 차이 없이 모두 체중 감량되고 건강수치도 좋아졌다. 영양소별 비교는 쉽지 않다. 인종·문화·지역에 따라 음식이 다르다. 정답이 있다면 오히려 이상하다. 이보다 더 중요한 '다이어트 핵심'을 추려냈다. 3가지다. 채식 기반에다 순 살코기(혹은 단백질)를 더하라, 가공하지 않은 원재료를 써라, 근육 손실과 요요를 막으려면 운동을 겸하라. 이 3가지는 다이어트 필수다. 하지만 다이어트는 곡기를 끊는 일이다. 힘든 일이다. 임산부·건강이상자는 필히 의사와 상의해야 한다. 다이어트가 만병통치는 절대 아니다. 잘못된 믿음은 때로는 죽음이다.

1911년 미국 사이비 의사 린다 해저드는 몸 독소를 뺀다고 맹물수프와 관장으로 환자를 한 달씩 굶겼다. 현란한 말솜씨에 몰려왔던 환자들이 장작처럼 말라 갔다. 그렇게 40명이 굶어 죽었다. 친구 따라 강남 가듯 다이어트할 일이 아니다. 정확한 정보가 필수다.

단기 다이어트 효과 적어, 소식 생활화를

다이어트 성공의 핵심은 뺄 수 있는가와 유지할 수 있는가다. 간헐적 단식은 중도 포기 비율이 소식 그룹보다 20% 높다. 게다가 줄인 몸무게 5년 유지율은 5% 미만이다. 왜 빼기도, 유지하기도 힘들까. 인류는 식량 부족에 대비할 수 있게 진화했고, 살을 빼기보다는 살을 찌우기 쉽게 적응해 왔다. 단기 다이어트의 경우 몸은 굶는 비상사태로 해석, 최대한 에너지 소비를 줄인다. 덜 먹은 만큼 무게가 줄지 않는 이유다. 해결책은 생활습관화다. 그래야 몸이 적응하고 장내세균도 체중에 맞게 자리 잡는다. 인체 특성을 바꾸는 일은 쉽지 않다. 커다란 유조선이 90도 회전하려면 4㎞를 서서히 돌아야 한다. 다이어트 기간의 5배를 견디자. 뱃살과 건강, 두 마리 토끼를 잡아야 하는 다이어트다. 세상에 공짜는 없다.

Q&A

Q1. 고기만 먹는 다이어트가 정말 효과가 있을까요?

A. 고기만 먹는 다이어트는 일명 '황제 다이어트'로 탄수화물 섭취를 극단적으로 제한하고 단백질 위주의 식사를 하는 다이어트 방법입니다. 우리 몸의 주된 에너지원인 탄수화물의 섭취를 제한하는 것으로 몸이 에너지원을 얻기 위해 지방을 분해하도록 하는 것입니다.

하지만 영양소를 골고루 섭취하지 않고 단백질 섭취만을 극단적으로 늘리는 방식은 단백질 흡수 과정에서 생기는 질소 노폐물과 고기에서 같이 섭취되는 동물성 지방과 콜레스테롤 등으로 인한 문제가 생길 수 있으므로 오히려 건강을 해칠 수 있다는 문제가 있습니다.

Q2. 요요현상은 무엇인가요?

A. 요요현상은 체중 감량 후 다시 체중이 급격하게 증가하는 현상을 말합니다. 이는 잘못된 다이어트로 생기는 부작용 중 하나로, 무리한 절식으로 체중을 감량하자 인체가 스스로를 보호하기 위해 대사량을 줄이게 되고, 이로 인해 식욕이 증가해서 살이 더 찌게 되는 것을 말합니다. 장내세균이 비만형인 상태를 다이어트(절식)로 정상균으로 바꾸어야 하는데 이 기간이 다이어트 기간의 5배가 되어야 한다는 연구 결과입니다. 즉 다이어트 기간의 5배를 유지해야 합니다.

Q3. 줄기세포와 장수는 어떤 연관이 있나요?

A. 성인 몸세포(체세포)는 일정 시간, 즉 일정한 횟수를 분열하면 더 이상 자라지 않습니다. 이를 '헤이플릭(Hayflick) 한계'라고 하죠. 즉 체세포는 유통기한이 있는 셈입니다. 이렇게 자라지 않는 상태에서 손상을 입은 세포는 줄기세포가 그 세포를 대신해서 메꾸어야 합니다. 문제는 줄기세포도 나이를 먹는다는 점입니다. 따라서 줄기세포도 젊어야 쉽게 상처를 고치고 더불어 장수할 수 있습니다.

'배신한' 남성 호르몬이 머리 위 허전하게 한다 : 탈모는 왜 생기나

모발은 인체 건강과는 상관이 없어 보인다. 아니다. 세포 간의 신호, 특히 호르몬이 제대로 돌아야 모발도 건강하게 자란다. 정원의 잔디가 각각 독립적으로 자라고 있는 것 같지만 잔디의 바닥은 그물처럼 연결되어 잘 뽑히지도 않는다. 탈모증은 남성호르몬과 밀접하게 얽혀있고 전립선암과도 관련 있다. 여성에게 인기 없는 남성형 탈모, 즉 대머리 총각이 진화에서 살아남은 이유는 따로 있다.

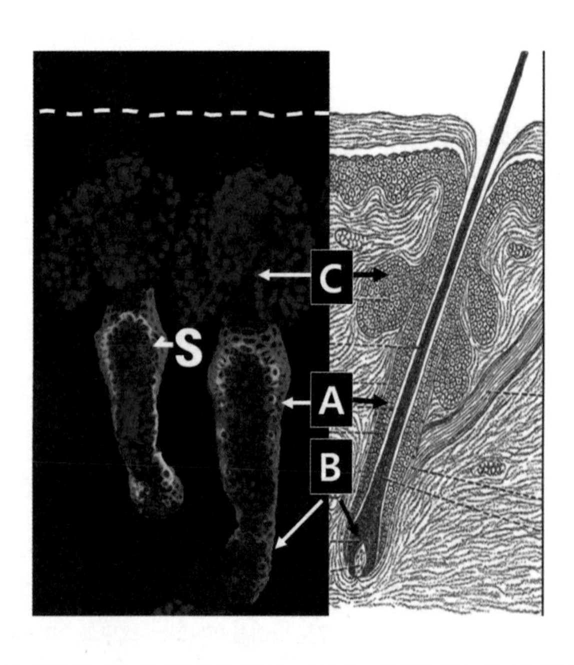

모발구조: 줄기세포(S)가 분화해서 모발(A: 모근, B: 모구)이 된다. (C: 피지생산세포)

찰스 다윈(33세)의 벗어진 머리는 그 아들에게도 62% 유전된다

서울 잠실 석촌 호수 포장마차. 말싸움 도중 상대방이 머리를 쳤다. 가발이 벗겨졌다. 본인도 모르게 욱해서 칼로 찔렀다. 속칭 '가발 살인'이다. 채팅을 하다 상대방을 '대머리'라고 불러 모욕죄로 기소됐다. '언어 살인'이다. 모두 살인적 탈모 스트레스가 원인이다.

국내 성인 5명 중 1명이 탈모로 속병을 앓는다. 나이 탓이면 포기할 수 있다. 하지만 피부과를 찾는 탈모 환자 44%는 20~30대다. 결혼 적령기에 앞머리가 휑해지는 남성 탈모, 윗머리가 엉성해지는 여성 탈모는 공포 그 자체다. 나이 들면 더해진다. 50대 남성 50%, 여성 25%가 탈모다. 모발은 사람을 젊게도, 늙게도 보이게 한다. 탈모에 새치·백모까지 더해지면 도통 살맛이 사라진다. 생각하기 나름이라고 버텨 보지만 남 시선에 위축된다. 주위 친척 어르신이 대머리인 후손들은 장래 본인 모습에 잠을 설친다. 탈모가 유전일까. 발모 약을 먹으면 정력이 약해질까.

궁금한 만큼 미확인 민간요법도 다양하다. "검은콩을 먹어라", "물구나 무서라", 그중 눈에 띄는 게 있다. "털은 뽑으면 더 난다", 실제로 피부 상처가 생기면 주위 줄기세포가 그곳을 보충한다. 하지만 직접 뽑아 본 사람들은 피부만 더 상한 경험이 많다. 왜 안 될까. 답이 나왔다. 2017년 5월 미국 남부 캘리포니아 의대팀은 유명 학술지 〈셀〉Cell에 쥐 모발이 뽑히면 면역세포가 달려와 모발 성장 신호를 보낸다고 밝혔다. 그 결과 200개를 뽑았더니 더 넓은 범위에 1,200개의 새로운 모발이 났다. 문제는 뽑는 방법이다. 직경 5㎜ 이하 범위로, 한 올 한 올 뽑아야만 한다. 그래야 모발 성장 신호가 주위에 전달된다. 핵심은 성장 신호다. 세포 사이 소통이다. 이 소통이 흐트러지면 낭패다. 뒷머리는 무성한데 정수리는 훤해지게 된다. 모발 속으로 들어가 보자.

모발은 소통으로 성장

모발은 서로 소통한다. 각자가 아닌 몸 전체가 모발 네트워크를 형성한다. 캘리포니아 대학 연구에 따르면 막 태어난 쥐 모발은 배에서 시작해서 등으로 신호를 따라 물결처럼 퍼져 나간다. 완성된 온몸의 털은 이제 서로 신호를 주고받는다.

모발은 자라고 빠지기를 반복한다. 성장(3년), 퇴행(3주), 휴지(3달)를 일생 동안 반복한다. 사람 머리카락은 약 12만 개다. 이 숫자면 하루 100개 빠지는 건 정상이다. 어떻게 이 주기가 유지될까. 답은 피부 줄기세포와의 소통이다.

피부 줄기세포는 모발 옆구리에 붙어 있다. 모발은 생긴 모습이 대파를 닮았다. 뿌리는 세포들이 둘러싸고 있다. 여기서 모발(케라틴)을 만들어서

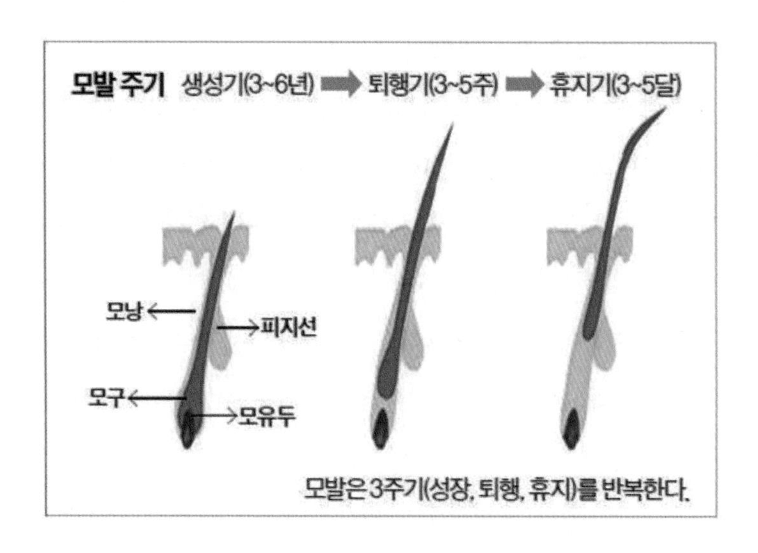

모발은 3주기(성장, 퇴행, 휴지)를 반복한다

위로 계속 보낸다. 세포 중에는 검은 색소(멜라닌)를 만드는 놈들도 섞여 있다. 이놈들이 비실비실해지면 새치가, 죽어 나자빠지면 백모가 생긴다. 모발세포는 신호(호르몬, 사이토카인)로 자란다. 날 곳, 안 날 곳이 신호로 정해진다. 머리에는 많이, 얼굴에는 조금 난다. 턱수염은 남성이, 머리카락은 여성이 많다. 어릴 때 잘 유지되던 모발 사이 소통은 나이·유전자·스트레스에 따라 깨진다. 덕분에 앞머리가, 정수리가 훤해진다. 이른바 남성형 탈모의 시작이다. 남성형 탈모는 기원전 5000년에도 있었다.

대머리와 정력은 큰 상관없어

히포크라테스·소크라테스·아리스토텔레스·카이사르는 모두 대머리다. 히포크라테스는 "내시는 대머리가 없다"라고 했다. 의사다운 날카로운 관찰이다. 내시는 고환에서 만드는 테스토스테론이 없다. 남성호르몬 대표인 테스토스테론이 효소(5a 환원효소)에 의해 DHT(디하이드로-테스토스테론)로 변한다. 이놈이 탈모 주범이다. DHT가 모발세포벽 수용체에 달라붙어 모발 공장 문을 닫게 한다. 이마부터 시작되는 'M'자 형태 남성 탈모가 시작된다. 전체 테스토스테론의 5%만 DHT로 바뀐다. 따라서 대머리는 정력과 큰 상관이 없다. 오히려 탈모 환자 중에는 낮은 테스토스테론을 가진 사람도 많다. 테스토스테론은 몸 전체에 큰 영향을 준다.

남성호르몬(테스토스테론)은 수명을 좌우한다. 조선시대 양반 평균 수명이 53세다. 왕은 47세. 반면 내시는 무려 70세다. 테스토스테론은 성욕, 탈모뿐 아니라 수명, 건강과도 직결된다. 2016년 미국 역학 학회지는 특정 탈모 형태(앞과 정수리 동시 탈모)면 전립선암이 많아진다고 보고했다. 탈모가 머리카락만 빠지는 간단한 문제가 아니라는 이야기다. 첨단과학이 그 깊은 속을 들여다보기 시작했다.

2017년 2월 영국 에든버러 대학 연구에 따르면 탈모 관련 유전자는 287개나 된다. 가장 중요한 'DHT 수용체' 유전자는 X염색체에 있다. 하지만 여성(XX염색체 보유)은 테스토스테론 영향이 적어 남성형 탈모가 적다. 반면 아버지가 반짝이는 머리면 아들도 그렇게 될 가능성이 62.3%다. 남성호르몬 유전자보다 더 강력한 탈모 원인이 최근 밝혀졌다. 면역세포다. 지난 5월 저명 학술지 〈셀〉에 따르면 피부에 면역세포(T조절세포)가 없으면 모발 성장이 전혀 안 된다. 게다가 이놈이 잘못되면 자기 털을 적으로 간주, 총질한다. 원형탈모가 자가면역질환이라는 이야기다. 한마디로 탈모는 생각보다 복잡하게 유전자가 얽혀 있다. 분명한 건 유전된다는 점이다. 적자생존 진화론을 창시한 다윈은 이미 30대에 머리가 훤해졌다. 대머리가 적자생존에 도움이 될까.

남성형 탈모는 노숙함이 장점

국내 미혼 여성 82%는 머리가 벗어진 남성을 싫어한다. 여성이 선택하지 않으면 그 유전자는 사라진다. 그렇게 불리하다면 왜 대머리는 사라지지 않았을까. 인간에게 털은 필수가 아니다. 인간의 조상은 하루 수십 ㎞ 동물을 추적했다. 뜨거운 아프리카 평원에서 장기간 걸을 때 발생하는 체열을 식혀야 했다. 맨살이라면 땀이 잘 날아가 시원하다. 이런 이유로 몸·얼굴의 털은 없어졌지만 필요 부분 털은 남았다. 자외선 막는 모발, 흐르는 땀 막는 눈썹, 마찰 막는 겨드랑이 털은 남도록 진화했다. 그런데 일부 남성에게 변종이 생겨서 남성 탈모가 생겼다. 이런 변종이 생겨도 이득이 없으면 사라져야 한다. 대머리는 진화에서 무슨 강점이 있는 걸까.

율 브리너, 숀 코네리, 브루스 윌리스, 제이슨 스타뎀, 드웨인 존슨, 모두 할리우드 톱스타다. 모두 반짝이는 머리를 가지고 있다. 유전적 강점이 있을까. 침팬지는 어른이 되면 털이 가늘어지고 고릴라도 나이 들면 사람처럼 앞머리가 훤해진다. 한마디로 나이 든 티, 즉 노숙한 티가 난다. 노숙함이 유전적 강점일까. 플로리다 대학 연구에 따르면 벗어진 머리일수록 성숙, 경험, 안정, 사교성이 높게 평가되었다. 숀 코네리는 강해 보이되 공격적으로는 안 보인다. 경제력은 남성 선택의 1순위 조건이다. '대머리는 거지가 없다'라는 속설이 있다. 실제로 국내 피부과를 찾은 남성 탈모(대머리) 환자들은 고학력, 고수입자가 상대적으로 많다. 민머리에게도 반짝이는 장점이 있다는 주장이다. 색맹, 왼손잡이는 전체 인구의 8%밖에 안 되지만 진화 과정에서 사라지지 않는다. 색맹은 위장술을 쓰는 동물 사냥에 유리하다. 왼손잡이는 오른손과의 격투에서 불의의 일격을 날린다. 남성 탈모도 여성에게, 물론 모든 여성에게는 아니지만, 어필할 수 있는 나름대로의 이유가 있다는 이야기다. 노숙함이다.

민간요법은 치료 기간만 놓칠 수 있어

노숙함이 대머리 장점이라는 주장이다. 하지만 이런 장점 때문에 일부러 브루스 윌리스의 대머리를 닮고 싶은 남성은 거의 없다. 우선 젊어 보이고 싶다. 그게 솔직한 심정이다. 탈모에 대응하는 방법은 약, 가발, 모발 이식, 과감히 노출하기다. 탈모 원인은 나이, 유전자, 건강, 스트레스다. 나이는 대비책이 없다. 건강, 스트레스 관리는 개인 몫이다.

약을 보자. 불확실한 민간요법은 오히려 치료 시기를 놓칠 수 있다. 미국 식품안정청FDA 인증 2가지 발모제가 있다. DHT 생산효소 억제제(프로페시아)는 남성호르몬 작용제다. 정력 감소가 걱정되지만 임상 결과는 우려할 수준이 아니다. '미녹시딜'은 모세혈관 확장 도포제다. 이런 약으로 대응하다가 심해지면 가발, 모발 이식을 고려한다. 남은 방법은 과감히 내보이기다. 율 브리너는 영화 〈왕과 나〉(1956, 미국)에서 반짝이는 머리를 강렬히 각인시켰다. 배우로서 약점인 대머리를 장점으로 승화시킨 셈이다. 어떤 방법으로 탈모에 대응할지는 순전히 개인의 선택이다.

영화배우 브루스 윌리스의 벗어진 머리. 강함과 노숙함의 상징이다

기원전 3500년 발모제는 꿀, 뱀, 악어 기름으로 만들었다. 여기에 한 가지가 더 들어간다. 반드시 태양신에게 기도해야 한다. 신만이 치료할 수 있다고 믿을 만큼 탈모 치료가 어렵다는 이야기다. 이제 첨단과학이 탈모에 도전하고 있다. 메마른 사막에 모발이 풍성하게 자라 '대머리 총각'의 한을 풀어 주기 바란다. 더불어 모발 뿌리 속에 숨어 있는 장수 비결도 함께 캐내기 바란다.

Q&A

Q1. 염색하면 머리카락이 상하나요?

A. 머리카락은 케라틴 단백질 다발입니다. 색소분자를 집어넣으려면 암모니아로 케라틴 다발을 깨서 끼워 넣어야 합니다. 또한 모발의 검은색 멜라닌 색소를 과산화수소로 탈색시키는 과정에서도 모발이 깨집니다. 당연히 케라틴 단백질 끈이 끊어지고 파괴되죠. 반면 천연염료(헤나) 염색은 다발에 달라붙는 형태입니다. 모발 구조를 파괴하지는 않지만 화학 염색에 비해 쉽게 씻겨 나갑니다.

Q2. 남성호르몬(테스토스테론)은 여성에게도 있나요?

A. 남성도 여성도 두 종류 호르몬(테스토스테론, 에스트로겐)을 모두 가지고 있습니다. 다만 남성은 남성호르몬이, 여성은 여성호르몬 상대적 비율이 높을 뿐입니다. 따라서 남성호르몬, 여성호르몬이라고 굳이 분리할 수는 없습니다. 다만 남성호르몬은 남성스러운 외모를 만들뿐이지요. 성호르몬은 스무 살 때쯤 최고조에 이르며 그 뒤로 조금씩 줄어듭니다. 남성은 천천히, 여성은 급격히 줄어 폐경기 이후는 급감하지요. 나이가 들어감에 따라 성호르몬의 상대적 비율이 역전되어 남성은 여성화, 여성은 남성화가 되기도 합니다.

여성이 탈모 확률이 낮은 이유는 순전히 호르몬 차이입니다. 남성호르몬(테스토스테론)이 변해 DHT가 되고 이것이 탈모를 유발합니다. 남성호르몬 전체를 안드로겐이라 부릅니다.

아들딸 골라 낳는 방법이 있다

아들딸을 골라 낳을 수 있을까. 딸 부잣집은 유전인가, 아니면 우연히 그렇게 된 것인가. 남성 정자 XY 비율이 50:50이라는 게 정확한 이야기인가, 아니면 어떤 사람은 Y의 비율이 높아서 아들을 낳을 확률이 높은 것인가. 음식을 조절하면 아들딸을 조절할 수 있다는 말이 맞는 말인가. 아들을 낳으면 안 되는 유전적 문제가 있다면 어떻게 딸을 낳을 수 있을까.

아들·딸이면 금메달, 아들·아들이면 은메달, 딸·딸이면 '목메달'이라는 농담이 한때 있었다. 아들은 최소 은메달이었다. 남아선호사상이 빚어낸 1970년대 우스개다. 하지만 이제 시대가 변했다. 국내 30대 부부는 남녀 모두 아들보다 딸을 25% 더 원한다. 대를 잇고 부모를 봉양하던 아들시대가 사라지고 소통 잘하는 딸시대가 됐다. 원한다고 딸을 가질 수 있을까. 아들만 줄줄이 있는 집은 또 아들, 딸 부잣집은 또 딸 아닐까. 부부가 노력하면 될까. 아니면 동전 던지듯 순전히 운에 맡겨야 할까.

지금까지는 집안 내력과 음식에 따라 엄마 몸 상태가 달라지고 이것이 아들딸을 결정한다고 믿었다. 그래서 아들 귀한 집에서 딸만 계속 낳으면 장모는 '사위 볼 낯이 없다'고 했다. 반면 사위는 아들딸 정자를 50대50으로 공급했으니 '죄가 없다'고 당당했었다. 그런데 이제는 장모가 미안해하지 않아도 될 듯하다. 사위, 즉 수컷에게도 책임이 있다는 동물 연구가 나왔다. 수컷 상태에 따라 새끼들 성비율이 변했다. 이게 어떻게 가능한 일일까.

수컷이 암수 결정에 더 많은 영향

영국 옥스퍼드 대학 동물학과 연구팀은 들쥐 58마리를 대상으로 수컷이 새끼 암수 비율에 어떤 영향을 주는지 조사했다. 수컷 정액 속에는 두 종류의 정자가 있다. 수컷정자(Y)와 암컷정자(X)다. 둘 중 하나가 난자(X)와 만나서 수컷(XY)이나 암컷(XX)이 된다. 지금까지는 수컷정자(Y), 암컷정자(X)는 50대50 불변인 줄 알았다. 하지만 아니었다. 수컷 특성에 따라 정액 속 암수 정자 비율이 달라지고 새끼들 암수 비율도 변했다. 이런 현상은 여러 동물(들쥐·영양·돼지)에서 관찰된다. 어떤 수컷이 수컷(Y)정자가 많을까. 바로 '카사노바' 수컷, 즉 많은 암컷과 활발히 짝짓기를 해서 많은 새끼를 낳는 놈들이다. 수컷이 변화시키는 폭은 8%다. 반면 암컷이 변화시키는 범위는 4.5%다. 암수 모두 특성에 따라 새끼들 성비율을 변화시킨다는 이야기다. 동물들은 왜 새끼 암수를 고르려는 걸까. 동물 진화에 이게 왜 필요할까.

동물 암수는 모두 자기 DNA를 후손에 많이 퍼트리려 한다. 다양한 유전자를 가진 새끼를 많이 낳을 수 있는 암수는 수컷 새끼를 낳는 것이 유리하다. 왜냐면 수컷은 이곳저곳에 '쉽게' 정자만 뿌리면 자기 DNA가 빨리 퍼져 나가기 때문이다. 반면 새끼를 적게 낳는 암수는 암컷새끼가 유리하다. 암컷 본인은 많이 낳지 못하지만, 많이 낳는 수컷을 '고를 수' 있다. 이 경우 부모 DNA가 암컷새끼를 통해 그 아래 새끼들에게 전달돼 퍼진다. 결국 암수 모두 자기 DNA를 많이 퍼트리기 위해 새끼 성별을 고른다는

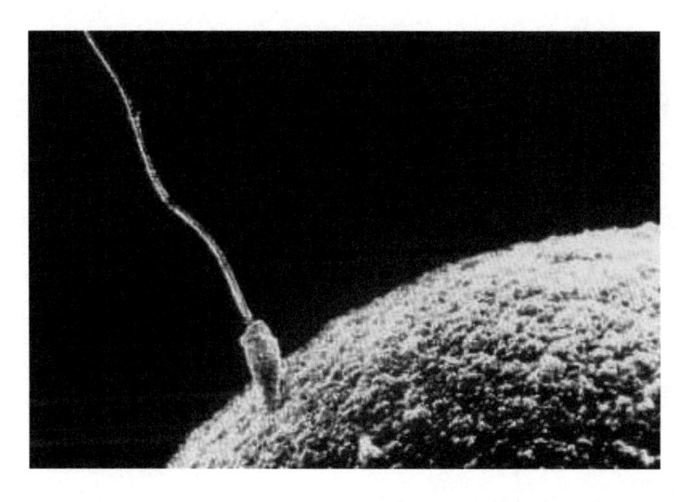

아들딸 결정은 난자의 X가 정자의 X 혹은 Y와 만나서 아들(XY), 딸(XX)이 된다

이야기다. 소위 '트리버-윌라드' 가설이다.

이 가설에서는 그동안 암컷 역할이 강조됐다. 하지만 이번 옥스퍼드 대학 연구로 수컷이 오히려 더 중요한 역할을 하고 있음이 밝혀졌다. 이 가설이 인간에게도 적용될까. 현대 사회에서 자식을 많이 낳아도 키울 수 있는, 즉 '부자'들은 아들이 많다는 속설이 사실일까. 하지만 이 가설은 짝짓기 상대를 마음대로 고르고 쉽게 바꿀 수 있는 집단생활 동물, 그것도 일부 동물 이야기다. 이 가설이 한 사람과 평생을 해로하는 인간에게도 적용될까.

최근 연구는 노(No)다. 2018년 〈네이처〉 자매지 〈사이언티픽 리포트〉는 아들딸 선호도는 사회 경제력 상태에 따르지 않고, 성별에 따라 다르다고 했다. 여성들은 강력히 딸을, 남성들은 대체로 아들을 선호했다. 엄마는 평생 친구인 딸을, 아버지는 대를 잇는 아들을 선호한다는 의미다. 즉, 동물에게서 보이는 '부모 특성별' 새끼 암수 고르기가 인간에게는 맞지 않는다는 이야기다. 그럼 옥스퍼드 대학 연구에서처럼, 동물들에게는 있는 수컷의 XY 정자 비율 변화 기술이 인간에게는 없다는 이야기인가. 그럼 딸 부잣집은 우연의 연속인가. 그럼 그동안 알려졌던 '아들 낳는 비법'은 모두 근거 없는 이야기인가.

아들에게만 나타나는 유전병 있어

아들 낳는 유전자가 따로 있을까. 딸 부잣집을 보면 그런 유전자가 있는 듯하다. 더구나 동물들은 본인 특성(유전자)에 따라 새끼 성별을 고른다. 동물에게 있으면 인간에게도 아들딸 결정 유전자가 '아직' 남아 있을까. 답은 '모른다'이다. 피부색 하나에 관련된 유전자만 125개다. 하물며 아들·딸 결정 유전자를 밝힌다는 건 불가능에 가깝다.

옛 여인들은 대를 잇는 아들이 절실했다. 기괴한 비법들이 알려져 왔다. '아들 많은 집 부엌칼을 훔쳐서 작은 도끼로 만들어 허리에 차고 다녀라, 금줄에 매달린 고추를 삶아 먹어라' 등등이다. 도끼가 아들을 낳게 한다는 건 가능성이 없다 치자. 하지만 고추를 삶아 먹으면 혹시 여성 질 환경이 변화되는 건 아닐까. 먹는 음식은 세포 상태를 변화시키니 알칼리 음식이 Y정자에 영향을 줄 가능성은 있다. 하지만 과학적 근거가 부족하다. 대부분 'Y정자가 산성에 약하다'라는 70년대 한 논문(쉐틀즈 박사)에서 출발한 추측이다. 시험관 속 관찰일 뿐이다. 실제 몸과는 천차만별이다. 대규모 실험으로 '확실히' 증명된 연구가 없다. 그럼 현재 과학적으로 증명된 아들딸 구분 방법은 무엇인가. 두 가지가 있다. 정자 분리와 인공수정-배아 선별이다. 모두 의학적으로 꼭 필요할 때만 허용된다.

알려진 '아들 비법' 과학적 근거 없어

피가 멈추지 않는 혈우병, 사지를 못 움직이는 '두센 근육무력증'은 아들에게만 나타나는 치명적 유전병이다. 부모가 이 유전자를 가지고 있으면 어떻게 해야 하나. 이 돌연변이는 X염색체에만 있다. 이 변이염색체를 X′라 하자. 정상 X가 하나 더 있는 딸(XX′)은 괜찮지만 아들(X′Y)은 유전병이 나타난다. 따라서 이런 유전자가 있는 부모는 딸을 '골라' 낳아야 한다. 두 가지 방법이 있다. 정자 분리 기술과 인공수정-배아 검사 방법이다. 전자는 딸 확률을 높이고 후자는 확실히 딸을 고를 수 있다. 모두 의학적으로 필요할 때만 허용된다.

정자 분리 기술로 정액 속 X, Y정자를 분리한다. 딸을 원하면 남편 X정자만 아내 난자(X)와 수정시키면 된다. 현재 가능한 기술이다.

다른 방법은 인공수정 선별이다. 배양 접시에서 난자·정자를 섞어 인공수정한다. 수정란세포가 불어나는 배아 단계에서 세포 하나를 떼어내서 DNA 검사를 한다. 유전병 여부와 성별을 알 수 있다. 딸 배아(XX)를 골라 자궁에 착상시키면 딸을 낳는다. 이 선별 방법은 일반인에게는 불법이다. 만약 불법으로라도 고르려 한다면 더 알아야 할 게 있다. 인공수정은 간단한 일이 아니다. 난자 과배란 유도 주사, 마취 상태 난자 채취, 실험실 인공수정, 배아 DNA 검사, 난자 주입 등 고통스럽고 위험할 수도 있는 시술을 받아야 한다.

딸을 많이 원했던 지인은 산성식품인 밀가루 음식과 고기만 먹었지만 아들을 임신했고 적잖이 실망했었다고 한다. 이후 아이가 아프면 그때 음식 편식과 실망감이 태아에게 악영향을 주었던 건 아닌가 죄책감이 든다고 했다. 실제로 태아 스트레스는 여러 갈래로 온다. 임신 전 엄마의 영양

상태가 태아 유전자를 변화시켜 평생 건강을 좌우한다는 영국 의학협회 경고에 귀 기울이자. 아들딸 골라 낳으려는 검증되지 않은 방법들(특정 음식 배제, 과다 섭취, 약물 사용)은 태아에게 위험천만하다. 잘 먹고 건강하게 낳자. 아들딸 결정은 삼신할머니에게 맡기자.

딸아들 구별 말고 둘만 낳아 잘 기르자. 자식들은 딸이건 아들이건, 부모에게 모두 금메달이다.

정자 분리 기술

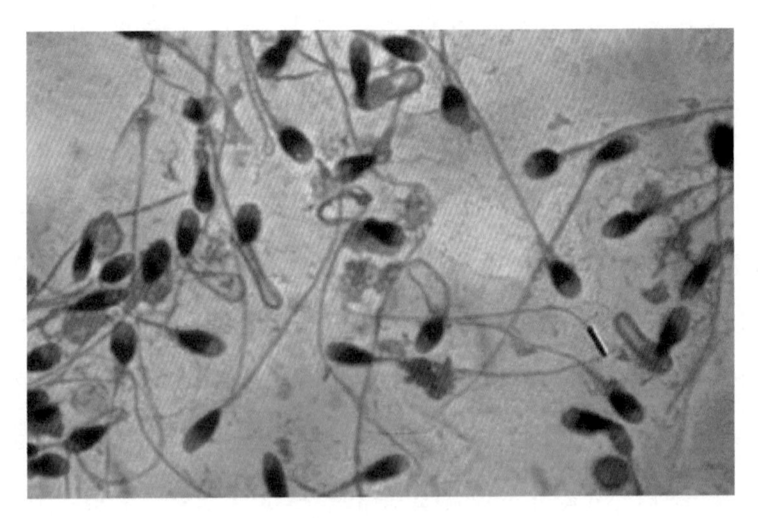

정자 현미경 모습

X염색체가 Y염색체보다 크다. 따라서 X정자가 Y정자보다 전체 DNA가 2.8% 많고 X정자 머리가 크다. X, Y정자를 미세튜브로 통과시키면서 현미경 아래에서 DNA 크기로 자동 분리한다. 분리된 정자로 난자를 수정시키면 82% 아들, 93% 딸을 낳는다. 완벽 분리되지는 않아서 100% 확률은 아니다.

Q&A

Q1. 여성이 태아의 성별에 영향을 미치는 요인은 없나요?

A. 대부분의 실험은 동물을 대상으로 실시되었습니다.

뉴질랜드 오클랜드 대학의 발레리 그랜트 교수팀의 소를 이용한 연구에 따르면 어미의 테스토스테론 분비량이 새끼의 성별에 영향을 미치는 것으로 확인되었습니다. 이 실험에서 연구진은 암컷의 난소에 있는 난포액 남성호르몬(테스토스테론) 농도가 새끼의 성별에 큰 영향을 주는 것을 확인했습니다.

Q2. 태아의 성별을 확인하는 것은 불법인가요?

A. 대한민국에서 낙태는 불법입니다. 태아 성 감별도 금지되어 있습니다. 배아에 대한 유전자 검사(착상전 유전자 진단)는 질병(유전병 포함)에 한해서만 실시하도록 되어 있습니다. 또한 생명공학 기술 발전에 따라 수정란이나 정자를 선별하는 방식의 성별 선택이 가능해졌고, 대한민국은 생명윤리 및 안전에 관한 법률을 제정하면서 정자와 수정란의 선별에 의한 성별 선택을 금지했습니다. 이후 배아에 대한 유전자 검사(착상 전 유전자 진단)는 질병에 한해서만 실시할 수 있도록 하여 정자나 수정란을 선별하는 성별 선택을 금지했습니다.

4-7

저녁부터 16시간 굶으면, 정크물질 분해돼 살 빠져

건강의 기본은 세포 내 노폐물이 없는 것이다. 노폐물을 줄이는 방법은 굶는 거다. 굶으면 세포는 비상사태로 간주하고 비정상물질부터 분해한다. '자기소화'란 세포 스스로 노폐물을 없애는 '살아남기'다. 이걸 활성화시키는 것이 건강장수의 지름길이다.

성인 3명 중 1명이 비만, 즉 체질량지수[BMI] 25 이상이다. 뱃살을 줄이는 방법으로 가끔 굶는 소위 '간헐적 단식'이 유행이다. 덜 먹으니 체중이 줄어드는 건 당연하다. 하지만 단식의 진수는 다른 데 있다. 바로 디톡스다. 굶으면 몸에 쌓인 독소가 제거되고, 회춘한다. 굶는 건 세포 영양분이 떨어지는 악재인데 이게 왜 건강에 호재일까.

어릴 적 기르던 개가 무얼 잘못 먹었는지 토하더니 도통 밥을 안 먹었다. 걱정스러워 이것저것 챙겨주지만 입도 안 댄다. 주위 어른들은 "나으려고 저런다. 놔두어라"라고 한다. 이틀 굶은 개는 다시 먹기 시작했다. 굶는 단식이 치유 효과가 있는 걸까.

고대 이집트에서는 매년 30일씩 단식으로 몸을 다스렸다. 현대 의학의 대부 그리스 히포크라테스는 "자연치유력이 최고다. 아플 때 먹는 것은 질병을 키우는 것"이라며 단식을 강조했다. 한두 끼 굶는 것이 건강 증진 효과를 낼까. 최근 과학이 속을 들여다보았다. 답은 '그렇다'이다.

가끔 한 끼 굶으면 뱃살은 금방 줄지 않는다. 하지만 몸에서는 금방 정크단백질을 분해하고 새로운 물질을 만든다. 이게 잘되면 줄기세포도 젊어진다. 잘 안되면 치매·파킨슨·당뇨가 생긴다. 노벨 생리의학상을 받은

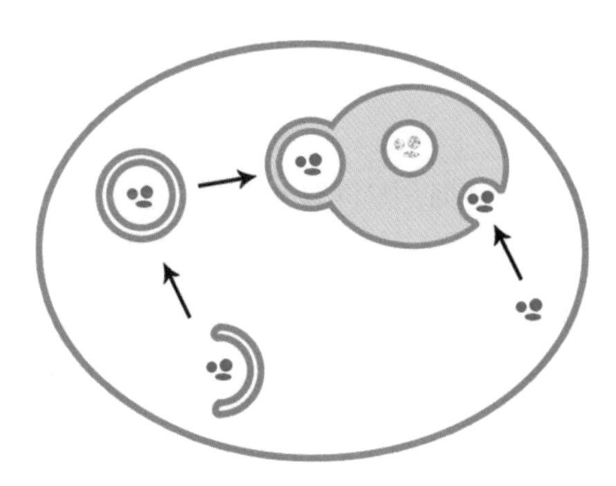

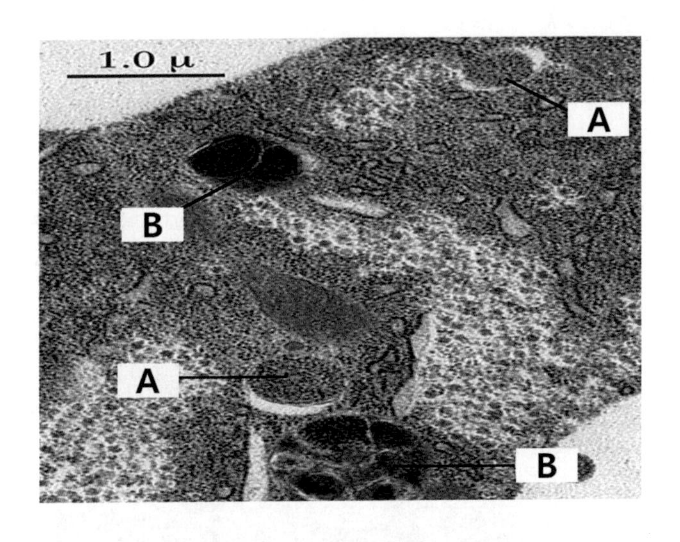

1. **단식:** 단식은 세포 리사이클(자가소화)을 유발한다. 유산소운동도 같은 효과다
2. **자가소화**autophagy**:** 세포 내 정크물질들(청색)은 직접, 혹은 운반차량(녹색)에 실려 리사이클 장소(우상)에서 분해되어 세포 재생 원료로 쓰인다
3. **전자현미경으로 본 세포 내 자가소화:** (A) 정크물질 운반차량(파고리소좀) (B) 리사이클 창고(리소좀)

자가소화autophagy, 즉 '스스로auto 먹어 버리는phagy' 원리다. 이 원리를 알면 어떻게 다이어트를 해야 할지 감이 잡힌다. 핵심은 저녁-아침 사이 긴 공복으로 정크물질을 분해, 리사이클하는 거다.

히포크라테스 "아플 때 먹으면 질병 키워"

한국 외환 위기 당시 다수의 회사는 구조조정에 들어갔다. 회사 내 불필요한 조직을 분해해서 새로운 팀을 만들었다. 음식을 굶는 건 동물들에게는 가장 큰 위협이다. 길어지면 굶어 죽는다. 몸은 어떻게 대응하고 어떤 효과가 날까.

하버드 의대 연구진은 굶는 단식이 어떻게 질병(치매·파킨슨)을 예방·치유할 수 있는지 분자 수준에서 조사했다. 식사 후 12시간이 지나자 쥐는 '굶는 상황'이라는 비상 신호를 발신한다. 이 신호를 받은 세포들은 분주해진다. 모든 물질을 조사해서 불필요한 놈들, 특히 잘못 만들어진 단백질에 '딱지'를 붙였다. 딱지 붙은 놈들을 전담팀이 트럭에 실어 '리사이클 공장'으로 옮겨가 분해한다. 이걸로 다시 정상 단백질을 조립한다. '굶는 신호'를 받은 지 5분 만에 시작, 1시간이면 리사이클 과정이 끝난다. 이런 재생 작업은 매일 계속된다. 이것이 제대로 안 되면 체내에 정크물질이 쌓인다. 알츠하이머 치매나 파킨슨은 정크단백질(베타아밀로이드·타우·알파시누클린)이 신호 전달을 막아 생긴다. 최근 캘리포니아대 연구팀은 정크단백질 자체보다도 이 놈들을 분해해야 할 리사이클 공장(리소좀)이 제대로 작동되지 않아 치매가 생긴다고 발표했다. 이런 두뇌 리사이클 작업은 주로 잠잘 때 일어난다. 잠을 제대로 못 자거나 정크단백질을 제대로 분해, 리사이클 하지 못하면 치매·파킨슨이 생긴다. 단식으로 리사이클 되는 게 하나 더 있다.

세균·바이러스도 딱지를 붙여 청소차에 실어 재활용센터로 보내 버린다. 물론 균 침입 시 면역도 작동한다. 하지만 리사이클 방법이 면역 부작용(과한 염증, 자가면역)이 없어 더 안전하다.

독일 연구진은 이를 분자 수준에서 확인했다. 살모넬라 등 병원균 56종을 감염시켰더니 대장 상피세포가 침입균 단백질에 딱지를 붙여 리사이클할 수 있음을 확인했다. 어릴 적 보았던 아픈 개도 식중독균 감염 속에서 스스로 살아남는 법을 알고 있었던 셈이다. 단식으로 병을 고치는 비결이 리사이클이다. 비결이 하나 더 있다. 리셋이다.

단식은 제2시계를 리셋한다. 제1시계는 두뇌 속 생체시계다. 새로 발견된 제2시계는 배꼽시계다. 즉 간·근육 등 신체말단조직 유전자가 배꼽시계에 맞추어 일사불란하게 움직인다. 배꼽시계와 두뇌 생체시계는 독립적이지만 서로 연관되어 있다. 아침 7시에 기상한다면 두뇌 생체시계는 4시쯤 심장박동을 조절하고 수면호르몬인 멜라토닌도 낮춘다.

반면 배꼽시계 유전자는 매번 들어오던 식사 시간에 맞추어 간·근육세포를 미리 준비한다. 실제로 간·근육 유전자 중 73%는 식사에만 반응하는 순수 배꼽시계 유전자, 나머지는 두뇌 생체시계와 연관되어 있다(2019, 〈셀 리포트〉).

문제는 이 두 시계가 서로 엉켰을 때다. 식사시간이 불규칙해지면 배꼽시계 유전자가 헝클어진다. 식사가 들어왔는데도 인슐린이 준비되지 않는다. 헝클어진 배꼽시계는 대사질환을 일으킨다. PC 프로그램이 엉키면 PC를 리셋해야 한다. 시차로 틀어진 두뇌 생체시계는 햇볕 쬐는 것으로 리셋한다. 헝클어진 배꼽시계 리셋 방법은 단식이다. 배꼽시계가 리셋되고 생체물질이 리사이클 되면 몸에 무슨 효과가 있을까.

'자가소화' 리사이클은 굶은 상태가 핵심

이슬람 5대 의무 중에 라마단 금식이 있다. 굶는 극기로 신앙심을 높인다. 일 년에 한 달간, 해 뜰 무렵부터 질 때까지, 15시간씩 금식이다. 단식자들 혈액을 검사하니 인슐린 민감성을 높이고 대사질환을 낮추는 물질들[TPM]이 모두 높아져 있었다. 라마단 단식이 정신뿐만 아니라 육체도 젊게 만든 셈이다. 단식은 대사질환을 막을 뿐 아니라 대장 줄기세포도 젊게 만든다.

대장 상피세포는 각종 음식이나 장내미생물과 접촉해서 쉽게 상처를 입는다. 줄기세포가 이를 보충한다. 굶을 경우 이런 대장 재생 능력이 더 높아진다(2018, 〈셀스템셀〉).

고대부터 단식하면 장수한다고 했다. 현대 과학이 이를 증명한 셈이다. 단식은 건강에 좋다. 그건 맞다. 하지만 '사흘 굶어 담장 안 넘는 놈 없다'라고 했다. 더구나 굶다가 먹으면 폭식하기 십상이다. 보통 사람들이 쉽게 할 수 있는 일상적 단식 방법은 없을까?

간디는 저항의 표시로 21일간 단식을 했다. 단식이 시작되면 몸은 초비상이다. 혈중 포도당은 금방 떨어지고 간·근육에 쌓아둔 단기 비상식량인 글리코겐이 소비되고 장기 비상식량인 지방이 분해되어 포도당으로 변환되는 '케토Keto'대사가 시작된다. 이렇게 완벽한 단식 효과를 보려면 3~4일 굶어야 한다. 독해져야 한다. 독종 아닌 보통 사람이 일상에서 청소 효과를 볼 수 있는 다이어트 방법이 필요하다. 다이어트는 식사 종류와 함께 식사 방법도 중요하다. '아침은 왕처럼, 점심은 평민처럼, 저녁은 거지처럼'이라는 말이 사실일까.

미국 성인 5만 660명을 7년간 추적 조사했다. 사람들 식사 습관(식사 횟수·시간·식사량·간식)에 따라 비만도BMI가 달랐다. 아침-왕, 점심-평민, 저녁-거지 속설이 사실이었다. 하루 1, 2회 식사를 하고, 아침은 잘 먹고, 저녁-아침 공복시간이 18시간인 그룹이 비만도가 가장 낮았다(2017, 〈미영양학회지〉). 다른 연구에서도 12시간 공복(저녁-아침 사이 공복) 그룹보다 16시간 공복 그룹이 BMI가 낮았다. 저녁을 7시보다 4시에 먹으면, 체중 감소는 비슷해도, 인슐린이 월등히 낮았다. 요약해 보자. 저녁-아침 공복이 길수록 감량이 잘되고 리사이클로 건강증진 효과가 높다. 그럼 세끼

소식(小食)은?

소식은 장수촌 공통사항이다. 적게 먹으면 세포 내 보일러인 미토콘드리아가 최적 효율로 연소하면서 유해물질인 활성산소(ROS)가 덜 생긴다. 리사이클도 생긴다. 하지만 중간에 간식을 먹으면 '말짱 도루묵'이다. 세포 내에 조금이라도 에너지가 들어오면 '굶는 신호'가 사라진다. 인슐린이 다시 높아진다. 무엇보다 리사이클이 중단된다. 리사이클은 굶은 상태 '유지'가 핵심이다.

병에 걸려 아픈 개도 끼니를 굶음으로써 몸을 고칠 줄 안다. 리사이클, 즉 자가소화(autophagy)가 모든 생물 기본 생존 전략이라는 의미다. 식사는 평생 습관이다. 본인에 맞는 리사이클 방법을 찾자. 그래서 청춘으로 돌아가자.

단식 습관 안 되면 요요 올 수도

'24시간 단식'은 주 1~3일 완전 금식한다. 폭식으로 이어질 수도 있다. '16:8 단식'은 저녁식사 후 16시간을 먹지 않는다. 조금 쉬운 방식이다. '5:2 단식'은 2일간 반 정도 식사를 한다. 다이어트는 어떤 형태든 주의해야 한다. 평생 습관이 안 되면 말짱 도루묵이고 오히려 요요·폭식이 생긴다. 필수 영양소가 공급되어야 한다. 당뇨 등 기존 질병이 있는 경우 식습관을 변경하려면 반드시 전문의와 상의해야 한다.

Q&A

Q1. 건강에 단식보다 소식이 더 좋은가요?

A. 일정 기간 단식을 하는 것은 말처럼 쉽지 않습니다. 습관이 들거나 아니면 전문가의 도움을 받는 것이 초보자에게는 좋습니다. 그만큼 공복을 견디기가 쉽지 않다는 것입니다. 또한 간헐적 단식도 소식보다는 실천하기가 쉽지 않습니다. 습관을 들이기에 가장 좋은 것은 소식입니다. 아예 밥그릇을 반 덜거나 야채로 먼저 배를 채우는 방법은 통째로 굶는 것보다는 덜 고통스럽기 때문입니다.

Q2. 다이어트로 체중 감량을 한 경우 요요를 막으려면 얼마간 그 상태를 유지해야 하나요?

A. 다이어트의 성공 요인은 장내세균 자체를 바꾸는 것입니다. 즉 비만 세균으로 차 있으면 세균에서 만드는 신호물질이 두뇌로 전달되어 두뇌는 허기를 느끼는 악순환이 계속됩니다. 따라서 장내세균이 건강 장내세균으로 바뀌어야 합니다. 보통 다이어트 기간의 5배는 유지해야 장내세균이 바뀝니다.

5장

두뇌, 그 블랙박스를 열다

호모 사피엔스의 최고봉은 두뇌다. 그 두뇌가 조금씩 모습을 드러내고 있다. 기억을 편집하는 것은 물론 치매, 파킨슨 원인을 두뇌 세포 하나하나를 조절하면서 알아낸다. 아침형, 저녁형은 왜 달라지는지, 바꿀 수 있는지, 봉사를 하는 사람이 장수하는 이유는 무엇인지, 죽음 직전에 살아 돌아온 사람들이 봤다고 하는 천국은 진짜인지, 왜 냉수마찰이 '착한 스트레스'로 몸을 튼튼하게 하는지, 잠시 멍 때리고 있는 것이 스트레스 해소에 최고인지, 커피 5잔이 수명을 늘리는 이유가 무엇인지 생활 속에서 두뇌의 깊은 속을 살펴본다.

5-1

‘밤은 낮보다 찬란’, 올빼미형 인간의 장점은 창의력

코로나로 방에만 콕 박혀 있는 ‘방콕’ 생활을 하다 보면 생체리듬이 흐트러진다. 밤늦게 자기를 반복하면 그는 ‘저녁형’으로 변할 수 있을까. 아침형 인간이 성공하는 근면한 사람으로 평가된다. 진짜 그럴까. 4차 산업시대에 근면함만이 최선일까. 창의성이 높은 사람들, 특히 예술, 창작에 전념하는 사람들은 대개 저녁형이다. 아침형, 저녁형의 근본 원인을 파악하고 원하는 형태로 변화할 수 있는지도 알아본다.

평생 잠으로 고생하던 46세 여인이 병원을 찾았다. 그는 새벽 2시, 심하면 5시나 되어야 잠이 든다. 심한 ‘저녁형(올빼미형)’ 수면 형태다. 검사 결과 보통 사람보다 수면호르몬(멜라토닌)이 5시간 늦게 나왔다. 그의 가족도 모두 돌연변이 수면 유전자[cRY1]를 가졌다. 저녁형인가 아침형인가는 9개의 수면 유전자가 14~42% 좌우한다. 나머지는 그 사람이 사는 환경이 결정한다. 밤늦게 퇴근하는 바텐더는 저녁형, 새벽 수영 강사는 아침형이 되기 쉽다. 누가 더 오래 살까.

결론은 저녁형이 불리하다. 최근 미국 노스웨스턴 대학 연구에 의하면 저녁형 사망률이 10% 높다. 영국인 43만 명(38~73세)은 4그룹[완전 아침형(27%), 아침형(35%), 저녁형(29%), 완전 저녁형(9%)]으로 나눠 이들 중 6.5년 뒤 사망한 1만 명을 조사해 보니 완전 저녁형이 아침형보다 사망률이

일찍 자고 일찍 일어나는 아침형 인간은 장수할 수 있다고 한다. '철강왕' 앤드루 카네기는 '아침잠은 인생에 가장 큰 낭비'라고 말했다

10% 높았다. 나이·수면시간을 모두 고려한 결과다.

국내 연구도 저녁형이 심혈관질환·당뇨병 확률이 1.7배 높고 근육감소증은 3배 많았다. 단순히 몸만 나빠지는 게 아니다. 5,632명 대상 국내 대학생 연구에서는 저녁형에서 우울증·자살률이 1.9배 높았다. 현대아산병원 조사 결과, 잠자면서 숨이 거의 멈추는 수면무호흡 증상은 저녁형에 월등히 많았다. 저녁형이 수면의 질까지 떨어진다는 이야기다.

저녁형 잠 설치고 우울증·자살률도 1.9배

모든 연구 결과는 저녁형이 건강에 불리하다는 결론을 보여 준다. 그런데 궁금한 게 있다. 그렇게 저녁형이 사회적으로 건강에 불리했으면 인류 진화에서 왜 아직도 저녁형이 아침형과 비슷한 정도로 남아 있을까. 아침형만 남아 있어야 하지 않을까. 아니면 저녁형은 현대에 생긴 특이한 수면 타입일까.

영국 더햄 대학 연구진이 답을 주었다. 연구진은 현재 아프리카 거주 구석기 인류(하즈다 부족) 수면 형태를 조사했다. 이들은 지금도 구석기시대처럼 사냥하고 열매를 따 먹으며 생활한다. 전깃불도 없는 생활이니 모두 같은 시간대에 일찍 잠들 것 같지만 조사 결과는 달랐다. 취침시간이 제각각이었다. 즉 밤사이 부족 중에 누군가는 교대로 깨어 있었다. 불침번 역할을 하는 셈이다. 부족이 외부 공격에 살아남을 진화적 유리함이다. 즉 구석기시대는 아침형이든 저녁형이든 각각 필요했다는 이야기다. 그런데 왜 저녁형이 일찍 죽는 현상이 생겼을까.

산업혁명 이후 하루 일정이 정해졌다. 회사든 학교든 아침에 열고 저녁에 닫는다. 이런 상황에서 더 일찍 일어나면 더 많은 시간을 배우고 일하는 데 쓴다. 아침형은 일찍 일어나도 생체리듬에 맞지만 저녁형은 이 시간에 비몽사몽이다. 결국 산업혁명 이후 외부시계는 저녁형에 불리하게 돌아갔다. 그런 스트레스 때문인가. 저녁형은 카페인을 많이 마시고 운동을 안 하고 잘 움직이지 않는다. 폭식장애·야식증후군·우울증·자살률이 높다. 그럼 저녁형은 어떻게 대응해야 할까. 아침형으로 바꿀까, 아니면 저녁형 장점을 살리고 건강도 유지할까. 둘 다 가능하다.

다양한 수면 타입, 인류 진화의 원동력

유전적으로 특이한 경우를 제외하고는 수면 타입 조정이 가능하다. 내 몸 생체시계를 조금 바꾸어 주면 된다. 생체시계는 크게 3부분이다. 태양빛 세기로 측정하는 '바깥시간 확인 장치', 바깥시간에 맞추어 내 몸에 할 일을 알려주는 '호르몬 송신장치', 그리고 24시간 주기 '스톱워치'다. 수면 형태는 잠잘 시간에 수면호르몬(멜라토닌)을 일찍(아침형), 제시간(중간형), 늦게(저녁형) 만드는 것에 달려 있다.

아침형이 되는 방법은 간단하다. 일찍 자고 일찍 일어나면 된다. 낮에 태양을 많이 쬘수록 쉽게 바뀐다. 태양빛이 생체시계를 리셋하기 때문이다. 몇 달이면 바뀐다. 실제 2018년 미국 버클리대 연구진은 수면 문제가 있는 저녁형 청소년 176명에게 주 1회 50분씩 수면 중요성, 햇볕 쬐기 등을 심리 지도했다. 9개월 후 이들은 낮에 졸린 현상과 우울증이 각각 22%, 17% 줄었다.

반면 침대에 들어가면 바로 잠드는 바람직한 현상이 늘어났다. 또한 주말·주중 기상시간이 같아져서 아침형 특성으로 바뀌었음을 확인했다. 결국 수면 타입은 어느 정도까지는 선택사항이다. 저녁형은 무슨 장점이 있을까.

버락 오바마 전 미국 대통령은 전형적인 저녁형이다. 밤 12시까지 서류를 봐도 끄떡없다. 저녁형은 젊은층, 특히 프리랜서에 많다. 모험을 즐기고 자유분방하다. 독특하다. 저녁형 여성은 모험호르몬(코르티솔)이 높다. 이들 특징은 시간·관습에 얽매이지 않는다.

다양함은 인류 진화의 원동력이다. "아침잠은 인생에 가장 큰 낭비"라는 '철강왕' 앤드루 카네기의 말은 아침형이 근면하다는 뜻이다. 반면 "밤은 낮보다 더 찬란하게 채색되어 있다"라는 빈센트 반 고흐의 말은 저녁형이 창의적이라는 것이다.

자유분방, 모험가 정신이 어느 때보다 필요한 4차 산업혁명 시대다. 미래 인재들인 저녁형이여, 일찍 죽지 말자. 잠 잘 자고 수시로 운동하자.

아침형·저녁형 판단법

대부분 연구에서는 설문지를 통해 판단한다. 19개 항목(취침 및 기상 시간, 아침 기상 후 30분 동안 식욕·피로감, 밤 11시 피로도, 운동 최적시간, 힘든 작업 최적시간 등)으로 평가한다. 설문지는 수면학회 등에서 볼 수 있다. 심박수, 뇌호르몬(멜라토닌) 측정을 통해 시간에 따른 몸의 실제 변화를 확인하기도 한다.

Q&A

Q1. 수면 리듬이 흐트러진 경우에는 어떻게 해야 할까요?

A. 생체리듬을 유지하기 위해서는 매일 같은 시간에 일어나는 것, 그리고 기상 후 빛을 쬐는 것, 이 두 가지가 중요합니다.

Q2. 햇볕을 쬐는 것이 수면, 우울증에 어떻게 영향을 미치나요?

A. 햇빛은 세로토닌이라는 행복의 감정을 느끼게 해주는 호르몬 분비를 촉진해 우울한 기분을 나아지게 도와줍니다. 또한, 오전시간에 햇볕을 쬐면 멜라토닌 분비를 조절해 주어 밤에 수면 유도를 도와줍니다.

Q3. 수면이 피부에 어떤 영향을 끼치나요?

A. 수면 부족 시 코르티솔 호르몬의 발생이 증가하며, 피부의 탄력을 유지하는 콜라겐이 분해됩니다. 연구 결과 평소 수면의 질이 나쁘거나 수면 장애를 겪고 있는 사람의 경우 피부에 균일하지 않은 색소 침착, 주름살 등의 내인성 노화 징후가 발생합니다. 다크서클은 잠을 못 잘 경우 생기는 일종의 염증 반응입니다. 이처럼 수면은 피부에 직접적인 영향을 줍니다.

5-2

남을 돕는 사람이 장수 염증·콜레스테롤·스트레스 낮춰 : 이타심의 과학

코로나 같은 국가적 재난 상황일 때면 눈에 띄는 사람들이 있다. 남을 위해 온몸을 바치는 의인들이다. 마더 테레사는 태어날 때부터 남과는 다른 '봉사' DNA를 가지고 있는 걸까. 봉사하는 사람들이 장수한다. 봉사하는 사람들 속에서는 무슨 일이 일어나고 있는 걸까. 서로 돕는 동물들이 진화 경쟁에서 앞장선다. 이타심을 과학의 눈으로 들여다보자.

2017년 12월 21일 제천 복합상가 건물 화재로 29명이 희생됐다. 이후진국형 참사는 많은 사람을 허탈하게, 살맛을 잃게 만들었다. 하지만 절망 속에서도 한 가닥 희망을 안겨 준 사람들이 있다. 연기 속에서도 손님들을 대피시킨 이발사, 화염 속 건물 옥상에서 3명을 구한 '개인 사다리차' 대표, 부상을 입으면서 여성들을 대피시킨 할아버지와 손자, 모두 위험을 무릅쓰고 몸을 던진 의인들이었다. 이런 의인들은 따로 있는가?

차도에 무심코 아이가 내려선다. 주위 비명에 여러 명이 뒤돌아본다. 누가 뛰어들까. 두뇌가 관여할까. 결정은 도덕적 이성인가 본능적 감성인가. 최근 연구는 사람마다 이타심 정도가 다르고 두뇌 특정 부위가 이를 결정한다는 것을 밝혔다. 이타심은 해당 유전자가 있고, 본능이며, 인간 진화 원동력이라는 의미다. 그럼 봉사하면 건강하게 장수할까. 과학은 '그렇다'라고 말한다. 이타심의 깊은 뿌리를 들여다보자.

의인들, 특정 두뇌 반응 부위가 더 커

오스트리아 빈 대학 연구진은 20대 성인 80명을 화재 건물에 투입했다. 물론 가상현실(VR)이다. 비록 헤드셋을 쓴 가상현실이지만 실험자들이 '너무 무서웠다'라고 할 만큼 '리얼'했다. 실험자에게는 화재 시 비상탈출 경로를 찾는 연구라고 했다. 하지만 실제 목적은 따로 있었다. 긴박한 실내 화재 탈출 도중, 물건에 깔린 타인을 실험자가 힘들여 구하는가, 아니면 지나치는가를 판정했다. 65%가 본인 위험을 무릅쓰고 타인을 구했다. 이

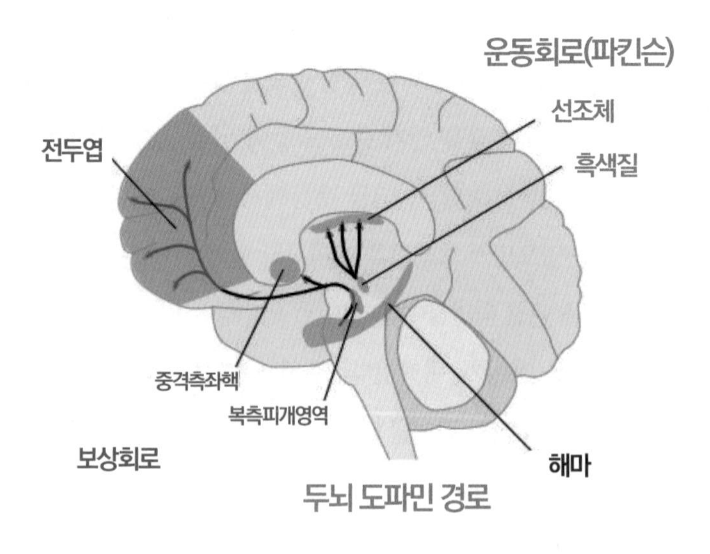

[두뇌 도파민 경로] 선행은 보상회로.(좌측 화살표 경로)를 자극, 도파민을 생산한다. 도파민은 운동회로(중간 화살표 경로)도 주관한다

들 두뇌 공통점을 헤드셋과 연결된 기능성 자기공명장치(fMRI)로 실시간 확인했다. 놀랍게도 의인들은 특정 두뇌 반응 부위가 컸다. 의인은 따로 있다는 말이다. 더구나 반응 부위는 이성적 사리판단 부위가 아닌 감정적 타인 관계 부위(우전측뇌섬엽)였다. 즉 이성·도덕·양심보다는 본능적 타인 배려심이 이들을 움직였다. 타인에 대한 동정·자비심이 본능적, 선천적이라는 의미다. 그럼 사람마다 소위 '이타심 유전자'가 다를까. 구걸하는 걸인을 보고 누구는 눈을 돌리고 누구는 호주머니를 뒤적인다. 연구 결과 자비심이 높은 사람들은 두 개의 유전자(도파민, 옥시토신)에서 차이를 보인다. 중국 한족 2,288명을 조사해 보니 도파민 유전자 두 종류(2R·4R) 중 4R그룹이 25% 더 많이 기부했다. 옥시토신 수용체 3종류(AA·AG·GG) 중 GG그룹이 22.7% 더 온정적이었고 사회 적응력과 스트레스 대항력이 높았다. 하지

위험한 사냥에 덜 참여하는 이기적 동료에게도 늑대들은 고기를 나누어 준다

만 유전자 차이가 전부는 아니다. 황폐한 환경, 예를 들면 어릴 적 16개월 동안 고아원에 있던 그룹이 대조군보다 옥시토신 수치가 낮고 기부액이 적었다. 선천적·후천적 요인이 모두 이타심의 차이를 만든다.

옥시토신·도파민이 착한 일을 하는 사람에게 높은 이유는 무엇일까. 옥시토신은 엄마가 젖을 물릴 때 나오는 '연결·애착' 호르몬이다. 끈끈한 유대감과 감정적 '웰빙' 상태를 만든다. 가벼운 접촉사고가 났다. 상대와 거친 말싸움을 준비할 경우 운전자 두뇌에는 스트레스 호르몬(코르티손)이 치솟는다. 반면 대화로 해결하자고 관대하게 생각할 경우 코르티손보다는 옥시토신이 앞선다. 옥시토신이 높으면 평화롭고 너그러워진다. 옥시토신을 코에 직접 뿌린 그룹은 대조군보다 두 배나 더 많이 기부했다. 봉사할 때 나오는 옥시토신·도파민은 '헬퍼스 하이(Helper's High)'를 만든다. 마라토너가 힘든 구간을 지나면서 오히려 기분이 좋아진다는 '러너스 하이Runner's High'와 같은 유래다. 러너스 하이 땐 엔도르핀보다는 마리화나 계열 성분(아난다마이드)이 뇌에서 분비된다. 마라톤 피크타임의 고통에 대응하도록 두뇌가 비정상적으로 마약 성분을 내보낸다고 과학은 해석한다. 마라토너는 고통 속에서 쾌감을 느끼지만 봉사자는 심리적 만족으로 순수한 쾌감을 얻는다. 이 기쁨은 엄마가 아이에게 젖을 물릴 때와 같은 본능적 쾌감이다. 봉사가 본능일까?

봉사하는 인간이 진화

유명 학술지 〈셀〉Cell은 봉사활동 관여 뇌 부위는 짝짓기할 때의 '보상회로Reward Circuit'임을 기능성 자기공명장치fMRI로 밝혀냈다. 보상회로는 어떤 일

아프리카 원시 부족의 식량 나누기 공동체 내 상호 협력은 인류 진화 원동력이다

을 할 때 쾌감이 생기고 이 보상(쾌감)을 기억해서 계속 같은 일을 반복하게 만드는 '쾌락'회로다. 쥐의 쾌락회로에 전극을 꽂고 스위치를 주면 쥐는 먹지도 마시지도 않고 죽을 때까지 이곳을 누른다. 짝짓기가 즐거워야 자주 하게 되고 그래야 동물은 번성한다. 봉사활동할 때도 이 회로가 자극된다는 의미는 봉사가 진화에 필요했다는 의미다. 남을 제치고 살아남는 약육강식이 진화 기본인데 왜 봉사와 선행이 진화에 필요했을까? 러시아 심리학자 러셀 처치는 쥐에게도 자비심이 있음을 보였다. 굶은 쥐에게 먹이를 줄 때 옆 쥐들에게 전기 자극을 주어 고통을 주었다. 그러자 굶은 쥐는 배가 고파도 먹이를 더 이상 먹지 않았다. 저명 학술지 〈사이언스〉에 따르면 달콤한 초콜릿이 있어도 쥐는 갇혀 있는 다른 쥐 탈출을 먼저 도와주었다. 늑대들은 위험한 사냥에 덜 참여한 이기적 늑대에게도 고기를 고루 나누어 준다. 이런 자비심은 돌고래·원숭이·인간 진화에도 필요했다. 인간은

상호 돕는 능력이 가장 높다. 영국 런던 대학은 필리핀 밀림 내 원시 형태 수렵 채취 원시 부족 324명을 대상으로 친족이 아닌 타인에게 음식을 나누어 주는 정도를 측정했다. 부족이 오래될수록, 부족원 간 서로 접촉이 많을수록, 남에게 많이 나누어 주었다. 집단생활을 하는 인간들 사이에 상호 협조하는 것이 그룹 진화에 도움을 주었고 봉사·자비심이 본능으로 뇌에 프린팅되어 있다는 이야기다.

자비가 본능이라면 남녀는 자비심 많은 짝을 고를까? 21세 남녀 대상 조사 결과, 맘에 드는 여성 앞에서 남자들은 기부 금액, 즉 자비심이 늘어났다. 여성에게 '자비심 많은 남자'로 잘 보이고 싶은 거다. 여자는 본능적으로 자기 아이를 돌보는 자비·희생심이 높다. 남자도 그렇다면 짝으로서 인기가 높다. 영국 심리학회지에 따르면 이타심 높은 쌍둥이 67%가 이타심이 높은 짝을 골랐다. 이타심이 유전자에 각인되어 있고 인간은 이타심이 많게 진화했다는 의미다. 진화에 유리하다면 남을 돕는 사람이 건강하게 더 오래 살까?

4년 봉사, 사망률 44% 감소

코넬대 연구팀은 기혼 여성 313명의 건강을 30년간 추적 조사했다. 돌보는 아이 숫자, 직업 여부, 수입은 건강에 별 영향이 없었다. 중병(심장병·암·관절염) 확률이 30% 낮고 운동 능력이 높은 그룹은 놀랍게도 평범한 자원봉사자들이었다. 봉사가 수명에 영향을 줄까? 캘리포니아주 55세 이상 성인의 경우, 4년간 자원봉사를 한 것만으로 병원 입원이 38% 줄어들고 사망률이 44% 감소했다. 주당 4번의 운동효과와 같다. 왜 이런 현상이 생길까? 3가지, 즉 심리 만족감 상승, 사회 유대감 형성, 신체호르몬 변화가 수명을 늘린다. 착한 일은 염증·콜레스테롤·스트레스호르몬(코르티손)을 낮춘다. 꼭 몸을 움직이지 않아도 된다. 테레사 수녀의 인도 캘커타 봉사활동 영상을 본 하버드대 학생 몸에서는 면역항체가 높아졌다. 이런 자비심 건강증진 효과는 환자 치료에 직접 쓰인다. 알코올 중독 치료를 받은 사람이 같은 중독자를 도와주는 봉사를 하면 음주 재발률이 27% 낮아졌다. 말기 유방암 환자들이 같은 유방암 환자들에게 본인 경험과 고통 대응 노하우를 이야기해 주는 '대화 봉사'를 했다. 그 결과 본인 생존 기간이 2배 늘어났다. 자비심을 키워 보자.

성인 자원 봉사 활성화돼야

동화 『크리스마스 캐럴』(찰스 디킨스)에서 수전노 스크루지는 귀신에게 끌려다닌 후 개과천선한다. 이런 충격적인 방법 말고 자비심을 키우는 가장 좋은 방법은 자원봉사다. 하지만 한국 성인 봉사율(12.8%)은 미국(25.4%), 영국(55%)에 훨씬 못 미치고 노인 봉사(6.2%)도 일본의 3분의 1 수준이다. 국내 성인 95%가 봉사하고 싶어 하지만 방법을 잘 모른다. 봉사활동 참여자의 44%가 종교 단체였다. 전문가들은 단체(지역·종교·사회) 내에서 봉사활동을 추천한다. 사회적 유대 관계도 좋아지고 그룹으로 움직이면서 시너지가 더 많이 난다. 필리핀 원시 부족 연구 결과는 사회적 소속감과 유대감이 높을수록 자비심이 높아진다고 했다. 어릴 적부터 했던 장기간 그룹 활동이 자비심을 높인다는 이야기다. 4살 아이도 남에게 베푸는 행위를 하면 두뇌-장기 연결 신경이 안정되어 스트레스가 낮아지고 이를 잘 견딘다. 성인 봉사자는 사망률 자체가 낮아진다. 하지만 본인에게 이로운 것을 찾는 자세가 아닌 순수한 봉사일 때만 건강증진 효과가 있다는 연구 결과가 있다. 건강은 다른 사람을 도와주는 것에 대한 보너스일 뿐이다. 성서나 과학이나 모두 같은 이야기를 한다. '자비를 베푸는 사람은 행복하다. 그들은 자비를 입을 것이다', 자비심의 부메랑 효과다.

'스크루지 영감과 동료 귀신'(1843, 존리치). 스크루지 영감은 동료 귀신에게 혼쭐이 난 후 개과천선한다

Q&A

Q1. fMRI가 무엇인가요?

A. 기능적 자기공명영상Functional magnetic resonance imaging 또는 기능적 MRI(fMRI)는 혈류와 관련된 변화를 감지하여 뇌 활동을 측정하는 기술입니다. 이 기술은 뇌 영역이 사용되면 그 영역으로 가는 혈류의 양도 증가한다는 사실에 기초하는 기술입니다. 즉, 어떤 일을 하는 뇌 부위가 어디인가를 아는 데 사용되는 기술입니다.

Q2. 봉사를 많이 하는 사람일수록 사망률이 감소하는 이유는 무엇인가요?

A. 사람의 침에는 면역항체 Ig A가 있는데 근심, 긴장 상태가 지속될 경우 침이 말라 이 항체가 줄어듭니다. 남을 도우며 느끼게 되는 '헬퍼스 하이'는 타액 속 바이러스와 싸우는 Ig A를 증가시켜 몸의 면역력을 강화하며 심리적 포만감을 형성합니다. 또한 혈압과 콜레스테롤 수치를 현저히 낮추어 엔도르핀을 정상치의 3배 이상 많이 만들어 몸과 마음에 활력이 넘치게 합니다.

Q3. 옥시토신은 아이의 애착 관계를 형성하는 여성호르몬인데 그렇다면 남성은 어떻게 자식에게 애착을 가지는 것인가요?

A. 연구 결과에 따르면 남성들은 아내의 출산을 전후해 '바소프레신'이라는 호르몬 수치가 높아집니다. '바소프레신'은 원래 체내 수분량을 조절하기 위해 소변량을 감소하는 호르몬으로 옥시토신과 유사한 구조를 가지고 있습니다. 남성의 이러한 호르몬 변화를 통해 아이와 아빠의 애착 관계가 높아지는 것입니다.

5-3

천국 봤다는 임사체험, 마취제 몰래 주사해도 같은 반응

호모 사피엔스는 두뇌 그 자체이다. 이 두뇌가 죽으면 모든 게 끝이다. 그럴까? 죽음을 체험해 본 사람들은 죽음 너머에 천국이 있고 그곳은 밝은 터널로 연결되어 있다고 한다. 사람마다 천국이 다를 터인데 모두 같은 경험을 이야기한다. 그곳에 진짜 천국이 있는 건 아닐까. 천국이 아니라면 죽어가는 두뇌의 환상일까.

천국을 다녀왔다는 사람들은 모두 같은 이야기를 한다

임종 자리에서는 말을 조심하라고들 한다. 혼수상태지만 다 듣고 있다는 거다. 게다가 어떤 사람은 죽는 순간, 빛나는 터널을 지나 죽은 가족을 만난다고 한다. 정말일까.

영화 〈신과 함께〉(2018, 한국) 첫 장면에서 사망한 소방관은 공중에 떠서 죽은 자신의 몸을 내려 본다. 영혼이 육체를 떠난다는 소위 '유체이탈遺體離脫'이다. 죽은 영혼이 남은 가족을 바라보는 애처로움이 절절한 영화는 아카데미 수상작 〈사랑과 영혼〉(1990, 미국)이다. 죽은 자신을 공중에서 바라보는 주인공은 어리둥절해 한다. 그러고는 자신이 혼이라는 걸 깨닫는다.

〈은총받은 이들의 승천〉(히에로니무스 보슈, 1500년 초 네덜란드): 사후 밝은 터널을 통과하면 나타난다는 천국을 상상했다(위키)

죽은 후 우리는 혼이 되어 천국으로 갈까. 그 과정이 영화처럼 평화롭다면 죽는 게 두렵지만은 않을 것이다.

천국에 다녀왔다는 사람들이 있다. 죽었다 살아온 소위 '임사체험臨死體驗'자들이다. 믿거나 말거나 그들만의 이야기일까. 하지만 놀라운 건 모두 같은 종류의 경험(유체이탈, 어둠 속 평화, 밝은 빛 터널 통과, 구름 속 천국, 가족 재회)을 한다는 거다.

과학자들이 그 속을 들여다보기 시작했다. 과학자 중에는 본인이 '직접, 제대로' 죽어 본 사람이 있다. 하버드 의대 신경외과 교수 이븐 알렉산

유체이탈을 극적으로 묘사한 영화(〈사랑과 영혼〉, 1990) (중앙포토)

더다. 두뇌전문가다. 그가 7일간 죽었던 이야기를 쓴 책이 2013년 뉴스위크 표지를 장식했다. 20주 연속 아마존 베스트셀러였다. 제목이 사뭇 자극적이다. 『Proof of Heaven』, 즉 천국을 직접 다녀왔다는 거다. 정말일까.

7일간 뇌 완전히 죽었는지가 중요

2008년 11월 10일 새벽 4시 30분, 알렉산더 교수는 침대에서 굴러떨어졌다. 응급실에 실려 갔을 때는 이미 혼수상태였다. 급성 뇌수막염, 즉 두뇌 전체가 고름에 잠겨 사망 직전이었다. 동료 의료진의 필사적 노력으로 혼수상태로 1주일을 버텼다. 주위에선 장례 준비를 하던 그때 그가 돌연히 깨어났다. 거의 죽어 있던 상황에서 경험한 일을 상세하게 기억해 냈다. 결론은 천국에 다녀왔다는 거다.

누가 임사체험을 했다면 웃고 말았던 그다. 두뇌가 만든 환상 정도로 치부했다. 하지만 본인이 직접 경험해 본 천국은 더는 환상이 아니었다. 두뇌 환상이 아닌 '진짜'임을 하나하나 과학적으로 집어냈다. 두뇌전문가들은 "천국이다, 환상이다" 하며 설전을 벌였다.

임사체험, 즉 죽음을 맛보는 대표적 경우는 심장마비 후 심폐소생술로 살아난 경우다. 심장마비로 혈액 공급이 중단된다. 즉시 두뇌 산소가 떨어지고 의식이 없어진다. 30초 후 두뇌활동(뇌파)이 완전히 사라진다. 외부 자극에 반응이 없고 눈동자는 열려 있다. 외견상 사망이다. 그대로 놔두면 완전 사망이다. 하지만 5분 이내에 심폐소생술로 심장을 다시 살리면 뇌세포는 살아난다. 다시 살아난 사람 중 9%는 그동안 겪었던 이상한 현상(임사체험)을 이야기한다. 심장마비 후 5분간 두뇌는 완전 먹통이다. 만약 영혼이 두뇌에서 만들어지는 '무엇'이라면 두뇌가 정지했으니 영혼도 없다. 아무 경험도 못 한다. 이때 뭔가 경험했다는 건 영혼은 육체와 따로 있고 죽으면 영혼이 빠져나와 사후세계로 간다는 주장이다.

하버드 의사의 천국 경험 진위 공방의 핵심은 7일간 뇌가 완전히 죽었는가의 여부다. "고름 가득한 두뇌는 완전 먹통이다. 무슨 일도 못 한다. 따로 있던 영혼이 천국에 간 거다"라고 죽어 본 하버드 의사는 주장한다. 반대파 의사는 "두뇌 일부는 살아 있었다. 헝클어진 두뇌 회로의 '리셋' 과정에서 발생한 환상일 뿐이다"라고 반박한다. 병원 의료 기록만으로는 두뇌활동 여부가 분명치 않았다. 이 사건을 계기로 과학자들이 임사체험을 본격적으로 파헤치기 시작했다. 의무 기록이 확실한 응급실 심장마비 사고가 과학적 조사 대상이다.

각국 의사, 심리학자 33명이 2,060건의 심장마비 사고를 조사했다. 이 중 95%는 사망했다. 심폐소생술로 살아난 101명 중 9명(9%)이 임사체험을 했다고 주장했다. 개인 경험은 검증이 어렵다. 유체이탈은 검증이 가능하다. 영혼이 몸을 떠나 응급실 천장으로 갈 경우에만 보이는 그림을 응급실 천장 중간에 미리 매달아 놨다. 하지만 멍석을 깔면 하던 일도 안 한다. 연구 기간 동안 유체이탈을 경험했다는 환자는 나타나지 않았다. 연구진은 2단계 연구를 진행 중이다. 이번에는 확실한 객관적 증거를 확보할 수 있을까. 그런데 실제로 죽기 직전까지 가야만 임사체험을 할 수 있을까.

죽음 트라우마를 견디려는 두뇌 반사작용이 임사체험이다. "건너편 군용 트럭이 중앙선을 넘어 내 차로 돌진했다. 죽었다고 생각하는 순간, 어릴 적 모든 일이 차르륵 고속 필름으로 눈앞을 지나갔다. 이후 충돌, 정신을 잃었다." 고(故) 최인호 작가가 큰 교통사고를 당할 당시의 기억이다. 암벽에서 떨어지는 등반가도 그 순간에 '평생 사건'을 보게 된다. 즉 실제 죽는 게 아니어도 '죽을 것 같은' 공포가 들면 두뇌가 비정상행동(기억 재생·터널 경험·유체이탈·천국 경험)을 한다는 거다. 왜일까.

임사체험엔 3가지 가설이 있다. 사후세계와 영혼이 있다는 '사후세계설', 죽음에 임박하여 스스로 천국 이미지를 만든다는 '기대심리설', 죽음 단계에서 두뇌 내부에 변화가 생긴다는 '두뇌변화설'이 있다. 두뇌변화설이 과학검증 대상이다.

2019년 벨기에 연구진은 지금까지 보고된 1만 5,000건의 임사체험과 가장 유사한 반응을 일으키는 물질을 추적했다. 650개 물질 중 주범으로 떠오른 것은 의료용 마취제[DMT]다. 이놈은 행복호르몬인 세로토닌을 자극한다. 2018년 영국 임페리얼 대학 연구진은 13명에게 이 환각물질을 '무엇인지 모르게' 주사했다. 어땠냐는 질문에 모두 '천국을 다녀왔다'라고 말했다. 왜 두뇌는 죽는 상황에서 환각물질을 만들어낼까. 동물 진화론자는 트라우마, 즉 극심한 정신적 고통으로 인한 두뇌 '고장'을 막기 위한 '방어책'이라고 한다. 죽음이 고통스럽지 않도록 두뇌가 알아서 도와준다니 그저 고마울 뿐이다. 그런데 천국을 달리 경험할 수는 없을까. 과학은 '가능하다'라고 말한다.

2018년 영국 더비 대학은 죽음 직전 생성되는 뇌파가 깊은 명상에서도 나온다고 밝혔다. 3년간 12명의 불교 명상가 대상 연구다. 불교 명상은 집착(재물·명예·아집)을 끊는 수련이다. 죽음이 이런 집착을 끊기 때문에 깊은 명상은 죽음 단계를 체험한다는 거다. 명상으로 천국을 갔다 오고 인생을 달관할 수 있다면 괜찮은 방법 아닐까. 죽다 살아나면 사람이 달라진다. 하물며 죽다가 천국을 본 임사체험자 79%는 이후 삶의 방식이 완전히 바뀐다.

지금 이곳이 천국이라고 생각하고 살아야

의사인 경우 더 드라마틱하다. 자신이 근무하던 응급실에서 혼수상태로 며칠간 죽은 경험을 한 의사(라나 애디쉬, 영국)는 〈뉴잉글랜드 의학 잡지〉에서 동료 의료진에게 한마디 했다. "내가 거의 죽은 환자가 되어보니 의료진은 반성해야겠더라. 무성의하고, 서로 손발이 안 맞고, 나를 아예 시체 취급한다. 나는 다 듣고 있었다. 병원 동료 의사였는데도 이러하니 다른 환자들은 말할 것도 없다." 이 경험을 바탕으로 그 병원은 환자 소통 프로그램을 새로 만들었다.

뇌는 죽음 고통에 대응하는 환각물질을 만든다. 이게 지금까지 과학이 추정하는 임사체험이다. 하지만 이것도 불확실하다. 왜냐하면 완전히 죽은 상태가 아닌 거의 죽은 단계에서 경험일 뿐이다. 따라서 천국이 있는

지 어떤지는 모른다. 다만 천국이 있다고 믿고 싶을 뿐이다. 실제로 미국인 75%는 천국이 있다고 믿는다.

『지상의 천국들Heavens on Earth』(2018, 미국)의 저자 마이클 셔머는 말한다. "하늘 천국 여부는 잘 모른다. 하지만 지상 천국은 분명히 있다." 그의 말처럼 지금 이곳이 천국이라 생각하고 살 수 있는 지혜가 필요하다.

비행 훈련 중 급상승 때 또 다른 임사체험

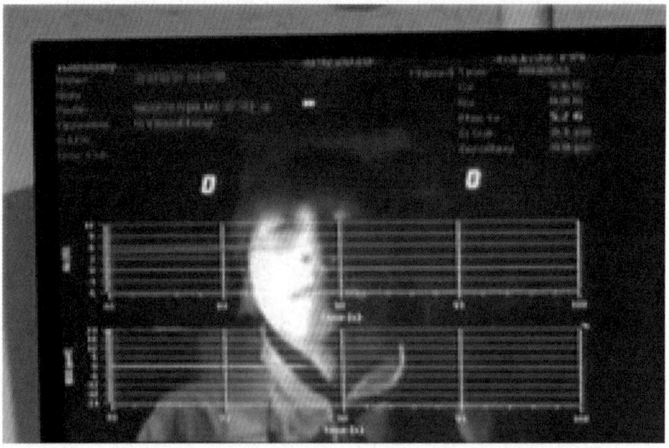

비행 중력 가속도 7G 훈련 시 혼절: 임사체험과 유사 효과

비행 훈련 장치에서 급상승 상황이면 피가 다리로 몰린다. 두뇌에는 피가 안 간다. 심장마비 유사 상황이다. 두뇌 저산소 상황에서 시야가 사라지고 어둠 속 터널이 보인다. 졸도하는 순간 밝은 빛과 만난다. '평화롭고 따스하고 기쁘고 충만하고 가족들이 보이고 깨어나고 싶지 않다'고들 한다. 임사체험과 유사하다. 졸도 후 12초 후에는 깨어난다.

Q&A

Q1. 임사체험을 재현할 수 있나요?

A. 대부분의 임사체험이 개인적인 경험담입니다. 즉 개인적으로 죽기 직전에 느꼈던 다양한 사건을 이야기한 것입니다. 그중 의학적으로 기록이 남아 있는 것이 심장마비 상태로 병원에 실려 온 경우입니다. 이들은 95%가 사망했고, 5%만이 심폐소생술로 살아났고, 그중 9%만이 임사체험을 했다고 했습니다. 당연히 이런 것을 재현할 수는 없습니다.

유일하게 임사체험을 반복적으로 할 수 있는 경우는 비행 중력 가속도 훈련이지요. 피가 두뇌에서 아래로 쏠리면서 두뇌에 산소가 떨어지는 현상은 심장마비 상황과 유사하지요. 기절을 하는데, 이때 임사체험과 비슷한 경험을 합니다. 물론 중력 시험을 중지하면 다시 깨어나지요. 하지만 비행 중력 가속도 훈련은 임사체험과 유사하지만 실제 죽음과 경계에 있는 상황은 아닙니다. 결론적으로 임사체험을 재현할 수 있는 현실적인 방법은 없는 셈입니다.

Q2. 과학적으로 영혼이 있다는 것을 증명할 수 있을까요?

A. 과학은 임사체험을 뇌의 화학작용이라고 보고 있습니다. 죽음 이후에 체중이 몇 그램 감소했으니 그게 영혼의 무게 아니냐는 주장도 있지만 과학적 근거는 없습니다. 영혼은 과학의 문제가 아닌 신앙의 문제로 다루어져야 할 사항이겠지요.

소식·냉수마찰은 '착한 스트레스' … 저항성 키워 수명 늘린다

코로나 사태로 친구들과 만나지 못하는 건 스트레스다. 하지만 '착한' 스트레스도 있다. 소식이다. 조금 먹으면 오히려 속이 편하다. 약간 굶은 상태가 몸에는 착한 자극을 준다. 세포가 정신을 차리고 이곳저곳 노폐물을 처리한다. 이게 건강에 좋다. 벌에 많이 쏘이면 위험하지만 조금만 쏘이면 그곳에 염증을 일으켜서 잠자고 있던 면역을 일깨운다. 덕분에 벌침 맞은 곳의 상처를 빨리 치유한다. 소위 '소량의 독은 약이 된다'라는 호르메시스 이론이다.

소식은 착한 스트레스로 작용해서 수명을 늘린다

'9988234~', '99세까지 팔팔하게 살다가 2~3일 만에 사망하자'라는 뜻의 건강장수를 기원하는 건배사다. 90세를 훌쩍 넘기고도 건장한 어르신이 있는 집안은 자식들도 오래 산다. 장수 집안이 따로 있을까. 있다. 가족력, 즉 DNA가 장수 여부를 10~25% 결정한다. 나머지는 환경이다. 특히 스트레스는 수명과 직결된다. 사촌이 땅을 사서 배가 아픈 게 오래간다면 그만큼 수명도 줄어든다. 그렇다고 스트레스가 건강에 나쁘기만 할까. 초등학교 운동회 시절, 달리기 출발선에 선 아이들의 '도전' 스트레스는 이후 수명을 줄일까 늘일까.

최근 동물 연구는 어릴 적 '잽' 정도의 '착한' 스트레스는 이후 수명을 증가시킨다는 사실을 밝혀냈다. 게다가 그 효과는 DNA에 '꼬리표'로 각인되어 오래간다. 스트레스에 대한 맷집이 커져서 웬만한 일에도 끄떡없이 장수한다는 것이다(2019, 〈네이처〉 논문). 맷집을 늘리는 생활 속 비법은 무얼까? 운동이다. '착한' 스트레스를 과학이 들여다보고 있다.

낮은 스트레스 받은 선충, 수명 1.7배 늘어

2019년 미시간 대학 연구진은 선충(1㎜ 작은 벌레)을 가지고 장수 연구를 하고 있었다. 연구진들은 선충이 초기 스트레스에 따라 수명이 달라지는지 시험했다. 막 태어난 선충에게 스트레스 물질 농도를 달리 주었다. 그러자 낮은 스트레스를 받은 놈들의 수명이 1.7배 늘어났다. 사람이라면 수명이 83세에서 141세로 늘어난 셈이다. 반면 스트레스가 너무 높으면 수명이 줄었다. 즉 어릴 적 '약한' 스트레스가 이후 수명을 늘린 거다.

연구진은 선충 DNA 변화를 들여다보았다. 약한 스트레스가 특정

1. **봉침요법:** 소량의 벌침은 면역을 자극, 치료 효과를 낸다

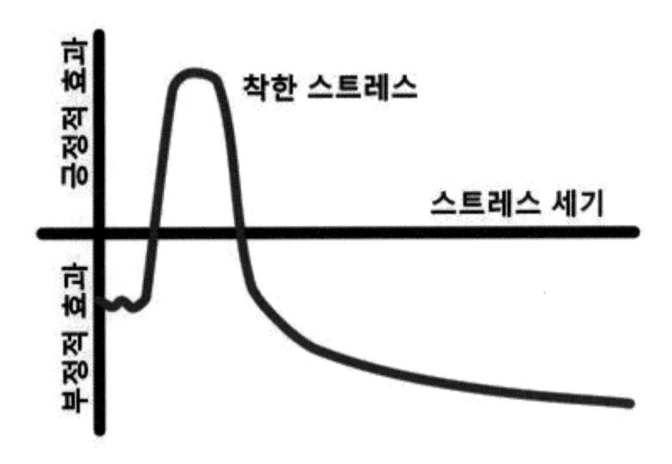

2. **호르메시스 이론:** 낮은 스트레스는 저항성을 높인다

DNA에 꼬리표(메틸기)를 붙였다. 덕분에 강한 스트레스가 와도 나쁜 영향을 덜 받는 '저항성'이 생긴 거다. 한번 붙은 꼬리표는 오래간다. '젊어 고생은 사서 하라'라는 말은 빈말이 아니다. 단, 고생이 너무 강하면 역효과다. 긍정적인 효과를 내는 '잽' 정도 스트레스가 약이 되는 셈이다. 학자들은 이런 스트레스를 '착한 스트레스Eustress'라고 이름 붙였다. 스트레스는 원래 독(毒)이다. 그런데 '소량 독은 약이다'라는 호르메시스Hormesis 이론이 스트레스

에서도 증명된 셈이다. 대표적 호르메시스 현상은 벌침주사다.

벌에 쏘이면 붓고 가렵다. 벌침 속에는 다양한 독이 들어 있다. 세포벽을 녹이고 적혈구를 파괴한다. 벌에 쏘인 침입자 곤충이 죽는 이유다. 말벌에게 공격당하면 성인도 쇼크로 사망할 수 있다. 그런데 이런 벌을 한 놈 한 놈 집어서 사람 피부에 일부러 침을 쏘인다. 소위 '봉침蜂針'요법이다. 당연히 붓고 가렵다. 그런데 신기하게 통증이 낫는 경우가 있다. 이유는 간단하다. 벌침 속 독성분이 면역에 '잽'을 날린 거다. 면역세포들이 몰려온다. 혈관이 넓어져서 벌겋게 붓는다. 덕분에 혈액순환이 좋아지고 면역세포들이 쓰레기들을 치운다. 하지만 독은 독이다. 봉침 부작용으로 사망하는 경우도 생긴다. 최근에는 벌침 성분 중에서 위험물질을 제거하고 유용한 성분만으로 주사제를 만들어 사용한다.

이런 벌침요법은 기원전 2500년 이집트에도 기록이 있다. 옛사람들은 소량의 독이 사람을 살린다는 사실을 잘 알고 있었다. 그중에는 아예 독을 '마신' 겁 없는 왕도 있었다. 그는 죽었을까? 아니다. 살았다. 그것도 아주 오래 살았다.

기원전 120년, 터키 남부지방을 다스리던 미트리다테 왕이 갑자기 사망했다. 독살이었다. 왕비가 의심스러웠지만 증거가 없었다. 며칠 지나서 두 아들이 복통을 일으켰다. 큰 아들은 덜컥 겁이 났다. 그대로 줄행랑을 쳤다. 산속에 숨어 살았다. 다시 왕이 된다 해도 독살 위협은 계속 있을 것이다. 큰아들은 살아남을 방법을 고민했다. '그래, 독에 대한 저항성을 키우자. 독을 조금씩 먹어보자' 산속에서 독초 54종을 모았다. 즙을 냈다. 아주 조금씩 매일 먹었다. 그렇게 7년을 지냈다. 기회가 왔다. 큰아들은 예전 신하들과 내통하여 왕비와 둘째 아들을 몰아내고 왕이 되었다. 여기까지가 역사 기록이다. 그 뒤로 실제 왕을 독살하려는 시도가 있었는지는 모른다. 하지만 놀라운 사실은 따로 있다. 그가 60년을 살았다는 거다. 당시 평균 수명이 25세다. 그 왕은 왜 장수했을까. 과학자들은 산속에서 매일 먹은 소량의 독물질이 어떤 식으로든 왕의 세포를 자극해서 수명을 연장시켰을 거라 추측한다.

실제로 이 방법은 유럽 왕가 사이에 '비법'으로 전수되어 이후 1900년간 사용되었다. 비법의 이름은 '해독제antidote'였다. 이름이 조금 잘못됐다. 독을 먹은 다음 해독하는 것이 아니고 미리 먹어서 독에 대비하는 것이니 방독防毒제가 맞다. 왕들이 먹은 소량의 독은 미시간 대학 연구진이 선충에게 가한 '착한 스트레스'와 같은 역할이다. 즉 수명을 늘렸다. 수백 년간 사용된 왕가 비법을 최신 과학이 입증한 셈이다. 그렇다고 장수하려고 왕처럼 독풀을 우려먹을 생각은 하지 말자. 독은 먹으면 죽는다. 극소량의 독이

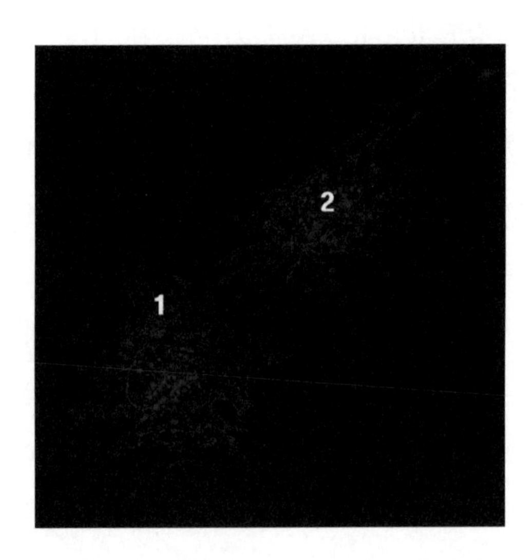

세포 보일러(미토콘드리아: 1)는 스트레스 신호로 몸을 대비한다(세포핵: 2)

약이 될 수도 있다는 이론이지 아무 독이나 먹으라는 소리는 절대 아니다. 과학이 밝힌 호르메시스 원리를 안전하게 몸에 적용할 방법이 없을까? '착한' 스트레스에는 소식小食과 냉수마찰이 있다.

장수촌의 특징인 소식은 연료인 포도당이 줄어드는 일종의 스트레스다. 이 스트레스는 활성산소를 발생시키고 이 신호를 받은 세포는 에너지 저장고인 지방을 태우라고 명령한다. 미시간 대학 연구진은 선충에게 스트레스를 가하면 미토콘드리아에서 '활성산소ROS, Reactive Oxygen Species'가 발생한다는 것을 밝혔다. 활성산소는 독성이 강하다. 하지만 소량 활성산소는 위험 신호를 보내 온몸을 준비시킨다. 예전 광부들은 새(카나리아)를 들고 광산에 들어갔다. 내부 공기가 위험하면 새가 먼저 반응해서 광부들이 대비하게 한다. 세포에서 카나리아는 세포 보일러(미토콘드리아)다.

소량 활성산소 위험 신호가 온몸 준비시켜

냉수마찰도 착한 스트레스다. 몸을 준비하게 한다. 즉 '갈색지방'을 늘린다. 갈색지방은 유아에게만 있다고 알려진 세포 내 비상 보일러다. 체온이 떨어지면 성인은 몸을 떨거나 옷을 입어서 온도를 높인다. 이런 기능이 약한 유아들은 체온이 떨어지면 갈색지방을 태워 체온을 높인다. 갈색지방에는 많은 보일러(미토콘드리아)가 있다. 이런 갈색지방이 성인에게도 남아 있다. 찬 곳에 있으면 세포는 온도 스트레스를 받고 두뇌에서는 스트레스 신호물질(카테콜아민)이 나온다. 이놈은 보일러(미토콘드리아) 활동도를 높이고 보일러 수를 늘려서 갈색지방이 되게 한다. 체온을 유지하려는 스트레스 반응이 에너지 대사를 돕는다는 의미다. 즉 소식이나 냉수마찰은 모두 '착한' 스트레스로 작용해서 온몸을 최적 상태로 준비시킨다. 좀 더 쉬운 방법이 없을까. 있다. 운동이다. 운동은 스트레스에 대한 저항성을 높인다. 원리는 이렇다. 숨이 턱에 차는 유산소운동은 스트레스 호르몬(코르티솔)을 분비한다. 운동을 자주 하면 인체는 적응해서 호르몬이 적게 분비되고 더 빨리 분해된다. 스트레스 저항성이 생긴 거다. 이번 연구는 두뇌가 관여하는 호르몬뿐만 아니라 세포 미토콘드리아도 활성산소로 세포 자체를 준비시킨다는 것이다. 게다가 '착한' 스트레스처럼 운동이 DNA에 꼬리표를 붙인다. 즉 운동 효과가 오래간다. 하지만 아무리 몸에 좋다는 운동이라도 지나치면 독이다. 개인 맞춤형 운동량이 필요하다.

유산소운동 주 2.5시간, 근육운동 2회는 해야

유산소운동은 DNA를 변화시켜 스트레스 저항성을 높인다

미국 심장학회는 중-고강도 유산소운동(2.5시간/주)과 근육운동(2회/주)을 권한다. 유산소운동 강도는 심박수로 알 수 있다. 기상 후 심박수(안정 심박수)가 71인 52세 성인이라면 중강도 운동 심박수는 0.7*(220-52-71)+71=139(빠른 걷기, 땀이 촉촉한 정도)다. 주당 2.5시간 운동하자. 적응되면 고강도(0.7 대신 0.85로 계산하면 심박수는 153)까지 올리자. 이 운동량은 건강한 성인 기준이다. 지병이 있으면 의사와의 상의가 필수다.

Q&A

Q1. 자연에서 발생하는 낮은 방사선은 건강에 좋다는 호르메시스 이론이 사실인가요?

A. 일본 원폭 피해에서 보듯이 높은 방사선은 신체에 악영향을 미칩니다. 하지만 낮은 선량에 대한 정보는 많지 않습니다. 예를 들면 인도 케랄라 지역 토양에서 나오는 방사선량은 런던 지역의 80배입니다. 하지만 이 지역의 발암률은 런던과 차이가 나지 않습니다. 이런 데이터들이 종종 나옵니다. 하지만 이런 연구의 어려운 점은 낮은 선량이 건강을 증진시킨다는 사실을 과학적으로 증명하는 일이 쉽지 않다는 것입니다.

Q2. 스트레스 측정은 어떻게 하나요?

A. 심리적 스트레스 테스트는 준비된 질문에 답하는 형태로 측정합니다. 예를 들면 '신경이 예민해지고 스트레스를 받고 있다는 느낌을 자주 경험하나요?' 등의 질문에 0~5점 사이로 답하는 형식입니다. 과학적으로 테스트할 때는 침 속의 코르티솔을 측정합니다. 코르티솔은 뇌가 스트레스 상황이라고 판단하면 시상하부에서 부신피질 자극호르몬 방출호르몬[CRH]을 뇌하수체에 보내 부신피질 자극호르몬을 분비합니다. 이 호르몬이 혈액을 타고 부신피질에 전달되면 코르티솔이 분비되어 온몸이 스트레스에 대응하도록 준비합니다.

5-5

동네 뒷산에서 20분 멍 때리면, 스트레스가 눈 녹듯 스르르

코로나 사태는 학기말 시험과 같은 스트레스를 준다. 시험 때만 되면 가슴이 두근거린다. 나만 그러는 걸까. 이런 상태는 몸에 영향을 주어서 면역이 약해지는 건 아닐까. 답답하다는 생각은 몸에 직접 영향을 준다. 정신적 스트레스가, 즉 마음 상태가 어떻게 몸에 영향을 주는지를 알면 이에 대한 대응책을 쉽게 찾을 수 있다. 멀리 해외로, 강원도로 여행을 갈 필요도 없다. 머리가 쉬면 된다. 뒷산에서 멍 때리기 20분이면 스트레스 호르몬 수치는 바닥으로 내려간다. 마음먹기 따라서 스트레스가 오기도 하고 내보낼 수도 있다는 말이다.

미국 코넬 대학에는 유명한 다리가 있다. 캠퍼스 뒤편 깊은 계곡을 가로지르는 아찔한 30m 높이 '자살 다리'다. 시험 스트레스로 뛰어내린 학생이 15명(1990~2010년)이나 된다. 이후 다리 보호망 설치, 스트레스 컨설팅 등 적극적 대응으로 더는 안타까운 일이 생기지는 않았다. 그렇다고 코넬대 학생만 유난히 시험 스트레스가 높은 건 아니다. 시험은 누구에게나 스트레스다. 왜 같은 시험에 누구는 가볍게 지나가고 누구는 다리에서 뛰어내릴까. 스트레스 대응 능력은 타고난 천성일까, 아니면 노력하면 나아질까. 스트레스는 마음만 좀 불편할 뿐이지 몸에는 큰 문제가 없는 걸까.

동네 뒷산에서 20분 멍 때리면 스트레스는 바닥으로 내려간다

최근 과학은 스트레스를 분자 수준에서 들여다보고 있다. 결과는 놀랍다. 장기간 스트레스를 받으면 면역세포 DNA 3차 구조가 변한다. DNA가 변해 있으면 같은 스트레스에도 남보다 쉽게 '녹다운'된다. 스트레스는 단지 가슴만 답답하게 만들지 않는다. 직접 암세포를 전이시키고 심장 혈관을 막히게 한다. 대처 방법은 무얼까. 1박 2일 강원도로 머리 식히러 가야 할까. 최근 연구에 의하면 동네 주위 산에서 '멍 때리기' 20분이면 스트레스 해소에 충분하다. 스트레스를 들여다보자.

만성염증, 고혈압·당뇨·치매·암 등 유발

회사 동료들보다 승진이 늦는 건 스트레스다. 이런 스트레스 기간이 길어지면 그 사람 DNA는 변할까. 맞다. 변한다. 미국 워싱턴 대학 연구진은 장기간 스트레스가 면역세포 DNA 3차 구조(패킹 정도)를 변형시켜 이후 스트레스 대응력에 차이가 나게 한다고 밝혔다. 연구진은 사람과 가장 유사한 히말라야 원숭이에게 11개월(사람 2.7년 해당) 동안 환경 스트레스를 각

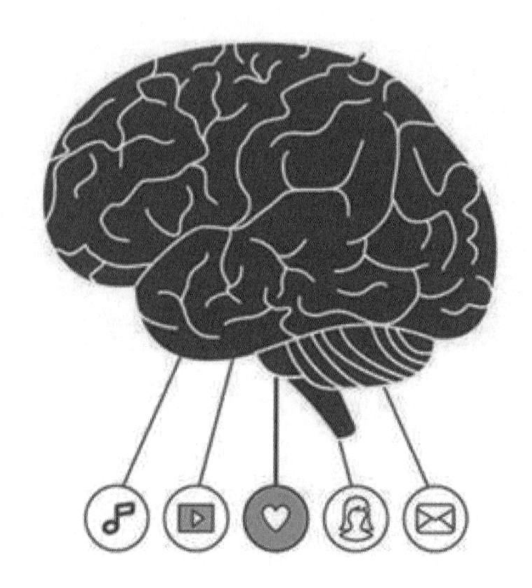

모든 외부 자극은 마음먹기에 따라서 스트레스가 될 수도, 안 될 수도 있다

각 달리 주었다. 원숭이는 사회 서열에 따라 스트레스를 받는다. 방에 먼저 들여보낸 놈이 우두머리, 제일 늦게 들어간 놈이 서열 꼴찌다. 감방에 제일 늦게 들어온 놈이 궂은일을 하는 현상과 같다. 11개월 후 원숭이들 세포를 꺼내 스트레스 대응 능력을 검사했다.

면역세포에 스트레스 호르몬(코르티솔)을 똑같이 주었을 때 각 세포가 반응하는 정도가 달랐다. 즉 세포 수준에서도 이미 스트레스 대응 능력이 달라져 있었다. 장기간 스트레스(가족 관계, 직장, 학업, 수입, 친구 관계 등)가 몸속 세포 자체를 스트레스에 약한 체질로 만들어 놓았다. 그럼 이렇게 약해져 있는 사람은 가슴만 답답해질까. 아니다. 병에 걸린다.

노래 〈단장의 미아리 고개〉는 6·25 전쟁 당시 이별·사별의 아픔을 이야기한다. 여기서 단장이란 '지팡이'가 아니다. '장을 끊는[斷腸] 아픔'이다. 가슴이 찢어질 듯 아프면 실제로 장에 구멍이 난다. 장에는 두뇌와 연결된

'직통' 신경망이 있다. 슬픔이 두뇌에서 스트레스 신호를 만들고 이것이 장 세포벽을 녹인다. 사촌이 땅을 사면 배가 아픈 이유다. 스트레스는 마음(가족 죽음, 직장 내 경쟁, 기말시험 등)과 몸(심한 노동, 극한 추위 등)에서 모두 온다. 외부 스트레스에 우리 몸은 어떻게 반응할까. 반응을 알면 대응법이 절로 보인다.

야생동물과 마주친 호모 사피엔스는 즉시 줄행랑치거나 맞붙어야 한다 Flight or Fight. 어떤 경우든 근육을 순간적으로 팽팽하게 만들어야 한다. 근육에 보낼 포도당 준비로 인슐린이 높아진다. 심장은 더 뛰고 핏줄은 팽창한다. 가슴은 쿵쿵거리고 눈은 핏발이 선다. 이런 스트레스 반응은 2단계로 생긴다. 먼저 두뇌에서 '이게 스트레스'라고 판단을 해야 한다. 같은 사건이라도 스트레스로 판단하는가는 순전히 생각, 즉 개인 의지에 달려 있다. 첫 단계에서 스트레스라고 판단되면 둘째 단계로 온몸 장기에 비상 신호가 전달된다. 신호는 2가지 경로(신경망, 스트레스 호르몬 방출)로 전달된다. 두뇌-척추-장기로 연결된 신경망(교감)을 통해 심장이 빨라지고 숨이 가빠진다. 또 다른 경로는 두뇌(해마, 뇌하수체)-부신피질-코르티솔 생산이다. 코르티솔(스트레스 호르몬) 신호를 받은 장기들은 비상이다. 외부 침입균이 들어온 전투 상황과 같다. 면역세포는 최고 흥분 상태다. 몸은 모든 에너지를 쏟아붓는다. 원숭이의 경우 스트레스를 받았을 때 몸 전체 유전자 71%에 불이 켜졌다. 즉 온몸이 온 힘을 다해 스트레스에 '죽어라' 대응한다는 의미다.

다행히 상황이 끝났다. 신경망(부교감)은 흥분을 가라앉힌다. 사건 발생 15분에 최고조로 올라섰던 혈액 속 코르티솔도 1시간이면 원상태로 내려온다. 다시 평화가 찾아온다. 이게 정상적인 스트레스 반응이다. 즉 고무줄처럼 탄성이 있다. 하지만 스트레스가 너무 강하거나 오래가면 세포·장

스트레스 반응경로

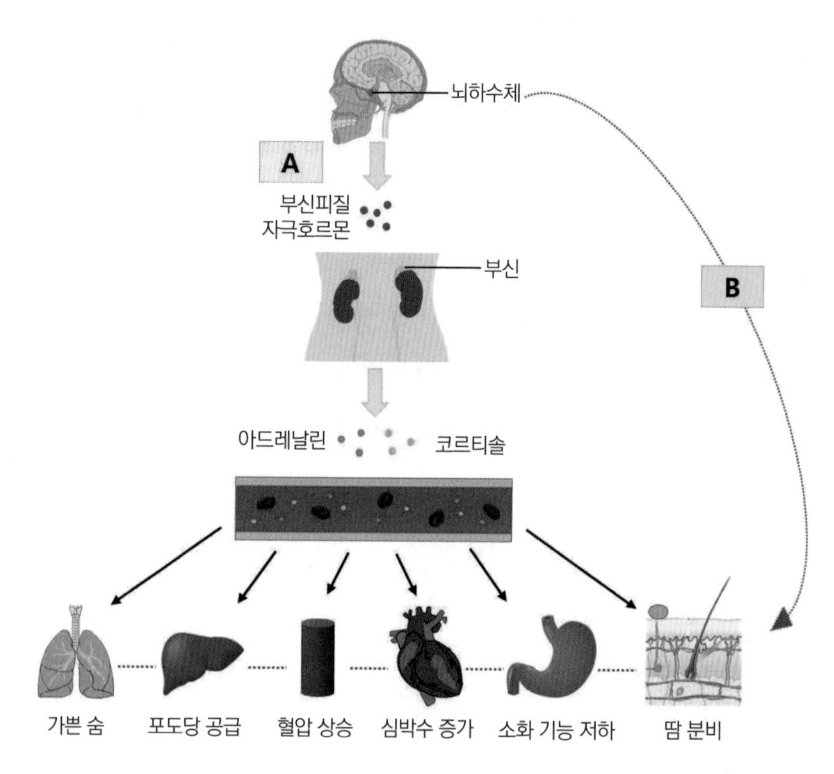

스트레스 반응경로: (A) 호르몬이 두뇌(해마, 뇌하수체)에서 생성되어 부신피질을 통해 코르티솔 분비, (B) 신경망을 통해 각종 장기에 전달된다

기들이 탄력을 잃는다. 원숭이 연구에서도 장기간 스트레스를 받은 세포들은 DNA가 단단히 뭉쳤다. 그래서 이후 스트레스 신호에 제대로 반응하지 못했다. 탄성을 잃은 면역세포는 늘 흥분 상태다. 사소한 자극에도 민감해져 수시로 자기 몸에 '총질'을 한다. 만성염증 상태다. 만성염증은 고혈압·당뇨·비만·치매·심장병·암을 일으킨다. 스트레스는 암세포도 전이시

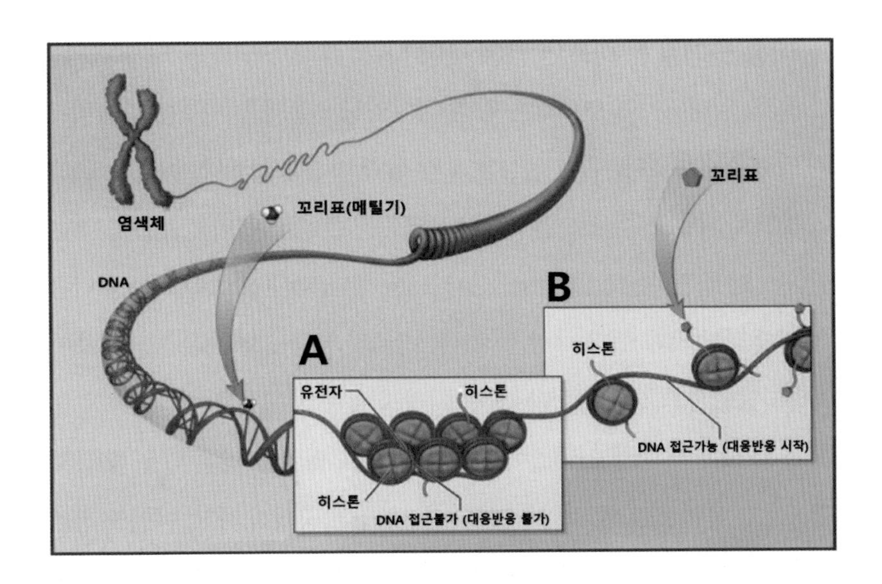

장기간 스트레스는 히스톤·꼬리표를 변화시켜 DNA(유전자) 패킹이 변한다. 정상적인 패킹(B)과 달리 스트레스로 빽빽하게 패킹된 경우(A)는 외부 스트레스에 대한 반응이 제대로 일어나지 않아 인체에 해를 입힌다

킨다. 같은 유방암 환자라도 코르티솔 수치가 높으면 전이가 1.9배 잘된다(2019, 〈네이처〉). 전립선암 환자 27%가 정상인보다 스트레스 수치가 높다.

마음이 아프면 몸도 아프다는 말이 빈말이 아니다. 그럼 어떻게 대응해야 할까. 두 단계다. 두뇌에서 예방하자. 안 되면 적극적으로 해소하자.

외부 사건이 스트레스인가 아닌가는 두뇌(개인 사고방식)가 결정한다. 일단 스트레스라고 판단되면 그 뒤로는 내 손을 떠난다. 즉 두뇌가 온몸에 스트레스 비상을 알리면 세포는 신호 세기에 비례하여 '그대로' 반응한다. 같은 사건이라도 스트레스가 아닌 걸로 마음먹어야 한다. 가능할까. 마음먹기에 달렸다.

가슴 찢어질 듯 아프면 장에 구멍 나

미국 일리노이대 연구진은 같은 일이라도 스트레스 여부는 마음먹기에 달렸음을 보였다. 쥐는 특성상 오락 삼아 바퀴를 돌린다. 쥐를 두 그룹(A, B)으로 나누고 주사로 일부러 대장염증을 유발했다. 이후 A 그룹 쥐는 원하는 때에 원하는 만큼 바퀴를 돌리도록 했다. 반면 B 그룹 쥐는 그만큼을 강제로 돌리게 했다. 차이는 컸다. 강제적 운동 그룹(B)은 대장염증이 악화되었고 30%가 사망했다. 반면 자발적 운동 A 그룹은 대장염증이 줄고 두뇌 해마 부위 세포 연결이 늘었다. 사망도 없었다. 같은 일을 해도 자발적으로 하면 스트레스가 안 된다는 이야기다. 긍정적 사고, 마인드 컨트롤, 명상이 도움이 되는 이유다. 그럼 어떤 방법이 높아진 스트레스 수치를 확실하게 낮출까.

직장인 스트레스 해소법은 운동(36.5%), 음악 감상(33.1%), 게임, 독서 순이다. 최근 스트레스를 효과적으로 낮추는 방법을 찾았다. 삼림욕이다. 만성통증에 시달리는 일반인 33명이 2일간 강원도에서 삼림욕을 했다. 면역력(NK, 자연살상세포)이 3배 증가하고 통증·우울증 지표가 40%씩 감소했다. 그렇다고 스트레스가 있을 때마다 짐을 챙겨 강원도로 여행을 가야 하나. 최근 미시간 대학 연구진은 성인 30명을 8주간 산속에서 지내게 했다. 삼림욕 시간에 따라 침 속 스트레스 호르몬을 측정했다. 1박 2일이 필요 없었다. 20분이면 충분했다. 즉, 아무 일도 하지 않고 그저 멍하니 산속에 들어가 있으면 20분 만에 스트레스 호르몬 수치가 바닥으로 떨어졌다. 캐나다·영국·미국 등에서 '삼림욕 치유 프로그램'을 본격 운영하는 이유다.

'소량의 독은 약'이라는 호르메시스 이론이 스트레스에도 적용된다. 즉, 낮은 단기 스트레스는 두뇌(해마)세포 연결을 튼튼하게 한다. 반면 장기 스트레스는 두뇌도, 면역세포 DNA도 졸아들게 한다. 같은 일이라도 스트레스가 아니라는 '긍정적 생각'이 최선이다. 그것으로 부족하면 운동, 음악 감상, 삼림욕 등 본인에 맞는 스트레스 해소책을 쓰자. 그러면 기말시험을 망쳐도 '자살 다리'를 떠올리지 않는다. 그 대신 배낭을 메고 런던 타워브리지를 유유히 걷는 모습을 떠올린다.

유산소 운동 20분… 코르티솔 확 줄어

운동도 스트레스다. 코르티솔이 분비된다. 운동을 자주 할수록 높아진 코르티솔을 낮추는 적응 능력이 좋아진다. 고강도 유산소 운동으로 심장, 폐가 많이 움직여야 한다. 운동 시 두뇌는 허파 숨쉬기, 근육 움직이기에만 집중한다. 마음이 모아진다. 명상과 같다. 숨찬 20분 유산소운동이면 코르티솔은 바닥으로 내려간다.

Q&A

Q1. 스트레스를 받으면 왜 가슴이 뛰나요?

A. 인류의 조상은 벌판에서 위험한 동물을 만나면 도망갈지, 싸워야 할지 순간적으로 결정해야 합니다. 두 경우 모두 근육에 포도당이 급히 공급돼야 싸우든, 도망가든 할 수 있습니다. 즉 두뇌에서 온몸에 신호를 보내 몸을 긴장하게 대비시킵니다. 심장도 쿵쿵 뛰어야 몸이 준비가 되는 것입니다.

Q2. 낮은 스트레스는 오히려 도움이 되나요?

A. 세포 수준에서도 스트레스가 전혀 없는 경우보다는 아주 낮은 스트레스가 도움이 됩니다. 사람도 무슨 목표가 있어야 합니다. 흔히 '맥 놓고 있으면 안 된다'라는 이야기도 같은 의미입니다. 운동, 특히 유산소운동이 물리적, 심리적으로 스트레스를 해소하는 데는 최고입니다.

5-6

커피는 사망률 낮추는 씨앗, 각성제인 카페인이 문제 : 1000년 넘게 마신 기호식품의 과학

외부 모임이 줄어든 코로나 상황에서는 커피에 마음을 쏟는다. 커피는 가장 많이 마시는 음료가 되었다. 한 집 건너 커피전문점이다. 점심시간이면 커피잔을 손에 든 사람으로 매장은 언제나 만원이다. 아침 흐릿한 머릿속을 커피 한 잔이 맑게 해준다. 커피만큼 많이 마시는 음료도 드물다. 가히 중독 수준에 가깝다. 설마 커피도 중독이 있을까. 무엇이든 행동을 해서 즐거워진다면 그건 중독이 될 수 있다. 카페인도 중독이 된다. 다만 마약만큼 강하지 않은 것뿐이다. 몇 잔까지가 괜찮을까. 나는 커피를 잘 마시는 유전자를 가졌을까.

부부 저녁 모임이 커피잔 수로 패가 갈렸다. 하루 5잔, 2잔 그리고 입에 못 대는 그룹이다. 안 마시는, 아니 못 마시는 필자는 커피 한 모금에도 날밤을 새운다. 5잔 그룹은 커피 마시다 졸기도 한다며 커피에 강함을 은근히 내세운다.

하지만 커피 마니아들은 이따금씩 들려오는 '커피 건강 유해론'이 찜찜하다. 5잔 그룹 대표 여성이 걱정스레 보여 준 전문 의학지 조사 결과는 무섭다. 태아 유산율, 골다공증, 심장병이 증가한다는 데이터다. 반면 2잔 그룹은 "커피는 콩인데 설마 나쁘겠냐"라고 주장했다. 수천 년 마셔 온 기호

커피(아라비카)나무 열매(원두)는 익을수록 진해진다

식품이라는 주장에 5잔 그룹도 재차 안도한다. 국내 커피 소비량은 매년 20% 늘고 있다. 성인 45%는 하루 1잔, 25%는 3잔 이상을 마신다. 5잔은 괜찮은 걸까. 왜 누구는 5잔씩이나 마시고, 누구는 입에도 못 대는가.

미국 내과 학술지 〈Ann.Inn.Med, 2017〉에 흑인·백인·황인 18만 5,000명을 16년간 추적한 연구 결과가 발표됐다. 1잔은 12%, 2~4잔은 18%, 각각 사망률을 줄였다. 다른 연구도 비슷한 결과를 보였다(〈뉴잉글랜드 의학지. 2012〉). 마셔도 된다니, 아니 건강에 좋다니 커피 마니아들에게는 최고 소식이 아닐 수 없다. 그런데 논문을 유심히 보면 절대 놓치면 안 되는 중요한 단서가 한 줄 있다. 카페인을 제거한 '디카페인 커피'도 같은 효과를 보였다. 즉 수명을 늘린 성분은 카페인이 아닌 다른 물질이란 이야기다. 그럼 카페인은 좋은가 나쁜가. 커피 성분을 들여다보자.

에티오피아 카파 지역 이름에서 유래

6세기 아프리카 에티오피아 카파Caffa 지역 언덕. 양들이 어떤 나무 열매를 먹더니 흥분해서 이리저리 날뛰었다. 그 나무 열매를 먹은 목동은 몸에 힘이 솟았다. 기분이 상쾌해졌다. 술을 만들거나 열매를 끓여 먹었다. 카파 지역 이름에서 유래한 '커피coffee'는 13세기 중동·이탈리아·유럽·동인도·미국으로 퍼져 나갔다. 그렇게 커피는 물 다음 많이 마시는 세계적인 음료가 됐다. 무엇이 커피를 계속 마시게 할까.

커피는 콩이 아니다. 콩처럼 생긴 나무 열매다. 겉을 벗기면 두 쪽 원두가 나온다. 원두를 볶아 가루로 만든다. 여기에 뜨거운 물을 흘려 내리면 바로 커피다. 커피 65%를 차지하는 아라비카 원두에는 당(40%)·단백질(12%)·지질(15%)·클로로겐산(7%)·카페인(1%)과 니아신·비타민 등 1,000종의 물질이 있다. 커피 종류, 볶기(로스팅), 추출 방법(고압, 뜨거운 물, 찬물)에 따라 색, 향, 성분이 달라진다. 많이 볶으면 색은 짙어지지만 카페인은 똑같고 클로로겐산은 줄어든다. 찬물로 내리면 카페인이 적다. 디카페인 커피는 초임계(액체-기체 중간 형태) 이산화탄소로 카페인만을 추출·제거해서 만든다. 그래도 10% 정도 카페인이 남아 있다. 커피 클로로겐산은 폴리페놀물질로 항산화·항염 효과가 있다. 이번 수명 연구 결과 디카페인 커피도 수명 연장에 도움이 됐다. 카페인을 제외한 나머지 성분이 몸에 좋다는 이야기다. 이 결과에 고개가 끄떡여진다. 커피는 씨앗이기 때문이다. 씨앗에는 항산화제 등 많은 유용 성분이 식물 DNA를 보호한다. 호두, 해바라기 씨, 녹차 속 항산화 성분은 싹이 날 때 최대로 늘어나 싹을 보호한다. 새싹 채소가 인기 있는 이유다. 지난 30년간 커피 건강 연구 결과를 종합하면 대부분 긍정적이다. 대부분이라고 단서를 단 이유는 연구 대상 인원수가 적거나 생활습관, 유전인자가 다양할 경우 부정적 결과가 나올 수도 있기 때문이다.

적당량 넘게 마시지 말고 블랙으로 즐겨야

최근 커피가 건강에 좋다는 자료가 속속 나타나고 있다. 커피는 체중 감량·알츠하이머·파킨슨·2형 당뇨·간경화·우울증에 효과를 보인다. 하버드 연구에서는 전립선암이 20% 감소했다. 2012년 뉴잉글랜드 의학지의 커피 수명 연구(40만 2,260명 대상, 51~70세)에서는 4~5잔이 최적이다. 더 마시면, 카페인 있는 커피의 경우, 수명 연장 효과가 감소했다. 하지만 임산부 경우 커피는 2잔이 최대치다. 소아청소년은 권하지 않는다. 커피에 체질적으로 민감한 사람은 혈압, 심장 박동이 높아지는 부작용이 있다. 커피 유해설 중심에는 카페인이 있다. 카페인의 두 얼굴을 보자. 독일 대문호 괴테는 커피 애호가였다. 한 잔에 힘이 솟고 머리가 맑아지는 커피 성분이 궁금했다. 친구에게 부탁했다. 1819년 화학자 프레드리 룬게가 카페인을 분리했다. 카페인은 60여 종 식물에 있다. 커피, 녹차에 가장 많다. 카페인은 두뇌 중추신경 작용 약물이다. 미국 식품의약국FDA 약 리스트에도 올라

커피는 감미료를 첨가하지 않은 블랙이어야 원두 속 영양소만을 마실 수 있다

가 있다. 의료용(미숙아 무호흡증 치료)으로도 쓰인다. 카페인은 두 가지 작용을 한다. 흥분과 각성이다.

카페인 분해 속도, 사람 따라 최고 40배 차이

카페인은 도파민, 아드레날린을 치솟게 하는 흥분제다. 도파민은 기분을 황홀하게, 아드레날린은 기운을 번쩍 나게 한다. 카페인의 두 번째 역할은 각성제다. 말똥말똥해져서 집중하게 하지만 잠도 못 자게 한다. 에스프레소 두 잔이면 생체시계 자체를 뒤로 40분 늦춘다. 이유는 이렇다. 하루 동안의 활동으로 두뇌에는 아데노신이 축적된다. 이 아데노신이 수용체에 달라붙으면 두뇌 내부 신호 전달이 느려진다. 잠이 온다. 혈관도 확장시켜 잠잘 동안 산소를 잘 공급하게 한다. 카페인은 아데노신 대신 수용체에 달라붙어 아데노신의 수면 유도 역할을 방해한다. 정신이 또렷해진다. 효과는 15분 내 나타나서 6시간 지속된다. 왜 누구는 5잔에도 졸리고 누구는 한 모금에도 잠을 설치나.

시카고 대학 연구에 의하면 커피를 마실 수 있는 양은 개인 유전자가 45% 결정한다. 두 개의 유전자(카페인 분해효소, 아데노신 수용체)가 핵심이다. 분해효소가 강할수록 카페인이 빨리 없어져 잠을 망치지 않는다. 분해가 느리면 조금 마셔도 체내 카페인이 오래 그리고 높게 유지된다. 그 결과 가슴이 벌렁대고 잠이 안 온다. 실제로 저명 학술지 〈사이언티픽 리포트〉는 커피를 습관적으로 마시게 하는 유전자^{PDSS2}를 보고했다. 이 유전자는 카페인 분해 속도를 결정한다. 유전자에 따라 카페인 분해 속도는 최고 40배까지 차이가 난다. 임산부는 분해 속도가 떨어져 체내 카페인이 상

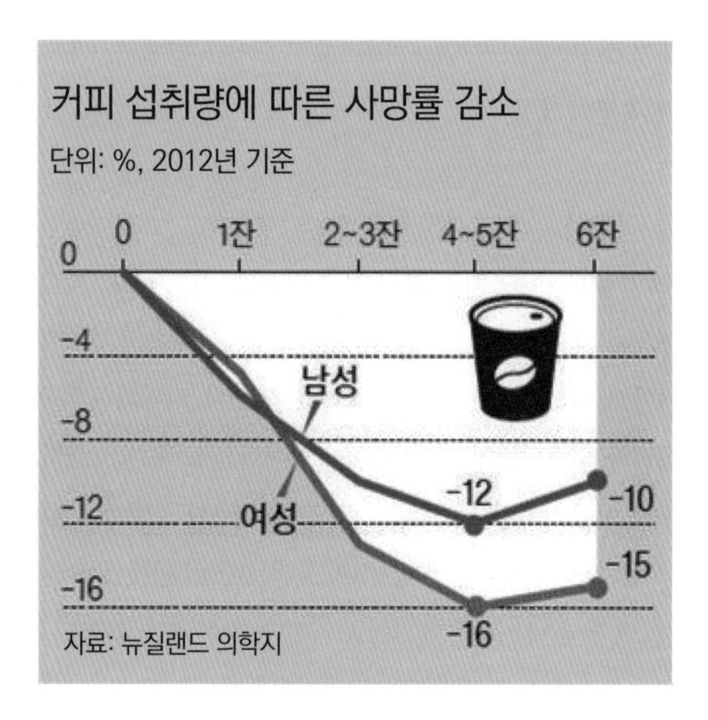

커피 섭취량에 따른 사망률 감소

승, 태아에 악영향을 준다. 분해효소는 나이에 따라 약해져 오후 한 잔의 커피에도 잠을 더 설치게 된다. 두 번째 유전자는 아데노신 수용체다. 종류에 따라 잠 설치는 정도가 다르다. 특정 부위 염기 종류(TT, CT, CC)에 따라 둔감, 중간, 예민 타입으로 나뉜다. 예민한 유전자를 가진 사람은 카페인이 높아지면 깊은 수면 상태(논렘수면)에서 베타파가 증가한다. 이 현상은 불면증 환자에게서도 보인다. 만약 카페인 분해 유전자가 약한 사람이 수면 수용체(아데노신)마저 예민한 유전자 형태(C/C)라면 아침에 마신 한 모금의 커피에도 홀딱 밤을 새우게 된다. 물론 독한 마음으로 커피를 하루 6잔, 2주간 마시면 둔감해진다. 하지만 그걸 계속 유지 안 하면 다시 예민해진다. 이에 비해 카페인 분해를 잘하고 수면에 둔감한 유전자 타입은 언제나 잘 마신다.

잘 마시는 사람이 때로는 카페인 중독자가 된다. 커피를 처음 마시면 한 잔에도 기분이 좋아지고 정신이 또렷해진다. 하지만 카페인은 금방 내성이 생긴다. 1잔이 2잔을 넘어 5잔이 되어야 커피 마신 기분이 든다. 건강에 부담이 되는 선을 넘어서기 십상이다. FDA 권장 카페인 최대량은 하루 400㎎이다. 아메리카노(80~120㎎/잔) 4~5잔이다. 카페인은 에스프레소(30~70㎎/잔), 인스턴트커피(100㎎/잔), 녹차(80㎎/잔), 콜라(40㎎/캔), 초콜릿바(50㎎/개) 등 커피 종류, 기호식품에 따라 함량이 다르다. 권장량을 매일 넘는다면 카페인 내성이 생긴 중독 상태다.

"카페인 즐기는 최고의 방법은 절제"

내성을 없애 보자. 쉬운 방법은 커피 마시는 양을 '리셋'하는 것이다. 즉 일주일 정도 커피를 끊으면 카페인 예민도가 최초의 아주 예민한 상태가 된다. 한 잔만 마셔도 기분이 좋아지고 정신이 또렷해진다. 리셋하려면 독한 마음이 필요하다. 금단현상 때문이다. 섭취해서 기분이 금방 좋아지는 것, 예를 들면 니코틴, 알코올, 마약, 커피는 모두 두뇌 쾌락회로(보상회로)를 형성한다. 자꾸 섭취하게 만든다. 결국 중독이 된다. 커피도 안 마시면 두통이 생기고 불안해진다. 금단현상이다. 카페인 중독을 병으로 분류하는 정신의학학회도 있다. 그나마 다행인 것은 알코올·니코틴에 비해 금단현상이 약하다는 점이다. 조금 참으면 최초의 예민한 상태가 된다. 리셋하면 한 잔에도 기분이 좋아지고 정신이 또렷해진다. 몸에도 좋고 커피

값도 줄인다. "나는 살아온 날을 커피잔 수로 센다." T.S. 엘리엇 이야기처럼 커피 한 잔은 삶의 여유이고 활력이고 소통이다. 하지만 적당량을 넘지 말자. 블랙으로 마시자. 인공감미료는 성인병을 2배 높인다. 건강, 수면, 중독이 걱정되면 디카페인도 좋다. 『카페인 권하는 사회』의 저자 머리 카펜터는 이야기한다. "카페인을 즐기는 최고의 방법은 절제다."

'잠은 죽을 때 실컷 자라!' 커피 카페인 각성 효과를 알리는 포스터

Q&A

Q1. 카페인이 많이 들어 있는 음식에는 커피 이외에 어떤 것들이 있나요? 카페인 중독에는 어떤 증상이 있나요?

A. 카페인이 많이 들어있는 음식으로는 커피, 홍차, 녹차 이외에도 에너지 드링크, 초콜릿 등이 있습니다. 일반적으로 카페인을 하루에 250밀리그램(커피 3잔에 들어 있는 카페인의 양에 해당됨) 이상 섭취하면 중독 증상이 나타날 가능성이 높습니다. 하루에 1,000밀리그램 이상 섭취하면 안절부절못하게 되고, 신경이 과민해지며, 잠자기 힘들어지고, 소화불량이 생길 수 있습니다. DSM-Ⅳ(정신질환 진단 및 통계 편람 4판)에 따르면, 카페인을 하루에 250밀리그램 이상 섭취하고, 열두 가지 증상 중에서 다섯 가지 이상 나타나 일상생활에서의 기능이나 적응이 손상되는 경우를 카페인 중독으로 진단한다고 규정하고 있습니다.

Q2. 카페인 금단현상은 어떠한 것이 있나요?

A. 갑자기 카페인을 끊게 될 경우, 아데노신 결합능이 증가해 과도한 졸림, 수면 증가를 유발할 수 있습니다. 따라서 카페인을 줄이고자 하는 경우에는 단계적으로 줄이는 것이 부작용을 최소화하는 것입니다.

Q3. 카페인 섭취 시 가슴이 두근거리는 이유는 무엇인가요?

A. 하루 적당한 양의 카페인 섭취는 우리 몸의 신진대사를 돕습니다. 그러므로 카페인 섭취 후 쉽게 나타날 수 있는 증상은 빠른 대사 후 이뇨작용입니다. 핏속에는 영양소와 적혈구가 들어 있습니다. 신진대사가 빨라지려면 피가 빨리 돌아야 하고 이 때문에 카페인 민감도가 높은 사람은 심장박동이 빨라질 수 있습니다.

사진 출처

1-1 밀림사진: Wiki.Comm: /코로나 바이러스: NIH Image Gallery:Flickr/에이즈 바이러스:Wikimedia

1-2 코로나방역: European Union/ECHO/Jean-Louis Mosser: Flickr/빙하: Scarlet Sappho: Flickr/ 호수: ICIMOD Kathmandu: Flickr

1-3 백신원리: 조선일보: 그림 재제작/백신종류: 대한민국정부/코로나 바이러스: Wikimedia:

1-4 코로나 바이러스: NIH: /사이토카인 폭풍:fimmu: 그림재제작/비타민D생산: Wikimeida:

1-5 코로나그림: Wikimedia: /바이러스 복제: Wikimedia:

1-6 인플루엔자: Wikimedia: /철새사진: NC UNIV.(Credit) /인플루엔자 MIX: Wikimedia Comm. /닭사육: Wiki.Comm.

1-7 박쥐: Wik.Com:

2-1 암세포:NCI:

2-2 암조직: 자체제작/DNA비교: 자체제작/테스트튜브: pexel: /주사기: Pixabay/암세포: Wiki. Comm.:/B세포: Wiki.Comm. :

2-3 암병기: researchgate:(재작성)/침투암: NIH:/맞춤형 암백신:Wiki.Comm.

2-4 암전이과정: Wiki. Comm.

2-5 면역핵심:Wiki. Comm.:/면역관문:Wiki /제3세대:NIST:

2-6 전형적인 파킨슨: Wiki: /운동회로:Wiki.Comm/파킨슨 뇌세포: Wiki. Comm.:/전환분화:Wiki. Comm.

2-7 배아줄기세포:Wiki. Comm./뇌 세포로 분화:NIH

3-1 피부상재균: NIH:/인체 침입병원균:Wiki. Comm:

3-2 치매:NIH:/뇌속 치매 덩어리: Wiki Comm: /치매환자: NIH

3-3 귀의 구조: Wiki. Comm: /달팽이관 구조: Wiki: /달팽이관: NIH/정상유모세포:Wiki. Comm:/달팽이관:e Life:Flickr./헬렌켈러:Wiki Comm.

3-4 홍채: Nick Fedele:그림재제작: Flickr/지문특징점:Wiki. Comm./17년전 사진:Gandalf's Gallery:Flickr/뇌파 활동사진:-Wiki.Comm

3-5 박테리아 방어: 자체제작/유전자가위: Wiki.Comm./아데노 바이러스:Genome Research Institute: /주걱턱: Wiki.Comm./인간배아: Wiki.Comm.

3-6 경주지진: 연합뉴스 안주택씨 제공 동영상 화면 캡처:/지진 2일전: Bioelectromagnetics 30: 그림수정/P파: Wiki:/지진과학:Wiki:

3-7 해마 A: Wiki.Comm/해마 B: NIH:Flickr/반복행동: 자체제작/수영:Pexel

4-1 간질환: Wiki.Comm:/간-대장: Research Gate:/장내세균과 장세포: NIH:

4-2 운동은 체중: Pix bay:/에너지 소비: 자체제작/부시맨: Wiki.Comm:

4-3 강물이냐: Wiki. Comm: /지방세포종류:Wiki.Comm/신생아 갈색지방: Oregon Gov Credit

4-4 섬유소: 중앙일보 credit

4-5 칼로리: NIH:

4-6 모발구조: Wiki:/찰스다윈: Wiki. Comm: /모발은 3주기:Wiki. Comm: /영화배우: Wiki. Wiki Comm.

4-7 난자 정자: Pathways:(Credit) /아들딸 결정: Wikimedia./정자현미경모습:Wiki.Comm

4-8 단식: Wiki.Comm:/자기소화:Wiki.Comm: /전자현미경:Wiki.Comm

4-9 알레르기 식품: Wiki:/식품 알레르기:Wiki.Comm: /알레르기 피부검사:WIKI. COMM: /알레르기 과정: Wiki. Comm:

5-1 아침형:Wiki/시계:Wiki.Comm:

5-2 두뇌도파민 경로: Wiki.Comm:/위험한 사냥: Wiki Comm: /아프리카 원시:Wiki Comm: /스쿠루지 영감: Wiki. Comm:

5-3 천국 보았다는: 중앙일보 자체제작/은총받은 이들의 승천: Wiki/유체이탈:중앙포토:/비행중력:중앙포토

5-4 소식장수: 중앙일보 자체제작/봉침요법:Public domain:/호르메시스:Wiki/세포보일러:Wiki.Comm/유산소운동:Giuseppe Milo:Flickr

5-5 동네뒷산: 중앙일보 제작:/모든 외부자극: 중앙일보 제작 /스트레스 반응경로: 중앙일보 제작/장기간 스트레스:Wiki Comm:

5-6 커피나무: Wiki.Comm:/커피는 블랙:freestockphoto/커피 섭취량:중앙일보제작/잠은 죽을때:Pxhere